山荣说透酱酒Ⅱ

山荣酱道

周山荣 著

经济日报出版社

图书在版编目（CIP）数据

山荣酱道 / 周山荣著. -- 北京 ：经济日报出版社，2024. 4

ISBN 978-7-5196-1289-4

Ⅰ. ①山… Ⅱ. ①周… Ⅲ. ①酱香型白酒-基本知识 Ⅳ. ①TS262. 3

中国国家版本馆 CIP 数据核字（2023）第 032934 号

山荣酱道

SHANRONG JIANGDAO

周山荣　著

出　　版：经济日报出版社

地　　址：北京市西城区白纸坊东街 2 号院 6 号楼 710（邮编 100054）

经　　销：全国新华书店

印　　刷：北京虎彩文化传播有限公司

开　　本：710mm×1000mm 1/16

印　　张：24. 5

字　　数：450 千字

版　　次：2024 年 4 月第 1 版

印　　次：2024 年 4 月第 1 次

定　　价：99. 00 元

本社网址：edpbook. com. cn，微信公众号：经济日报出版社

推荐序一

山荣酱道的“道”

吕云怀

山荣是我的弟子。

他说他要做“中国酱酒愚公”。对我们这一代人来说，“愚公”这个词，可不是随随便便说的。“有志诚可乐，及时宜自强。”一个人立志要做“愚公”，也不是有点毅力、不怕困难就可以的。

山荣坚持学习、研究贵州茅台酒、酱香型白酒20年，这份毅力，并不常见。山荣遍访茅台酒史上王、华、赖三大家族，徒步走完赤水河，探访中国名酒，去车间铲酒糟，四处请教白酒品评……困难也可想而知。

我欣赏山荣的是，扎扎实实、老老实实地学酒、说酒。学酒，他抵挡住诱惑，不投机取巧，下的是笨功夫；说酒，他说真话、有热血、办实事，在行业、在产区已经有了一些名声。

山荣在写作《山荣酱道》的文稿时，正值“酱酒热”。时间过去两三年，酱酒却进入了“新周期”。这个时候翻看这些文章，他的见识、观点和判断，随时间的延长更加雄辩。

总体而言，中国现在正处于由体力工作者向知识工作者转型的时期，各种知识工作者都缺乏。对酱香型白酒行业来说，尤其如此。这个行业，不缺老板、不缺投资人，甚至不缺品酒师、酿酒师，但是，最为缺乏也至关重要的人才，我以为是像山荣这样探求、恪守、信仰酱酒之道的人，即酱酒的研究者、传播者。

其他的人才，这个行业经历多年的发展积淀，已经形成了较为完备的体系。这也是茅台雄踞酒林、仁怀作为“中国酱酒核心产区”的底气所在。但是，其他的酱酒知识技能能否具有生产力，取决于能否遵循酱酒之道，树正知、传正见、走正道！

山荣为酱酒的正知、正见和正道做了一些基础性的铺垫工作。他出版的 8 本酒书，就是物证。2021 年初，山荣的《聊聊酱酒》出版时我写过几句推荐语：

“酱酒需要回归常识、回归本质。《聊聊酱酒》虽然有些零散，不够系统，但山荣无疑做了一件于产区、于行业都很有意义的事。比如，还原了酱酒工艺的原生性和本土化，厘清了技艺的传统与传承，等等。这本书是酱酒科普，也是行业洞察，既有文化价值，也有学术价值。”

酱酒存在的问题，山荣仍然没有解决。但他并不是判断眼下的是非，而是把眼下的是非放到酱酒的历史长河里面，看这个是非判断是怎么来的，而现在的判断又怎么能够促进酱酒的高质量发展。站在酱酒漫长的知识传统上，这对我们反过来处理今天面对的具体问题，是有助益的。

技艺有传承，一代传一代。战略有传承，动作别变形。“胜人者有力，自胜者强。”在品质、品牌、品位这条难而正确的路上，需要分工合作。茅台、仁怀、贵州乃至酱酒行业，需要山荣的这份坚持。

出去才能出生机，创新就会有前途！我们不光把酒“传”出去，还要把人、把观念也“传”出去。讲好酱酒故事，传播产区好声音，让市场来倒逼我们改善、进步和提高。

在产区新发展、产业新周期这个节点上，我们真正需要恪守的传统，其实是文化自信。一代人有一代人的责任与使命。我们这代人，处在起承转合的关键阶段。我高兴地看到，山荣以他的《山荣酱道》，守护和弘扬了中国酱酒核心产区（仁怀）的传统，巩固和提升了酱酒的文化自信。

于酱酒，“道”在常识。于山荣，“道”在脚下。

我愿把《山荣酱道》推荐给你。因为我相信，它能为有志在酱酒行业奋斗的同仁提供有益的启发。

是为序。

（吕云怀，贵州茅台酒厂集团公司原党委委员、副总经理、总工程师，现任仁怀市酒业协会、遵义市酒业协会会长。系高级工程师、中国酿酒大师、中国白酒大师、中国首席白酒品酒师，享受国务院政府特殊津贴的中国白酒知名专家）

推荐序二

山荣的“酱酒之道”

陈　果

很庆幸搭乘中国酱酒的伟大浪潮，有幸能够在这最伟大的时代成就些许名声。

然而，我很清楚自己的定位：认认真真办事，踏踏实实做人，勤勤恳恳酿酒。

近年来，经营酿酒之余，我在酱酒文化的整理和传播上做了一些工作。比如，开办赤水河流域地情图书资料馆，编辑出版人文茅台系列丛书，等等。

我做这些工作，既是个人爱好使然，也是企业发展的需要。我的初心是，酱酒，需要更有温度的文化和情怀来滋养。

中国酱酒核心产区仁怀酒业跨越发展的40年，也是怀庄的40年——2023年，怀庄迎来了40岁的生日。

40年前，我和黔台余昌鳌、茅源余方开等人，在茅台镇上创业的时候，确确实实就是“摸着石头过河”。

在40年这个节点上，酱酒开启了新周期，迎来了新时代！

所以，我期待有人能够写出一本书，引领天下喜爱酱酒的朋友们进入下一个阶段。

40年，是两代人的时光。我和周山荣，正好也是两代人。

山荣说酒、山荣说透酱酒，周要火、酱酒愚公，这些名头在酱酒圈越来越响亮。但在我眼中，山荣还是那个对酱酒充满专注与激情的山荣。

2002年，山荣辍学后来到怀庄。2004年，他以“贵州省第一个农民公务员”的身份离开。

在怀庄工作期间，他为怀庄、为茅台镇采写了大量新闻报道，开始写作、传播和研究酱酒。记得大约是2003年，他在报刊上发表文章，指出：“贴牌是茅台镇本土企业品牌化的必由之路!”

从怀庄离开后，山荣的步伐走得愈发坚定。2006年，他出版《贵州商业古镇茅台》；2009年，他出版《茅台酒文化笔记》……“山荣酱道”，自此一发不可收拾。

据我所知，与茅台相关的图书很多，多到了称雄中国白酒的地步。但是，与酱酒相关的图书屈指可数。这与酱酒的江湖地位是极不相称的。

所幸仁怀酱酒有山荣!

山荣已经出版了8本与茅台镇、与酱酒有关的图书。

20年间，山荣成了中国酱酒最主要的研究者。在中国白酒的其他香型以及其他产区上，他这样的研究者并不多见。

特别是2021年出版的《山荣说透酱酒》，不只是酱酒第一本畅销书，据说销量达数万册。在我看来，山荣这本书还是酱酒第一本“消费投资指南”。

山荣是中国酱酒核心产区仁怀酒业的一张文化名片。他这个酱酒专家，足够资深，名副其实。

我见证了山荣从青涩到成熟、从小白到专家的整个过程：

他把有关茅台酒、茅台镇的文献资料，翻了个底朝天；他曾徒步走完赤水河全程，遍访中国名酒；当年茅台酒用有机高粱每斤涨0.5元，那封写给书记、董事长的信，出自他的手笔……

山荣为仁怀酒业的发展鼓与呼，以一己之力担起“酱酒愚公”的重担。

这么多年来，与山荣同时期的同事朋友，多数都已“发家致富”。

山荣不为所动。有人说他被酱酒文化耽误了，我倒觉得，茅台镇和酱酒薄待了山荣。

这些年，山荣为行业做了很多事。比如怀庄的“贵州省级文物保护单位——仁怀茅台陈氏民宅（茅台德庄）”“茅台镇最早的民营酿酒企业”“德庄书屋”“湖底恒温窖藏法”等，都有他贡献的才智。行业里，钓鱼台、金酱、酣客君丰、夜郎古酒、鹏彦、远明、黔台、黔途等，他也出力甚多。

这便是山荣的“酱酒之道”吧。

山荣又要出新书了。当他把书稿交给我的时候，我发现：这简直就是一本当下酱酒的全新指南啊！

很认真地读完这本书，我深深地感到，这些年来，山荣持续地往下扎根，已经初步形成了自己的一套理论体系。

这本书定名《山荣酱道》，我认为很贴切。它完整而翔实地记录了天下喜爱酱酒的朋友们想了解的业界秘密。虽然多数篇目都曾刊发过，但结集成书后，就成了给爱好酱酒的酒友用来研究的一本参考书。

也许你看不懂，而且我预期你看不懂。但是，认真地建议酒友们，别着急，慢慢看、认真看，等到有一天跟我一样看得津津有味的时候，你也就真的懂酱酒了。

（陈果，贵州省作家协会会员、赤水河流域地情图书资料馆馆长、《人文茅台》系列丛书主编，1983 年创办怀庄酒厂，现任贵州怀庄酒业集团党委书记、董事长）

推荐序三

茅台镇的寂寞英雄

郭五林

酱酒的发展史上，周山荣的痕迹越来越明显。

周山荣是贵州茅台镇难得的人才，能够用手酿酒，还能够用口说酒。在其中一方面取得突出成绩，已属不易，而周山荣在这两方面的成绩都相当不错。

这就使得周山荣所写的文章，既具有实践的广度，又具有理论的深度，还具有传播的力度。

有时想想，周山荣是茅台镇的寂寞英雄。

20 多年来，他为茅台镇的酱酒鼓与呼，对提高茅台镇酱酒的知名度、美誉度、认可度，可以说做出了不可估量的贡献。

依我看来，周山荣是应该获得特别奖励的。

当然，茅台镇的企业家们对周山荣的认可，乐意听周山荣说酱酒，这已经是对周山荣最高的评价和最好的回报了。

周山荣的影响正在走出茅台镇的大山，并随着茅台镇酱酒在全国获得前所未有的声誉。主动阅读周山荣所写的酱酒图书的企业家、经销商、消费者和研究者越来越多。

周山荣对茅台镇酱酒的忠诚，在国内的作者中是极其少见的。

周山荣生于茅台镇，长于茅台镇，工作于茅台镇。这使得他的一生保持得非常单一、非常纯洁。

周山荣是茅台镇的周山荣。周山荣不像其他作者，在至少两个以上的城市地域生活学习过。周山荣只在一个城市生活过。这个城市，还只是中国的一个县级市——仁怀市。

如此单纯的人生经历，再写进周山荣的书中，便成为一种奇观。

一个人将近40年的时间，都在一个县级城市内生活，那么，反过来说，一个县级城市的文化，用将近40年的时间对一个人进行浸润。

因此，可以说，周山荣是仁怀文化，其实主要是茅台镇酱酒文化的化身或载体。

周山荣的热情、豪爽、耿直、幽默，都深深地打上了仁怀的烙印。

当以博闻广记、见多识广著称的教授和博士在中国酒行业里越来越多的时候，还有一个叫周山荣的人，在大山中用以自学为主的方式习得知识。

所以，周山荣经过将近40年的努力，正在逐渐成为“这一个”，一个独特的周山荣，一个以自学为主、以产业同质化为主要特征的城市里生长的周山荣。

周山荣开始独树一帜地出现在中国酒行业里。

周山荣身上有一种毅力，值得尊重。

他没上过大学，却读过很多很多的书。对崇尚聚会欢饮的酒行业来说，能够长期坚持读书，难能可贵。

周山荣写茅台的书，正在不断地出版。其理论的深度、信息的广度、思想的高度、写作的速度，正在不断地增强。

仁怀市有一个忠于酱酒的作者，这是仁怀市的光荣。

纵观全国，极少有一个作者一辈子只住在一个城市、只写一个城市的。我想，再过10年、20年，仁怀市应该给周山荣发一个特别奖，鼓励周山荣在忠诚酱酒、宣传酱酒方面所做的特殊文化贡献。

（郭五林，四川轻化工大学教授，四川轻化工大学推进中国国际名酒文化博物馆建设工作组成员，四川省有突出贡献的优秀专家）

推荐序四

酱酒知识狂热者

张　青　贺　剑

山荣又出新书了，取名《山荣酱道》，尽管距离他上一本著作《山荣说透酱酒》仅大半年，但这是在我俩意料之中的。

我俩常戏謔山荣，说他算得上是个“著作等身”的人——迄今为止，他已经出版关于中国酱酒的专著8本220多万字，竖着堆起来也挺高了。

尽管这本《山荣酱道》大部分篇目我俩都曾读过，不过当山荣让给他写个推荐序的时候，我俩着实惶恐了——两个在茅台“混饭吃”的外地人，是怎么看山荣说透酱酒的？是怎么看《山荣酱道》的？肆无忌惮，狂悖至极。

道可道，非常道。酱香之道，是神秘古老的，是用来顶礼膜拜的，可能是一说就错的，更遑论说透？

带着批判的眼光，打开《山荣酱道》，挑剔文字、寻章摘句，里面内容还挺多，生旦净末丑、神仙老虎狗，啥啥都有，一会儿讲产区，一会儿讲下酒菜，一会儿讲工艺，一会儿讲酒牛皮，就像一个闲人每天在茅台镇上蹓跶，东家长李家短，谁家媳妇不刷碗他都知道。

不过，你再细细咀嚼，又蓦然发现：讲酱酒历史，山荣引经据典；讲酱酒工艺，山荣专业名词翻飞；讲产区状况，山荣又一切用数据说话。你看着他像个“二溜子”，实际上他却是真材实料的“酱酒知识狂热者”。

我们每天开着车，从仁怀市区到茅台镇，呼啸而来，呼啸而过，似乎对茅台镇很熟悉、对酱香酒很在行，但如果你随意踩一脚刹车，可以随时讲出此地此景有什么文化吗？何年何月有什么故事吗？

如果不能，你还是应该翻看一下这本《山荣酱道》，因为不懂茅台、不懂酱香，那就很难说你是一个合格的酱酒人、是一个合格的酱香酒核心产区的人。

翻看《山荣酱道》，可以感知山荣真是一个用脚、用心、用灵魂，一寸一寸又一遍一遍丈量过茅台镇的人。

这种“丈量”，从2002年他辍学进入酒厂工作，到2006年出版《贵州商业古镇茅台》，再到这本《山荣酱道》，山荣乐此不疲地坚守了20年。

他有“酒文化洁癖”，见不得过度简化、夸张扭捏的“酒文化”；他是“酒文化痴情种”，会为一件酱酒小事不断挖掘、探寻、辩证；他号称“中国酱酒愚公”，自称“仁怀酱酒服务员”，瞄准近年来流传甚至蔚然成风的种种酱酒现象，奋勇发文，拨乱反正，释疑求真，做足了酱酒文章，让人读来酣畅痛快。

有人说，茅台镇人都是半个酱酒专家，为什么只有山荣把那个“半”字去掉了呢？

其实，不仅仅是茅台镇，景德镇人也大都只是半个瓷器专家，老班章人也大都只是半个普洱专家。

因为大家觉得发展更重要，现代文化和外来文化才是现今时代的发展主流。

可是在茅台镇，单纯地谈论现代文化和外来文化，却始终觉得有些牵强附会、生搬硬套，不少外面风靡一时的模式、手段、理念、方法进入茅台镇后你方唱罢我登场，各领风骚一两月，然后偃旗息鼓、水土不服、上吐下泻、五劳七伤。最后，还是要到山荣这里开方抓药、固本培元。

日本有一位马克思主义历史学家叫作永田广志，他曾经说过这样的话：传统这个东西，我们想把它原封不动地保存下来，这是不可能的，永远做不到。另一方面，我们想把它彻底地斩断，这也是不可能的，它总是千丝万缕地跟现在牵连在一起。

合上这本《山荣酱道》，才发现山荣这个“赤脚医生”写的哪里是本书，根本就是一本酱香酒的奇经八脉图呀。拿一本回去，放在床头上，倘若在酱香酒上只是个头疼脑热的话，就不用找特劳特、麦肯锡和华与华啦。

（张青，河南信阳人，瑞士凯撒里兹酒店管理学院毕业，贵州省仁怀市境界传媒有限公司、闲来无事酒业公司董事长；贺剑，湖北咸丰人，兰州大学社会学研究生，贵州省仁怀市融媒体中心总编辑。张青、贺剑、周山荣联合创办了苹果读书会，开展“读书三人行”活动至今）

自　序

周山荣

你好，我是“酱酒服务员”周山荣。

20 年前，我刚开始学酱酒的时候，走过太多弯路。

从请教身边的酱酒专家，到去北京的培训机构上课；从在酒厂工作学习，到徒步赤水河、遍访中国名酒……尽管做了种种努力，当时的我面对一杯酱酒，仍然一知半解。

假如你也曾试图了解酱酒，甚至系统地上过品酒师课程，但还是没有把酱酒弄明白，请不要气馁，因为曾经全身心学酒的我也这样。

后来我才意识到，之所以会出现那样的局面，是因为酱酒“非标化”严重。公众传播中，要么偏理论，要么偏实务。前者，谈的是微生物、理化，等等；后者，业界中人往往讳莫如深。

用我常说的一句话，就是酱酒“高信息壁垒，低信任度”，是一个“水很深”的行业。

当朋友问起某款酒时，不知如何回答，除了形容一下味道，好像也说不出更多门道；即便查阅了一大堆资料，但好像还是无法理解到点子上；书上、网上看了那么多酱酒的知识，可真正品酒、喝酒、卖酒、聊酒的时候，又和那些知识完全对不上号。

这些年来，酱酒不仅没有降低信息壁垒，反倒一度强化“神秘”。尽管有茅台酒这个“皇上”，但酱酒的理论并没有转化为科普认知沟通体系。就像学英语有哑巴英语，学酱酒也有了哑巴酱酒。

20 年来，我平均每天会看 50 页以上的酒书，写作不少于 1000 字的酒文章——由于我“品酒不喝酒”，毫不夸张地讲，我喝到肚子里的酒的重量，恐怕还没有我读的酒书那么重。

苦练基本功打下坚实的基础不会完全无用。李小龙曾说，他不怕一万种招式的对手，却害怕把一种招式练一万遍的敌人。

“一万”是个神奇的数字，加拿大作家 Malcolm Gladwell 在《异数》中提到，一万小时的锤炼是任何人从平凡变成超凡的必要条件。

所以，无论是歌唱家还是书法家，莫不将苦练当作一切的基础。这在日本剑道的修炼过程中，称之为“守”。

对我而言，持续地学习、研究酱酒，持续地写作、传播酱酒，就是我的“守”。

2002 年以来，我致力于整理茅台酒、茅台镇历史文化，先后出版了《贵州商业古镇茅台》《茅台酒文化笔记》和《人文茅台》等书。

2016 年以来，我开始在“山荣说酒”公众号上发文，写作《仁怀市酱香型白酒产业发展路径研究》《山荣说透酱酒》，等等。

这些工作，都是试图降低酱酒的信息壁垒，增强酱酒的透明度，构建酱酒的科普认知体系，让你摆脱“哑巴酱酒”，真正了解、认知酱酒，希望你爱上酱酒。

我已经“守”了酱酒 20 年。

2021 年，我 40 岁了。在体制内，我已改任非领导职务。在行业，我又有一些新的想法。

我把 2019 年、2020 年写的上百篇酱酒文章整理出来，赫然发现，这就是专门写给那些想更了解酱酒，并且已经深切地认识到喝酱酒是远比学习酱酒更有趣的人。

可以说，这本《山荣酱道》是一本写给酒鬼们的完整的酱酒认知手册。

“吃喝这件事情，我们天天都在做，因此很难让人理解，为什么我们对它真正的了解却是那么少。”享有国际声誉的葡萄酒专家简希斯·罗宾逊曾说。

感谢迟浩田先生题字勉励。感谢季克良先生题写书名。我深知，二位先生的题字为拙作增添了光彩，扩大了拙作的影响力和传播力。

每天，我都按时坐到桌前读书、品酒、写作，我太太李志芳问我：“你写酒写了这么多，难道不会重复吗？”当然不会。不仅不会重复，我还有很多想法没有去实践呢。

周李行知同学已上中学，他一如既往地对我的全部作品不屑一顾。我期待着他和周李为与同学，有一天能对我的作品提出批评意见。

我深知，对酱酒我所知甚少。

但这并不妨碍《山荣酱道》为风起云涌的中国酱酒留下印证与注脚。

……

更多想法、“守法”，可以关注我的个人公众号“山荣说酒”，与我交流。

谢谢！

目 录

CONTENTS

04　**工艺之道**

05　**品位之道**

06　**品牌之道**

07　**品质之道**

12　**文化之道**

13　**礼仪之道**

14　**美学之道**

15　**工匠之道**

16 酒史之道

17 滋味之道

Chapter

01

产区之道

这里讲究拿“风水”酿酱酒

如果用“风土”来评论一款红酒，恭喜你，“卖弄”成功！

法国的酿酒师们，经过长达几个世纪的观察发现，来自不同地区、不同园子甚至同一园子不同地块的葡萄，所酿出来的酒的风味是不同的。由此，法国人提出了“Terroir”的概念。

一个有趣的现象是，“Terroir”在英语中并无对应词，英国人是直接把它搬过来用，并常常用斜体来表示这是一个外来词。在中文里，最初有人笨拙地把它翻译成“土地”“土壤”等，后来不知道是谁，给它找到了一个绝妙的对应词“风土”。

今天我们不说“风土”。虽然“风土”决定了勃艮第对葡萄园的分级，决定了法国AOC（原产地法定命名）体系的建立……中国白酒，应该有自己的话语体系。

所以，周山荣提出了白酒“风水”说。

在法国、德国、智利等红酒大国，它们的酒庄据说有的就是用中国的“风水”理念设计建造的。

在中华传统文化中，风水既是堪舆之术（风水的学术称谓），也是宇宙哲学。说得高大上些，风水是自然界的力量，是宇宙的大磁场能量。

从这个意义上讲，“风”就是元气和场能，“水”就是流动和变化。

对酱酒的酿造来讲，“风水”是酿造环境的总和，包括土壤、地形、地理位置、光照条件、降水量、温度、湿度、微生物环境等一切影响酱酒酿造的自然因素。

一方水土养一方人，一条河流出一方好酒，这已是业界的共识。

而且，无论是中国八大名酒，还是十七大名酒，抑或是地方名酒，一般都出现在长江、黄河、淮河、赤水河流域。比如珠江流域，偏偏就没有名优白酒。

多年前，贵州某名酒有句广告词，更是深刻地揭示了这个规律："好山好水出好酒!"

葡萄酒的优劣，是由葡萄决定的；而葡萄的优劣，是由葡萄的生长环境决定的。所以，葡萄酒的风土强调的是"生长种植环境"。

有人会说，白酒对原料并没有葡萄酒那么依赖啊！高粱来自东北，小麦产自河南，怎么能拿葡萄酒的"风土"照搬呢?

酱酒对原料以及原料生长、种植环境，也有讲究。茅台酒坚持使用当地红缨子糯高粱。茅台镇酒厂在酿造大曲酱香酒时，会刻意区分不同品种、不同产地的高粱，原因正在于此。

而且，酱酒十分讲究"酿造环境"。可见，中国白酒"风水"不只强调酿造的自然条件，更有文化与精神理念。

但是，说得深了，会让对方听蒙。

所以，拿"风水"装腔作势，一定要知其然，更要知其所以然，才能把说辞转变得通俗易懂些。

酱酒的酿造是天人合一的，其实比葡萄酒更讲风水呢。

"酱酒的'风水'，往大了说，就是'原生态'。注重风水的酒，代表着当地真实的环境特色。"

"就像农夫山泉，总说自己是'大自然的搬运工'，优质的酱酒也是这样，体现的是原产地的风水环境，你喝的其实不是酒，是那边的风水。"

土地，包括地质、地形、地貌，是中国"风水"核心。40多年前的茅台酒易地生产实验项目，已经雄辩地证明了其对酱酒酿造的影响。

除了地质、地形、地貌，人们还发现气候也很重要。同样是在赤水河谷中游，同样是在仁怀，某一区域的"风水"独特，酿造的酱酒风格就是不一样。

这是日光、气温、雨量等气候因素，与地质、地形、地貌条件相互作用的结果。

从自然概念上，人们已经认识到它对酱酒酿造的影响。虽然现在我们还不能严谨地找出二者的对应关系，但对其影响、结果却是公认的。只是由于行政区划、商业考量等，这种区别被某些企业故意淡化了。

茅台镇酱酒自然的、独特的个性，是通过酿酒师的努力，才能在酱酒中展现出来。“橘生淮南为橘，生于淮北为枳”，酱香何尝不是如此。而且，人也是“风水”的一部分。

由此看来，茅台镇人对酱酒“风水”的认识，很早，很全面。酱酒文明土壤之深厚，由此可见一斑。

当然，高下之分并不是区分酱香“风水”差异的全部意义。区分酱香“风水”差异，目的是推动展现不同风水各自的魅力。

国酒茅台“酿造高品位的生活”，钓鱼台国宾酒则“国之气度，和而不同”。你杰出，我也很优秀，无分高下。

你试着问问法国人，波尔多和勃艮第，哪里的风土更好，看他们会如何回答？他们的回答只能是，这两个地区的风土都很好，但各具特色。

那么，照此说法，在世界上的其他地方，为什么就不能酿出高品质的有别于并可媲美茅台镇酱酒的佳酿呢？

风水差异产生了风格和特色的多样化，酱酒因此而更加精彩。

（2019-11）

迫在眉睫，酱酒核心产区的标识构建

茅台，它自己不再提“国酒”了。

但是，国酒门还在，并且，暂时还没有更名或者铲掉的意向。当地宣传的画面中，仍不时出现国酒门的身影。

对酒都仁怀而言，国酒门是名副其实的地标。

茅台所在地仁怀市“地域品牌”的变迁，是从“国酒之乡”开始的。正是在这样的背景下，1996 年，国酒门矗立在仁怀南郊盐津河畔。

2004 年，仁怀获得“中国酒都”域名认证。国酒门和巨型茅台酒瓶一道，见证了仁怀“地域品牌”的迭代：

从“国酒之乡”到“中国酒都”，从国酒门到巨型茅台酒瓶，二者相得益彰。在可以预见的未来，国酒门于仁怀，就如甲秀楼于贵阳一般的地位，不可撼动。

如今，仁怀市“地域品牌”已然升级到了 3.0 版：贵州茅台镇、仁怀酱酒、中国酱香型白酒核心产区……

这些经过市场检验的“品牌”，现在靠什么来标识呢?!

贵州茅台镇即是一个行政区划，本身就是一个响当当的地域品牌。中国酱香型白酒核心产区，随着数以亿计的茅台镇产品坚持不懈地诉求“核心产区”，这一概念已然深入人心。而仁怀酱香酒从创始之初，走的也是品牌化路线。

不止于地标，而是超级符号——从品牌打造、城市营销来讲，超级符号是品牌超级魅力的极致表达。

在健身房不拍照，不等于白来了。怎么证明你到了茅台镇呢？当然是拍照发朋友圈啊。

那么，在进入茅台镇地界的地方建一个地标，你愿意不愿意逗留一下呢？

中国酱香型白酒核心产区就在赤水河。2020年6月8日，《世界酱香型白酒核心产区企业共同发展宣言》重磅发布。那么问题来了：

既然是“核心产区”，那“非核心产区”在哪里呢？“核心产区”当然要有核心，那“核心”又在哪里呢？但是，然而，好像……竟然没有核心。

怎么证明“核心产区”在茅台镇呢？当然是确定一个地理中心啊。

就像中国的地理中心，官方叫大地原点，亦称大地基准点，是国家地理坐标——不管西安、重庆、洛阳、兰州怎么争，其实官方在1980年已经有了定论：

中华人民共和国大地原点，位于陕西省泾阳县永乐镇北流村，具体位置在北纬34°32′27.00″，东经108°55′25.00″。

大家口口相传的“7.5平方公里”或“15.03平方公里”，其实是贵州茅台酒原产地的范围。也就是说，“原产地”是法定概念，“核心产区”是市场概念，二者既不重合，也不矛盾。

有一天，如果贵州茅台酒股份有限公司不愿意别人沾光“7.5平方公里”或“15.03平方公里”了，随时可以像当年收回“赖茅”那样，依法主张它的权益。

中国酱酒核心产区确定地理坐标，并且构建一个超级符号，迫在眉睫。

显然，“仁怀酱香酒”相对前二者是一个更宽泛的概念和范围。难道仁怀1788平方公里都算吗？不是的！

根据有关规划，仁怀全市被划分为禁止发展区、限制发展区和规范发展区。规范发展区中，国酒工业园、茅台古镇文化产业园不必讨论，仁怀名酒工业园、坛厂现代服务园等两园区中，后者也不具有标识价值。

根据《中国酱香白酒核心产区（仁怀）建设管理暂行办法》的规定，中国酱香白酒核心产区生产功能区总面积为 120. 44 平方公里，分别为茅台酒产区 15. 03 平方公里，茅台镇传统优势产区 53. 03 平方公里，名酒工业园产区 52. 38 平方公里。

期待着有一天，能够在如火如荼的仁怀，看到像国酒门那样的地标和符号。

（2020-6）

茅台镇从此不再是酱酒的核心产区了吗

至少在酱酒行业里，“核心产区”是各家酒厂的必争之地。

毕竟，谁在“核心产区”，谁就拥有话语权，就能掌握“核心”带来的经济利益。

诚然，市场是理性的，即便它充斥着一套套商业营销的套路，但这些套路所支撑的，依然是趋近于工具理性的逻辑。

2017 年以来，四川方面由郎酒牵头，重点诉求“中国酱香白酒黄金产区”，并将范围界定为“赤水河从贵州仁怀茅台镇到四川古蔺县二郎镇这 49 公里流域”。

2019 年 8 月，毕节市白酒产业暨赤水河上游白酒产区发展现场推进会在金沙举行。由毕节市主导，以金沙等企业为核心的赤水河上游白酒产区也浮出水面。

在号称美酒河的赤水河谷里，上、下游地区都不约而同地将茅台镇这个中游节点，作为产区的标识点。

2020 年 6 月 8 日，茅台、郎酒、习酒、国台、珍酒、劲牌酱酒、钓鱼台 7 家酱酒企业，在茅台举行仪式并发布了《世界酱香型白酒核心产区企业共同发展宣言》（以下简称《共同发展宣言》）。

赤水河上下游，都以中游为标识点。《共同发展宣言》称：“世界酱香酒核心产区，系酱香酒发源地，其范围以茅台镇为焦点。”

以“赤水河”为世界酱香酒的产区，各方利益博弈后终成事实。冠以“世界”之名，充分彰显了产区的国际范。这次会议金沙虽然未能参加，但并不会妨碍“赤水河”成为世界酱香型白酒产区（金沙在不在核心产区？那是另外一个话题）。

世界酱香酒的产区，以茅台酒“原产地”为圆心。这句话，《共同发展宣言》上没有，是我加的。在这个问题上，茅台当仁不让。与会的企业，包括茅台在内，恐怕也是这么认为的。

世界酱香酒的产区，以茅台镇为“焦点”。这是《共同发展宣言》的原话。什么叫焦点呢？词典上的解释是：比喻问题的关键所在。比如央视栏目《焦点访谈》。

至此，“世界酱香酒核心产区”终于“如愿以偿”了。作为产区的圆心，茅台酒原产地的地位更加稳固。作为产区的焦点，茅台镇及其以讹传讹的7.5平方公里或15.03平方公里“核心产区”，外延却不断拓展了。

那么，“世界酱香酒核心产区”的破壳而出，以及此前的“中国酱香白酒黄金产区”“中国酱香·赤水河谷”，是对“核心产区”的稀释吗？

是的！口口声声的“核心产区”，从此不再只是茅台镇，而是整条赤水河了；也不再是以讹传讹的7.5平方公里或15.03平方公里了……

也就是说，从今往后，请不要再在你的包装上标注“核心产区”，因为现在的“核心产区”不是茅台镇，而是“赤水河”。

从逻辑上讲，既然有“核心”产区，那就有“非核心”产区。正是因为有它们聚集、环绕着茅台镇，也更进一步巩固了茅台镇的“核心产区”地位。

但是，小产区优于大产区的认知、核心产区与非核心产区，却模糊了概念。

现有的产区划分，本质上是侧重生产角度的产区分类，而非产区分级。

从市场与产业发展角度来看，综合考虑酱酒的品质声望、产量规模与性价比等因素的产区分级，将有助消费者、企业与产业管理者更好地把握不同产区的基本特点、根本价值与发展机遇，从而促进消费提升与区域产业发展。

否则，继续各吹各的号，各唱各的调，最终谁也从中捡不了便宜讨不了好。

然而，“世界酱香酒核心产区”成了巨头们的游戏，是一个大而化之的“核心产区”。只有分类，没有分级。

长此以往，贵州茅台镇向何处去？贵州茅台镇向何处去？贵州茅台镇向何处去？重要的事情，说三遍。

在这方面，国外葡萄酒的产区分级的实践，也许可以提供一定的思考借鉴。

在“赤水河”这条河谷、在酱酒这个分类里，产量约50万千升，产能高达60万千升。

再考虑不同区域、不同酒厂在工艺上的差异，就必须承认量质分层的基本事实。

2019年，茅台前领导人在公开发言中曾说：“在不久的将来，二郎滩两岸、川黔接合部，将形成两个销售收入超过100亿元、酱酒生产能力超过10万吨的大企业。如果到那个时间，就会形成又一个酱酒的聚集区。”

而茅台镇的大大小小的酒厂加起来，年销售收入约400亿元。区域分层，正在成为事实。

“我不是茅台酒！”表面上看，这是主观、人为的区别，但其实是产区环境的众多因子都对酱酒品质起到不同程度的影响。质的分层，正在加剧。

酱酒产区的分级，势在必行！

分级，有助于消费者了解不同细分产区酱香酒的基本特点，从而快速找准需求契合点——对此，茅台缺乏足够的动力。

有助于形成细分产区的品牌记忆，在纷繁复杂的市场产品中便利选择——非茅台镇企业，不可能自取其辱。

有助于企业和产业管理者把握细分产区特点，厘清定位，挖掘潜力，把握产业发展机遇——年销售收入约400亿元的非茅台系茅台镇酒业，有心无力。

有助于跳出地域局限，形成产业视野——祖国母亲啊，你实在太大了。

酱酒产区分级，任重道远！

（2020-7）

步步探索，酱酒产区格局生变

2020年6月8日，茅台、郎酒、习酒、国台、珍酒、劲牌、钓鱼台等7家重量级酱酒企业负责人齐聚茅台古镇，同心同向、聚势前行，共同发起并签署《世界酱香型白酒核心产区企业共同发展宣言》。

这个宣言，某种程度上说，意味着酱酒产区格局已然生变。

也许，你并没有意识到这一点。甚至，你并不这样认为。这没关系！

只有当酱酒产区的利益，被巨头们瓜分完毕，而它却和你没有一分钱的关系的时候，你才会明了这个会的影响究竟有多深远！

现在，你需要知道：以茅台酒“原产地”为圆心，以茅台镇为“焦点”，以“赤水河谷”为范围的酱酒产区，初具雏形了。

圆心，是茅台酒。就像老班章的那棵茶王树，确定了整个老班章的地理坐标一样。

这个比方，可能不太贴切，逻辑也不够严密。但金字塔尖的茅台酒“原产地”，其实也印证了消费者的一个常识性认知：小产区优于大产区。

中国白酒产区概念本就弱化，大产区都还没有整明白，怎么又跑出来一个“小产区”来呢？

就像在你不经意间，茅台镇已不再是“核心产区”，转瞬间变身成了所谓的核心产区“焦点”。

相对于赤水河谷，茅台镇是小产区；相对于茅台镇，“原产地”是小产区。

小产区是模仿、借鉴葡萄酒的理念，是在法定优质原产地产区（茅台酒）或者地理标志产品地区（如仁怀酱香酒）的基础上，以自然环境和人文环境为要素，在质量等级和特色风格上进一步细分所形成的产区。

这事说起来容易，做起来就不是那么简单了。白酒的产业链条那么长，除茅台酒外，其他酱酒在原料上并不能完全做到“本地化”。

生产方式上，中国人的认知里，既然有金字塔尖，那就索性对标金字塔尖——茅台酒吧！缺乏“各美其美，美美与共”的市场基础。

“我们和茅台同宗同源，采用同样的工艺啊！”并没有人愿意承认，他与茅台酒有所不同。

至于产品质量控制，即便不对标茅台酒，各酒厂之间的差异就客观地摆在那里。但是，绝不会有酒厂和品牌愿意甘居人下的。

“小产区”，是叠加在核心产区之上的一个好东西。好东西，并不一定有人买账。

一方面，东西方文化的差异，葡萄酒的那一套要在中国落地生根需要时间。

另一方面，缺乏认定、监管、保护制度支撑的“小产区”，至少在目前这个阶段，也有可能是自娱自乐，多个商业噱头而已。

产区的发展难道是静态的吗？“小产区”的未来真就那么绝望吗？

显然不是的。从中国白酒和酱酒产区的沿革变迁就不难发现，产区的演进遵循了事物发展的规律，曲折前进，螺旋上升。

2017 年 11 月，“世界十大烈酒产区”发布，中国白酒独占六席。每个产区背后都有至少一位名酒大佬……这是世界十大烈酒产区的中国版。

也在 2017 年前后，遵义提出了“中国酱香 · 赤水河谷”产区的概念。这个概念，迄今没有实质性内容，但并非无源之水、无本之木。

由此往前追溯：早在 1999 年，随着“美酒河”摩崖石刻以磅礴的气势刻于赤水河畔 300 米高的悬崖陡壁上，“美酒河”作为一个产区的雏形已呼之欲出。

“美酒河”摩崖石刻的创意者，是时任仁怀市政府市长的谭智勇。

再往前追溯，1991 年，习酒领导人提出了在赤水河中游建起“百里中国名酒基地”，即所谓“百里酒城”。

这个极富想象力的构想，当时看上去无异于天方夜谭。它的倡导者名叫陈星国。

大约在同一时间，茅台酒厂抛出了另一个重磅话题：离开茅台镇，就生产不出茅台酒!

时任茅台酒厂厂长的季克良先生，在总结前人实践经验及自己多年研究茅台酒的心得的基础上，掷地有声地提出了上述命题。

赤水河汩汩流淌，“赤水河不干，酱香酒长流”。2020 年 5 月，“美酒河”摩崖石刻进行重刻修复，次年翻新亮相。

“百里酒城”“离开茅台镇，就生产不出茅台酒”（这等于茅台镇核心产区确立）、“美酒河”，已然成为现实。

那么，“世界酱香型白酒核心产区”呢？它距离实现还有多远？

且不去管它。咱也管不了啊。这不由让我想起了谭智勇，想起了陈星国，想起了季克良……

他们，堪称这个产区的奠基人。他们，值得被所有产区人铭记。

（2020-6）

为什么7.5平方公里酱酒核心产区愈发稀缺

“我们的酒厂，就在15.03平方公里核心产区！”茅台镇上酿酒、卖酒的，已经到了言必称“核心产区”的地步。

“离开茅台镇，或者说距离茅台酒厂那个核心点太远，那么生产出来的酱酒味道就是不行！”一些酱酒粉丝，对“核心产区”也是如数家珍。

贵州茅台镇作为中国酱酒“核心产区”这个认知，可见已经深入人心。“核心产区”究竟是怎么来的？它的范围包括哪些地域……却没有几个人能说得上来。

甚至连究竟是7.5平方公里还是15.3或15.03平方公里，也是众说纷纭。

关于“核心产区”一说，有据可查的最早的说法是：2010年初，茅台镇提出了“茅台镇3.5平方公里酱酒核心产区”的概念。

同年3月，多家茅台镇酒厂以“3.5平方公里酱酒核心产区”为卖点，在当年的春季糖酒会上大揽经销商。

随后，国台打出了“贵州国台酒，酱香新领袖”的口号，并直接在其包装上诉求“核心产区”。自此，“核心产区”由贵州向全国蔓延。

细心的人不难发现，就在2010年底，这个“3.5平方公里”被修改为“7.5平方公里”。这个转折，究竟是因为什么呢？

事情还得回到源头，才能说明白。因为茅台镇也是“后知后觉”者，先行者是茅台酒厂。

2001 年 3 月 29 日，国家质量技术监督局以 2001 年第 4 号公告的形式，批准自即日起对茅台酒实施原产地域保护。

1999 年 7 月 30 日《原产地域产品保护规定》发布实施后，茅台酒是全国第三个获得原产地域保护的产品。

贵州省政府印发文件，专门明确了茅台酒（贵州茅台酒）产地范围：南起茅台镇地辖的盐津河出水口的小河电站并以其为界，北止于茅台酒厂一车间的杨柳湾，并以杨柳湾羊叉街路上到茅遵公路段为北界，东以茅遵公路至红砖厂到盐津河南端地段为界，西至赤水河以赤水河为界，约 7.5 平方公里。

茅台镇祭出“核心产区”的旗号，目的就是打“擦边球”。擦谁的边呢？当然是茅台酒的边。

2010 年初，正是受到茅台酒“地理标志保护产品”7.5 平方公里原产地范围的启发，茅台镇提出了“茅台镇 3.5 平方公里酱酒核心产区”的概念。

但是，当时提出者的本意，是在茅台酒 7.5 平方公里原产地之外，另辟 3.5 平方公里塑造为“酱酒核心产区”。

然而，事情从一开始便“跑偏了”。

所以，就在茅台镇提出“茅台镇 3.5 平方公里酱酒核心产区”后不久，人们便发现“7.5 平方公里”的认知度更高，于是以讹传讹，索性将 3.5 平方公里更改为了 7.5 平方公里。

此后，茅台镇酒厂更是刻意混淆和模糊了两个产区间的边界。

2013 年 3 月，茅台酒原产地范围再次获批调整：从原 7.5 平方公里范围往南延伸（赤水河上游方向），地处赤水河峡谷地带，东靠智动山、马福溪主峰，西接赤水河，南接太平村以堰塘沟界止，北接盐津河小河口与原范围相接，延伸面积约 7.53 平方公里，总面积共约 15.03 平方公里。

于是，“核心产区”的范围又随之变化为了 15.03 平方公里。

“15.03 平方公里”是茅台酒原产地的范围，与茅台镇完全没有一分钱关系，而且受到法律保护。

“核心产区”则是市场概念，目前并没有明确的范围界定。2020 年 6 月，茅台酒厂牵头发布了《世界酱香型白酒核心产区企业共同发展宣言》。

这等于将“核心产区”的地理范围，从茅台镇拓展到了几乎整个赤水河流域。这等于排除了金沙，却将郎酒以及郎酒对门的习酒，统统纳入了“核心产区”的范畴。

但是，人家说的是“世界酱香型白酒核心产区”，我们说的是“中国酱香型白酒核心产区”。虽然茅台、郎酒的“嘴”更大，但我们说的确实并不是同一个概念。

从喝酱酒的主流消费认知而言，茅台镇行政区划范围内、适宜酿造酱酒（有一系列的技术指标）的区域，才是正宗的中国酱酒核心产区。

茅台镇的国土面积达 215 平方公里。除开 15.03 平方公里的“茅台酒原产地”，茅台镇仍有数十平方公里的土地是地理概念上“核心产区”。

根据《中国酱香白酒核心产区（仁怀）建设管理暂行办法》的确定，茅台镇传统优势产区面积为 53.03 平方公里、名酒工业园面积 52.38 平方公里。

这也就不难理解，中国酱酒“核心产区”为什么愈发稀缺了。

（2020-6）

关于“核心产区”

有人喜欢酱酒，就有人讨厌酱酒。这是“天要下雨，娘要嫁人”的事。

有人拿“××酱酒距离茅台直线距离500米”说事，把茅台镇及××酱酒“黑”了一通。

在产区的表达和沟通上，确实有一些问题没有搞明白。

以下观点，与××酱酒无关，就是说说“产区”，希望对你有所帮助。

1. “产区”显然是个好东西。围绕“产区”，酱酒初步形成了一套理论体系。

一些外行以讹传讹，比如“距茅台直线距离只有500米……”一些内行人云亦云，比如“15.03平方公里核心产区”（核心产区是茅台镇的，15.03平方公里却是茅台酒厂的）。

2. 产区真的不够用吗？事实并不是这样。中国酱酒的产区，已经有茅台酒原产地（法定产区）、茅台镇核心产区、仁怀经典产区、赤水河谷黄金产区、其他产区等分别。这么多产区，还有很多基础性、市场性、认知性的工作还没做。

“××酱酒距离茅台直线距离500米”的说法，本质上是人们打着创新的旗号，事实上是创新乏力，却又遏制不住据为己有的冲动。

3. “茅台酒原产地”是法定产区。茅台镇核心产区虽非法定，但随着酱酒走进寻常百姓家，早就已经深入人心。

为什么不顺应消费者的认知，就在“核心产区”上做文章呢？因为这样做不能据为己有，不能彰显自己的聪明。

4. 产区必须有一个范围。比如15.03平方公里的“茅台酒原产地”法定产区。“距茅台直线距离只有500米……”以茅台为参照，暗示自己和茅台的关系，这个“说法”挺取巧。

在茅台镇上说说也就罢了，真拿去广而告之，就有点不得要领，增大营销传播和消费者认知成本了。

5. 法国波尔多地区的酒庄距离拉菲庄园，有的直线距离800米，有的直线距离300米呢……很显然，“距茅台直线距离只有500米……”不是一个好的消费者表达。

茅台镇就那么大点地方，随便一个小作坊也能说距离茅台直线距离500米。这不就弄巧成拙了吗？你这是跟消费者躲猫猫吗？

6. 哈佛大学心理学博士米勒研究证明：顾客心智中最多也只能为每个品类留下7个品牌空间。打个比方，你能记住、一口气说得上来的饮用水牌子有几个？

那么问题来了：茅台镇酒厂本身就在“核心产区”，细分以后就是自己的了吗？别骗自己。自己另立山头，名不正则言不顺，传播成本更高，消费者认知难度更大。消费者不买账，等于自娱自乐。

7. 自己拉山头，方式有二：一是权威机构，包括但不限于职能部门、行业协会来认证。比如，15.03平方公里的“茅台酒原产地”，是国家市场局颁发的。二是自己说自己。就像波尔多那样分级——本质上，是通过“产区”向消费者做出承诺。

干嘛舍易求难呢？因为每人都想有一堆自己的火。至于“众人拾柴火焰高”，那是别人的事。

8. 产区的公共表达，酱酒和茅台镇多数人迄今没有搞明白。

搞明白的只顾悄悄地干活。比如郎酒以“世界酱香型白酒核心产区”，不动声色地扩大了产区范围。这一招，高！

9. 酱酒“产区”只有一种公共表达方式，那就是“核心产区”。绕来绕去绕那么复杂，自己都记不住，怎么可能让消费者记住呢？

毕竟，营销就是传播。传播，不能和顾客捉迷藏。

10. 产区的消费者表达，说白了就是怎么样让消费者听得懂。酱酒的品质最近5年在飞速提升。这个过程，目前都还没有完成。品质提升得差不多以后，品质个性化时代就必将加速到来。

比如，习酒当年吹的“液体黄金”，是个好故事、好牛皮。

11. 光“表达”还不够，你说我听，得多难受。所以，产区更要与消费者交流。

比如，重阳祭水大典暨中国酱酒节，就是一个产区与消费者交流的渠道、交付的载体。

12. 强大如茅台，始终如一地传播“离开茅台镇就酿造不出茅台酒”“茅台酒原产地”。茅台之外的大小酒厂，却自己乱了阵脚，各执一词。

说一千道一万，茅台之外的那些又确实在茅台镇上酿造的酒厂，不拿“核心产区”说事。

（2020-8）

Chapter

02

博弈之道

这是写给投资者的一篇文章

2020 年年初，“投资 200 亿元，四川要在赤水河对岸再造一个茅台镇”的消息赚足了白酒圈的眼球。

四川、贵州官方始终未做回应。“山荣说酒”（srsj-2016）凑个热闹，谈谈看法。

但这篇文章不是写给川黔两地白酒从业者，也不是给管理运营者，而是给投资者看的。

前两者，都有自己的立场和信仰。后者，不妨听听独立酒评人的观点。

需要特别说明的是，文章有观点，但没有预设立场。所以，看得懂的，但愿能启发你。看不懂的，请记得多看几遍，再说话。

工艺：北京烤鸭与茅台镇酱酒

曾经，北京烤鸭“独步天下”；如今，已然“遍布天下”。

说到北京烤鸭，联想到的只有一个地方（也只能有一个地方）：全聚德，先是在王府井，后又分出一家和平门。现在呢？在全国各地都能看到用真空袋包装的“北京烤鸭”了。

曾经，酱酒“一花独秀”；如今，已然“百花齐放”。

说到酱酒，联想到的也只有一个地方（也只能有一个地方）：贵州茅台镇。先是贵州茅台酒，后是茅台镇酱酒。现在呢？既有原产地酱香，也有川派酱香，还有北派酱香。

四川茅溪镇也表示不服。酱酒虽是酒中贵族，不就是“12987”工艺吗？茅台镇的酿酒师傅，还是从茅溪镇过去的呢。

就工艺论工艺，谁也说服不了谁。我们回到事物的底层逻辑——哲科思维上来看问题吧。

2500年前，山东姜齐集团有限公司（齐国）有个总经理（宰相）叫晏婴，工于计谋，强于辞令。晏子出公差去荆楚集团有限公司（楚国），荆楚集团总裁请晏子喝酒，酒酣耳热，好戏登台：

吏二缚一人诣王。王曰：“缚者曷为者也？”对曰：“齐人也，坐盗。”王视晏子曰：“齐人固善盗乎？”晏子避席对曰：“婴闻之，橘生淮南则为橘，生于淮北则为枳，叶徒相似，其实味不同。所以然者何？水土异也。”

这就是被后人茶余饭后常论道的“橘生淮南则为橘，生于淮北则为枳”。

但是，后人不学无术的实在太多，认为“橘枳之诮”的主要原因，就是气候水土条件不同。有人得出结论，如果将橘子种在淮北就成枳树的话，那么，只要将淮北的枳树移植到淮南就是橘树了。

从逻辑上来说，“橘生淮南则为橘，生于淮北则为枳”是真命题，是真理，但是，其逆命题就是假命题，是谬误。

晏子在政治上很牛，但他毕竟不是生物学家。橘枳是两个根本不同的物种，橘就是橘，枳就是枳。否则，岂不可以得出“人站在树下则为人，爬于树上则为猴”的可笑的谬论？

风水：茅台人的观念和法国人的经验

靠白酒“吃饭”的人都应该明白一个道理：

说“酿酒人”没毛病，但说“人酿酒”，就是贪天功为己有。

为什么呢？因为人类只是“发现”了酒，而不是“发明”了酒。传统白酒包括酱酒，不过是大自然的搬运工而已。

严谨地讲，酿酒靠微生物吃饭。说人话，酿酒靠老天爷赏饭吃。

干邑、苏格兰、波多黎各、瓜达拉哈拉的事，一会儿再聊。咱们先按白酒的套路出牌：

一条河流出一方好酒。无论是中国八大名酒，还是十七大名酒，抑或是地方名酒，一般都出现在长江、黄河、淮河、赤水河流域。比如珠江流域，偏偏就没有名优白酒。

所以，四川提出"赤水河畔两大酱香产区"，没毛病。毕竟"中国两大酱香白酒之一"的牛也不是白吹的。但是，说茅溪镇是"赤水河畔两大酱香产区之一"，我想不光茅台镇不相信，二郎镇、习酒镇也不敢相信。

这是为什么呢？我在前文提过：

因为中国，不，是法国的酿酒师们，经过长达几个世纪的观察发现，来自不同地区、不同园子甚至同一园子不同地块的葡萄，所酿出来的酒的风味是不同的。由此，法国人提出了"Terroir"的概念。

"Terroir"在英语中并无对应词。在中文里，最初有人笨拙地把它翻译成"土地""土壤"等，后来不知道是谁，给它找到了一个绝妙的对应词"风土"。

"风土"决定了葡萄，葡萄+"风土"，便决定了葡萄园的分级，决定了AOC（原产地法定命名）体系的建立……

对中国白酒来说，即便不考虑原料高粱的因素，这一"话语体系"也并不适用。所以，"山荣说酒"（srsj-2016）提出了酱酒"风水"说。

在中华传统文化中，风水既是堪舆之术（风水的学术称谓），也是宇宙哲学。对白酒而言，"风水"是酿造环境的总和。包括土壤、地形、地理位置、光照条件、降水量、温度、湿度、微生物环境等一切影响白酒酿造的自然因素。

酱酒的"酿造环境"讲究"水土气气生"。水，茅台、茅溪两镇同饮赤水河；地形、土壤，气候、环境、气温、湿度、原料、微生物，专家说都"差不多"。

我说"差不多"，你说"差得多"，谁也说服不了谁。

1924年，胡适先生发文批判《差不多先生》，百年转眼过去，仍没有好转的迹象。尤其是在面对商业利益的时候。

文化：故事的技巧与商业的伦理

文化是个“筐”，什么都能往里装。

比如枸酱与酒具体说与酱酒的关系。茅台并不是第一家拿这事做文章的。但是，枸酱是不是酒？枸酱的原料究竟是不是扶留、魔芋、红籽、篓叶、拐枣？

无论茅台还是茅溪，专家还是学者，谁也拿不出真正令人信服的证据来。当然，推论除外。但那些看上去貌似合理的说法，其实漏洞百出。

更进一步讲，即便枸酱真就是酒，就是赤水河畔拐枣酿的酒，就是今天酱酒的前身，又如何呢？

我坚信，茅溪也绝不是最后一个拿枸酱做文章的。如果宜宾和五粮液需要，也完全可以。因为早在500年前宜宾人周洪谟就考证过“枸酱出长宁”。

而从移民角度来看，300年前茅台、茅溪本就是一家，用不着那么长篇大论地阐述，史书上说得很清楚：

清雍正五年（1727），划四川遵义府并所辖遵义、绥阳、桐梓、仁怀、正安五州县隶贵州。

这里啰唆两句：茅台，是“茅草台”“茅草祭台”的简称。在川黔一带有若干“茅台”地名，赤水河上游茅坝镇有茅台，播州区有茅台，湄潭也有茅台。但是，它们没有茅台酒，所以只能名不见经传。

茅溪镇原名“水口镇”。水口，在中国风水学中，指的是水流的入口和出口。酱酒就是“水口”文化冲撞、交融的结果，也在理。

甚至可以说，世界上所有名酒产区，无论是茅台镇还是波尔多，都是“水口”文化的产物。

至于郑义兴从四川茅溪镇到贵州茅台镇酿酒，就像保定人去北京做烤鸭一样，是正常不过的事情。哪怕他把北京烤鸭推向了新的高峰，但北京烤鸭还是北京烤鸭。

金沙、郎酒与茅台的渊源早已广为人知，当事方从来也大大方方地“认账”。历史上与茅台有过交集的，却并非只有金沙、郎酒几家。

比如，民国年间，播州龙坑附近的“集义茅酒”、贵阳的“金茅”等，都曾名噪一时。

新中国成立后，华都、北大仓，人家传承的都是正宗的酱香工艺，打造的也是健康中高端酱酒品牌。

我可能把你绕糊涂了。一句话说完：枸酱的起源也好，移民对酱酒的形成与作用也罢，更甚至郑义兴先生对茅台酒的卓越贡献，都是酱酒的文化遗产而已。

白酒的健康属性，抛开剂量谈功效就是耍无赖。同理，抛开传承谈文化，也就是自娱自乐罢了。

故事有技巧，但是，商业也是要讲伦理的。

经济：左右岸之分与二镇之争

说完国内说说国际，说完白酒说说葡萄酒，好吗？

作为独立酒评人、茅台镇最懂酒文化的人，国际视野，周山荣还是要有一点的。

不论你对葡萄酒的了解是否深入，相信都一定对波尔多不陌生。波尔多是世界上最著名的葡萄酒产区之一，出产的葡萄酒品质卓越，受到了全世界葡萄酒爱好者的追捧。

翻译成“人话”，牛哄哄的波尔多，不过就是另一个茅台镇。

谈及波尔多时，葡萄酒界常常会提到“左岸”和“右岸”，但对普通人来说，可能都是只知波尔多，并不知道还有个左、右岸。左、右岸究竟是个什么鬼？

这里所说的岸，指的是河岸。在波尔多地区，加伦河与多尔多涅河交汇形成吉伦特河口。从地图上看，这一区域的形状宛如一个倾斜倒立的 Y 字。如果在中国，它的地名很有可能被叫着“水口”。

在这个“水口”，另一个茅台镇——法国波尔多就被分成了三部分，西部和南部地区被称为“左岸”，东部、北部地区被称为“右岸”，位于两条河流之间的地区，则被称为“两海之间”。

提到“左岸”，人们都会联想到梅多克。许多人认为，波尔多里只有梅多克区才算好。

今天的梅多克酒区，其实是荷兰人去帮忙弄干沼泽地以后才有的。当地地形表面虽然平缓，但骨子里其实非常复杂，所以法国人以“每步地势皆不同”来形容。这与茅台镇，有异曲同工之妙。

相对于“左岸”的地区，自然就是“右岸”了。当地的丘陵地上，吸引人们去种葡萄，然后酿酒。但是，“右岸”酒庄的面积都比较小，产量也小，所以在营销上的力量和普及率都没对岸来得强。

波尔多左、右岸有什么差异呢？就像赤水河左、右岸一样，也是“各吹各的号，各唱各的调”。最终，还得靠市场、靠实力说话：

“左岸”的名庄有玛歌、拉菲、木桐等。“右岸”的名庄有柏图斯、白马、金钟等。

费了这么多口舌介绍另一个茅台镇——法国波尔多，只是想武断地提出一个观点：

白酒与葡萄酒，有千不相同、万不一样，但是，酱酒可能就是不一样。以茅台镇为原产地、主产区的产区分级，乃至分左右岸，只是时间问题。

更进一步讲，茅台、茅溪之争，当前只是两地发展之争，未来则是产区之争。

（2020-4）

川黔白酒之争，让子弹飞一会儿

“翻开历史，四川人现在肯定恨死了雍正皇帝。因为，正是雍正把有‘粮仓’美誉的遵义划给了贵州省。”

“否则，也不会有川黔白酒‘王者之争’和茅台的自立‘王国’，而川酒也早已是一统天下的‘武林盟主’。”

在近百家茅台镇酒企参加的2020年重阳祭水大典动员大会上，有人当众宣读了这段话。其用意不外是激励大家，努力种好自己的地，耕好自己的田。

以茅溪为开路先锋的川酱，来势甚猛：

四川省古蔺县茅溪镇党委、政府，在仁怀举行了“茅溪籍知名人士乡村振兴座谈会”。仁怀及茅台，对茅溪这个川酱的开路先锋依旧保持沉默。

我的专业是说酒。我来开个头，先谈一谈吧。

山荣与藏獒先生PK：彼此羡慕，始有今日

胡适先生说过“历史是任人打扮的小姑娘”。

历史没有真相，何况商业竞争呢？商业只有认知，无所谓真相。

清雍正五年（1727），今茅台镇所在的仁怀，由四川划归贵州管辖。这是史实。“中国酱酒原产地、主产区——贵州省仁怀市茅台镇”，这是认知。

在认知面前，川酱就得矮人一头。如果谁要喊出“酱香鼻祖——四川酱

酒”，那就是自取其辱。

“自信不够，胡乱认‘爹’？”郎酒“中国两大酱香白酒之一”的slogan，抢了仁怀市茅台镇多少酒厂、多少品牌的饭碗呀？

“支持不够，任性无序？”川黔两省对白酒的支持力度，如果以税收等“干货”而论，恐怕四川更胜一筹。

更进一步讲，四川政策多面向“六朵金花”，贵州政策却一对一指向茅台。怎么可以一“茅”障目，不见森林呢？

这场博弈，本质上是巨头间的厮杀。说川酒、川酱没有强有力的“领头羊”打头阵，简直就是无稽之谈。五粮液算川酒的领头羊吧？郎酒算不上川酱的领头羊吗？

圈子不同，不必强融；赛道不同，互相尊重。

“人心难齐，各自为政？”川酒的“内耗”，不是人心决定的，而是利益决定的。利益格局怎么形成的？这是川酒产区红利的固化，是浓香品类重新分配的结果。

可见，这“三大痛点”并不只是川酒或川酱的痛点，也是贵州白酒、仁怀酱酒的痛点。

川贵两地，彼此羡慕，相互帮助，始有今日。

沙丁鱼与鲶鱼PK：沙丁鱼是不会欢迎鲶鱼的

反过来，鲶鱼也不在乎沙丁鱼的感受。

那么，谁是鲶鱼呢？谁又是沙丁鱼呢？

“鲶鱼效应”指渔人出海捕鱼，沙丁鱼总会因为时间过长而死亡，影响售卖。

有一位渔夫却与其他渔夫不同，他捕获的沙丁鱼不仅是活的，而且还十分有活力。问题究竟出在哪里呢？

原来，这位渔夫每次会在捕获的沙丁鱼里放一条鲶鱼，鲶鱼最喜吃各种小鱼，沙丁鱼为了活命只好不停躲避鲶鱼，因而，最后售卖时，剩下的沙丁鱼是最为鲜活的。

川酱，就是中国酱酒江湖的那条鲶鱼。那些中小酒厂——具体而言主要是茅台镇上除茅台之外的大多数酒厂，就是沙丁鱼。

沙丁鱼是不会欢迎鲶鱼的。但是，事情并不会以沙丁鱼甚至不以鲶鱼的意志为转移。该来的，就会来。

而鲶鱼呢，压根就不在乎沙丁鱼的感受。

如果你是鲶鱼，你的使命是"激活"沙丁鱼。如果你是沙丁鱼呢，你要努力成为鲶鱼。

一定程度上，世界处于守恒的状态，有强就必定有弱，有灵敏的就必定有愚笨的，这就是最为简单的自然定律。

鲶鱼和沙丁鱼相爱相杀，那是鱼自己的事情。渔夫呢？渔夫能置身事外吗？

不能！假如既没有沙丁鱼也没有鲶鱼，面对一片死海，渔夫的日子恐怕不会太美妙。

这场博弈中，渔夫不仅不能置身事外，相反，渔夫才是真正的利益主体。

你是一条沙丁鱼，还是那条鲶鱼？或者，你是渔夫？

浓酱 PK：浓香的道路，酱香会照样走一遍

历史总是惊人的相似。中国历史上的轮回巧合，一次比一次玄乎。

现如今眼目下，茅台已经开启"航天"模式。仁怀酱酒进入"飞天"冷启动阶段。

于是，川酒这个另外一个赛道上的霸主，也来凑热闹。

酱香、浓香，虽然都是白酒，但二者发展成熟度迥然不同。浓香的道路，酱香会照样走一遍。

简单地讲，20 年前浓香这样走的路，现在、未来的酱香也会再走一遍。

比如，浓香酒的"战国时代"，大碗喝酒、大块吃肉，大家都有钱赚。用权图先生的话说："就是有很多品牌，都很赚钱，一片混乱！"

目前酱酒就是这样的，成千上万个品牌还在混战之中。所以，其他香型白酒都进入了下半场，唯有酱酒还在上半场。

上半场结束的标志就是："主席台"上的座席尘埃落定。一旦老大、老二、老三排好队，就该吃果果了。

既然座次排定，就进入"品牌竞争时代"了。这个阶段，宜宾、泸州已经经历过了。

它们以前有上千家企业混战，所以现在进入了战略相持阶段，大家的日子，都不太好过。

今天酱酒的风光，不过是20年前浓香白酒的"翻拍"而已。

妄自尊大，妄自菲薄，都是妄人才干的事情。你是妄人吗？不是！大家都是内行人，要注意吃相。

仁怀酱酒，不妨让子弹飞一会儿！川酱，也别高兴得太早！

酱酒热的风口上，风停了，猪会掉下来；而狼没有了风，依旧是狼。

（2020-10）

茅台镇的“奇葩”节日，一个祭水，一个祭酒

岁岁重阳，今又重阳。仁怀酱酒分外香。

一年一度的茅台镇重阳祭水大典，就要在赤水河畔1915广场隆重举行。偶遇一位来自河南的酒友，他当面耿直地问我：“祭水节是咋来的呢?”

我知道，他要问的并不是祭水的由来，而是祭水大典这个活动、这个习俗，是不是像别的地方那些旅游节庆活动那样，是当地人生造出来的。

我当然要义正词严地告诉他呀：“祭水，那是我们仁怀人的自信啊！信仰啊！”然后，就是一通科普：

祭水，是“生造”出来的吗

很多朋友，可能对茅台镇重阳祭水大典都有类似的疑问。我索性把祭水的前世今生，给大家一一道来吧。

酒，是水的外表，火的内涵。“酒水里的茅台镇”，名副其实，同时也贴切地回答了仁怀人与水的依存关系。

“好山好水出好酒。”这个“好山”，是环境。“好水”呢？具体的对象，是赤水河；抽象的神旨，就是水本身。

可见，祭水，是因为仁怀酿酒人感恩水、敬畏水、信仰水。

这个信仰，究竟有多么坚定呢?

据茅台镇民间口述史及口碑资料记载，20 世纪六七十年代，即便“文革”期间，茅台酒厂酒师仍克服困难、不惜风险，在杨柳湾或茅台河边举行隐秘的祭水仪式。

当年的祭水有三大重点，一是祭神，其实就是祭拜祖师宗师；二是取水，把水取来，象征重阳投料“下沙”，开启一年一度的酿造；三是拜师，酒师的传承通过这个载体得以延续。

改革开放后，仁怀酒业繁荣发展，祭水得以复兴。

酿酒习俗究竟啥模样

2005 年，茅台镇和茅台酒厂共同举办了祭水大典。传说中的祭水，自此恢复。

再然后，茅台酒厂有了茅台酒节，茅台镇有了重阳祭水大典。两家分道扬镳，个中原因，你懂的……

10 月 25 日，农历九月初九，重阳节当天，茅台镇上将举行两场祭水：

茅台集团名为（2020）庚子年茅台酒节，将在办公大楼广场举办。仁怀名为第四届中国酱香酒节暨庚子茅台镇重阳祭水大典，将在 1915 广场举办。

一镇两家，虽然“名目”不同，但内涵、内容大同小异。因为，他们的根，原本就相连。

祭祀也是茅台酒节的重头戏。在祭祀大典上，有敬献花篮、三献礼、恭读祭文、拜师仪式、乐舞告祭等仪式。

此外，还有酒文化展演、重阳敬老孝亲等活动。当天上午，茅台中国酒文化城将免费开放，“非遗”传承人代表现场为观众演绎经典传世技艺。

有趣的是，2018 年，茅台重阳祭酒节、茅台镇重阳祭水习俗，作为“民俗”双双列入遵义市第四批非物质文化遗产名录。

这祭水，还有些啥“看点”

本是同根生的“重阳祭水”，被某些“非遗”专家活生生拆成了“茅台重阳祭酒节”和“茅台镇重阳祭水习俗”。

细心的朋友们可能注意到了，茅台集团叫“祭酒”，茅台镇叫“祭水”。在茅台镇215平方公里的土地上，同一习俗，竟然有两个版本。

俗话说，“百里不同风，千里不同俗”。从办公大楼广场到1915广场，直线距离不过1.3公里而已……

在仁怀人眼中，并不是人酿酒，而是人和自然、微生物合作酿造了酒。自然、微生物看不到、摸不着呀，那祭水，不就是敬畏自然、天人合一嘛。

可见，酒只是祭品，水才是祭祀的对象。

由茅台镇往北50公里的四川郎酒厂，重阳当天也将举行规模盛大的祭祀活动。据了解，郎酒的祭水台已建成。

在赤水河谷酱酒产区，祭水是行业遵循的重要习俗。无论是茅台集团，还是茅台镇，或者郎酒，祭祀都努力遵循传统仪轨。

其中，取水是重点。比如，茅台集团“其中敬水的环节，都要现去河里把水打上来敬的”（茅台集团融媒体中心员工李文强语，见《茅台酒节倒计时！他用十多年的记录，告诉你不一样的酒节故事》）。

而茅台镇重阳祭水大典，“取水”环节被强化了。酒师们从赤水河河心取水，并在酱酒行业长者的引领下送上祭台，由主祭人分发给各参祭酒企，作为“下沙”投料的第一坛润粮之水。

无论何种形式，“酒水里的茅台镇”彰显的是每一名酿酒人，“像爱护自己的眼睛一样爱护酱酒”。

（2020-10）

Chapter

03

传统之道

品质高于生命

酒精“窜酒”冒充正宗酱酒，终于被贵州茅台镇拿来开刀了！

2020年6月12日，仁怀市酒业协会发出《通知》，表示将对仁怀白酒行业制售“窜酒”行为进行大力整治。

6月15日，仁怀市有关部门印发《仁怀市整治生产窜酒乱象工作方案》。当晚8点，全市10个交通卡口启动开展酒精查控工作。

与此同时，仁怀市还发出《有奖举报通告》：“欢迎全市广大群众踊跃举报我市辖区内生产‘窜酒’行为，对举报线索一经查证核实，奖励一万元人民币……”

连日来，茅台镇所在地仁怀市密切推出一系列举措，拳拳指向酒精“窜酒”冒充正宗酱酒的行为。

这些消息，在白酒行业瞬间刷屏并获得广大群众点赞。

仁怀拿酒精“窜酒”冒充正宗酱酒的行为“开刀”，为什么引起这么大的反响呢？

仁怀酱酒那锅汤里，有一粒“老鼠屎”

俗话说：“一粒老鼠屎——坏了一锅汤。”

中国白酒中最靓的那锅汤，就是以茅台镇为核心产区的仁怀酱酒。

仁怀酱酒，不仅是全世界最好的蒸馏酒，而且是老祖宗留给70万仁怀人民的祖业产、财富根，更是全世界热爱酱酒的消费者的福气。

茅台，生于仁怀、长于仁怀、根在仁怀，茅台的高售价、高股价，就是全世界爱酒人群用真金白银对仁怀酱酒投的信任票。

仁怀酱酒这锅靓汤究竟有多靓？2019 年，仁怀酱酒产量约 30 万千升，在白酒产业占比 3.5%。但是，却实现利润约 500 亿元，行业占比约 40%。

也就是说，中国白酒每赚 10 块钱，仁怀酱酒就分走了 4 块钱。当地 70 万人有 10 万人靠这锅汤养家糊口，靠这锅汤发家致富……

那粒“老鼠屎”呢？就是这次仁怀市重拳整治的酒精“窜酒”行为。

这粒老鼠屎是怎么一回事呢？“窜酒”，实际上就是以食用酒精为原料，与正宗大曲酱酒废弃的酒糟串蒸，生产出来的具有轻微酱香味的液态法白酒。一句话，就是酒精假冒的仁怀酱酒。

但这不是重点，重点是：

当它在仁怀被预包装好，销往全国各地的时候，你不会知道你花钱买的那瓶酒，是液态法生产的“窜酒”。

它堂而皇之穿上华丽的外衣，标注“酱香型白酒”，打着“仁怀酱酒”的旗号，行销全国。

仁怀酱酒那锅汤里，酒精“窜酒”行为正是那粒“老鼠屎”！

一粒“老鼠屎”怎样坏了仁怀酱酒一锅汤

不到茅台镇，不知道酒好。

这是茅台镇的底气，更是酒都仁怀（茅台镇所在地）的价值和信仰。

然而，都说仁怀酱酒好，却不知道酒精“窜酒”冒充正宗酱酒可以卖几十上百元，甚至还有胆大包天的“窜酒”，敢卖几百元。

“茅台多个镇，买时需谨慎”的买酒谚语，警示的并不是茅台镇正宗酱酒，而是这种酒精“窜酒”冒充的“酱酒”。它实实在在地抹黑了 70 万仁怀老百姓的脸，败坏了仁怀人的名声。

可见，警钟已经敲响，危险已经来临！敲钟的，是 70 万仁怀人；吹哨的，是仁怀市酒业协会……

谁把“老鼠屎”放进了仁怀酱酒这锅汤里

包括酒类商贸公司在内，仁怀共有注册酒类企业主体约1.4万家。其中，持有生产许可证的酒厂350多家，小作坊1700家，规模以上工业企业106家。

然而，正是那极少数的酒厂，靠酒精“窜酒”假冒“酱酒”蒙骗消费者，或者靠酒精“窜酒”假冒“酱酒”低价倾销。

总之，就是那1%的人，习惯了“当面一套，背后一套”，不顾仁怀酱酒产区的人文传统，对保持纯粮固态酿造，恪守“贮足老酒，不卖新酒”质量铁律等置若罔闻，断子孙路，发子孙财。

于是，地道、正宗的大曲酱酒（茅台镇人俗称浑【kun】沙酒，也有写作“坤沙酒”，本书推荐并统一写作浑沙酒），产量、产能在产区内的绝对优势和占比，岌岌可危。“劣币驱逐良币”的现象正在上演！

这一次，仁怀市委、市政府拿出了壮士断腕的决心和刮骨疗伤的勇气。

仁怀市酒业协会敢于担当，勇于作为，冲锋在最前线——要让仁怀酱酒这锅汤，更靓、更香；要让仁怀产区这块土地，酒香、风正、人和。

因为，这一切，就是捍卫仁怀酱酒传统，就是捍卫70万仁怀人民、全国热爱酱酒的消费者的最高利益，更是捍卫“品质高于生命”的价值观。

（2020-6）

敲响“黑心酒”的丧钟

2020年6月19日下午，仁怀市有关部门召开会议，调度部署整治该市酒精“窜酒”冒充正宗酱酒乱象工作。

从当地酒业协会发声，到全市设置交通卡口开展酒精查控工作，再到扫黑除恶专项斗争领导小组办公室统筹调度，对酒精“窜酒”行为这瓶“黑心酒”——仁怀究竟是下了多大的决心？

这一切，还得从酒精“窜酒”行为这瓶“黑心酒”为公理所不容，为千夫所怒指说起。

那么，“黑心酒”究竟违背了什么公理呢？

这个公理，就是酒精“窜酒”对环境的巨大危害，绝对超乎你的想象：

不同白酒的不同的生产工艺，对环境的危害程度不一样。以酒精“窜酒”为例，这种工艺产生的废水，化学需氧量（COD）高达20000以上。

而大曲酱香酒工艺产生的废水，COD仅为8000左右。

我这么说，你铁定一脸蒙——大曲酱香酒的COD，就好比在一盆清水里滴进一滴茶水。盆子稍微荡一荡，水就变清了。

酒精“窜酒”的COD，却好比滴进了一滴墨汁，那一盆清水马上就会变得黑沉沉的。

如果再放一条活鱼到盆里，两三分钟，活鱼就变成死鱼了。因为水里没氧气啊！

如果你以为这种“黑心酒”对环境的危害仅仅止于水污染，那你就大错特错了。

酒精“窜酒”产生的废水COD达到20000以上，鱼虾都活不了，更何况人了。不要说人了，就是庄稼都无法存活。

以“黑心酒”为业的村庄，距村口1公里就能闻到熏天的臭气，人们路过，纷纷皱眉掩鼻。河里鱼虾死绝了，庄稼枯萎了。

这一切，都是拜当地多年来生产“黑心酒”所赐。

这样的现场，这样的地方，当地数百年酿酒活动所滋养的微生物群落，又怎能承受得了呢？

试想：当这个微生物的“防护罩”受到损害，酱酒微生物天然的繁衍就断了链条，微生物不能自然繁衍，又何来酱酒发酵有神秘助益呢？

据说，那个“黑心酒村”的人，是“富”起来了。但是，究竟是哪些人富起来了呢？那些并没有富起来的人，他们的妻儿、子孙怎么办呢？

没有人回答，更没有人为之负责。人与自然，不再和谐。“黑心酒”的丧钟，必须敲响。

但“黑心酒”更为缺德的、更为严重的后果，其实还在后头：

酒精“窜酒”假冒正宗酱酒，严重损害着消费者的健康。

用食用酒精与正宗大曲酱香酒废弃的酒糟窜蒸，然后生产出来的所谓的酒，虽然具有轻微的酱香味，但它的口感、风味与正宗酱酒无疑相距十万八千里。

传统酱酒，以酒调酒，绝不添加任何非发酵物质。“黑心酒”怎么办呢？简单，那就添加香精、香料啊。

初中化学告诉我们：添加了香精、香料的酒精溶液，就是“化学液体”。这样的“化学液体”，你敢喝吗？你愿意喝吗？

它穿着酱酒的美丽外衣，蒙骗你喝下了它，你就一定头痛、一定口干，一定难受。这哪里还是享受酱酒的美好呢？

这就是“黑心酒”对热爱正宗酱酒的消费者所犯下的罪孽。

贵州茅台镇5个字，在中国那是响当当的品牌。你也曾以喝到一瓶品质、口感上佳的茅台镇酱酒而欣喜。

如今，“茅台多个镇，买酒需谨慎”等谚语，正在成为笼罩在当地酱酒产业身上的阴影。

在惩罚与羞辱当中，酱香酱酒怎么可能有尊严？在侵蚀与损害当中，消费者怎么可能再热爱？

在污染与破坏当中，大自然怎么可能继续馈赠？在发子孙财、断子孙路当中，我们的后代怎么可能传承、发扬、信仰和爱？

（2020–6）

三分钟看懂酒精“窜酒”

“‘窜酒’也是酒！只要卫生安全，没毛病啊！”

“卖‘窜酒’咋了，既没卖毒药，又没让仁怀人喝，酒协吃饱了撑的多管闲事……”

接连三篇文章，炮轰酒精“窜酒”。后台热闹起来了。

评论更精彩！光是评论，就可以组合成一篇长文《仁怀打击“窜酒”，网友们炸开了》。

恕不一一回复。也别费那个劲了，成年人是说服不了的。何况，这是屁股决定脑袋的事。

今天，我们继续聊聊酒精“窜酒”假冒仁怀正宗酱酒，彻底扒开你不知道的那些事。

酱酒“地沟油”——“窜酒”

“窜酒”是不是酒？当然是酒。乙醇含量在0.5度以上的饮料，都是酒。

那么问题来了，“窜酒”既然是酒，没毛病啊。

“窜酒”虽然是酒，但“变性”为酱酒，难道还没有毛病吗？

地沟油是不是油？也是油。可是，你咋不吃地沟油呢？

人必须摄入油脂，所以要吃油。动物油、植物油，都是油。摄入油脂就要吃油，但不能吃地沟油。

脑子进水了，也不能喝酒精；为了身体健康，不要喝“窜酒”。

道理很简单：酱酒7次取酒后“废弃”的酒糟，粮食精华已然消耗殆尽。但是，还有酒糟味，就这么废弃了岂不是很浪费？

于是，有的人就打起了歪主意：把酱酒废弃酒糟里的香气提到酒里去，岂不是变废为宝了吗？

废物利用，倒是实现了。但是，地沟油就是地沟油，“窜酒”就是“窜酒”。

根据国家标准，酱酒是不允许添加非发酵物质，更不允许直接添加酒精的。正规、正品的酱酒，比如茅台、钓鱼台等，是绝对没有“窜酒”的。

同理，“窜酒”也多半不完全是纯“窜酒”，除了添加香精、香料，还可以添加大曲酱香酒甚至老酒。

至此，“变性”完成，“窜酒”成了酱酒。

茅台镇的公敌——“窜酒”

既然是“窜酒”，也就无所谓高粱，更无所谓“特制香醅”了。

食用酒精跟丢糟汇合蒸馏，酒精便也沾了一丁点酱酒糟子的味道。

在酒糟里加100斤食用酒精进去，“吼”出来；100斤加50斤，“窜”出来；连酒甑盖子都不用揭，直接将酒精灌进酒甑，“窜”出来……

同样是“窜酒”，工艺也有所不同：

第一种，用“吼尾”方法的“窜酒”，酱酒糟子味会重一些。“吼尾”原本是传统酿酒工艺，又叫回尾。正常的操作是将尾酒重入甑中蒸馏，能增加酒的产量。

第二种，风味等而次之。

第三种，你能想象一下那个场景吗？食用酒精被加热后，从酱酒糟子里过了一遍而已。

这样的酒，成本低廉，略带酱味。电商渠道、市场售价低于100元的酱酒，很多就是这样的酒。

还有一种类似“窜酒”，俗称“生勾酒”。这种酒用酒精+水，纯化学勾兑，产、销其实都不在仁怀。

“生勾酒”简直就是垃圾，连跟酱酒提鞋它都不配！

仁怀下狠心，重拳整治生产“窜酒”乱象，查禁酒精，就是要斩断“窜酒”“生勾酒”的源头。

酱酒的耻辱——“窜酒”

“酒精‘窜’的酒，一百八一杯，这酒怎么样，听我给你吹！”

“三杯五杯进了肚，保证你的小脸啊，白里透着红啊，红里透着黑，黑不溜秋，绿不拉几，蓝汪汪的，紫不溜丢的，粉嘟噜的，透着那么美！”

“这酒怎么样？这酒真是美！啊美呀啊美呀啊美美美美美，其实就是那个酒精、酒糟兑的那个自来水！”

一波神操作，“酒精”换马甲，变身“白酒”了。“窜酒”+香精+香料，再一次华丽转身，成功“变性”仁怀正宗酱酒。

就像地沟油，“油腻漂浮物”只需简单加工、提炼，就变成了动物油。地沟油+，再一次华丽转身，变身炸鸡、炸油条。

给顾客吃“地沟油”炸鸡、炸油条，可能面临“生产、销售有毒有害食品罪”。给顾客吃酱酒“地沟油”——“窜酒”呢？

《白酒工业术语》对“串香”给出的定义是：“在甑中以含有乙醇的蒸汽穿过固态发酵的酒醅或特制的香醅，使馏出的酒中增加香气和香味的操作。”

有人提示我，“窜酒”应该写着“串酒”。言下之意，国家标准里有串香工艺的。

我告诉他，此“窜”非彼“串”。“窜”嘛，本意是指老鼠逃入洞穴中藏匿起来。“窜酒”岂不是更形象吗？

就像那只洞察流窜的老鼠，“窜酒”也是见不得光，更见不得人的。

（2020-6）

茅台镇上窜酒、虚假年份酒一旦泛滥，谁的损失最大

2020年8月30日茅台镇发布《白酒市场专项整顿的通告》至今，我每天至少接10通以上的电话。

电话接通，就一件事情：您帮忙看一看，我们的酒这样标注年份可以吗？

我并不是执法人员，没有职权界定别人的产品标注的年份是否合法、合规。但作为“仁怀酱酒的服务员”和“茅台镇最懂酒文化的人”，我也只好知无不言。

在交流的过程中，每个人对这场由市长牵头，市场监管、公安、综合执法、税务、消防等多部门联合的整治行动，各有立场，各有看法。

“山荣说酒”从业20年，今天以一个独立酒评人的角色，谈谈这事，希望对你有所帮助。

“小烂大曲”是如何沦为“小烂酒”的

我身体很好，也没有违法犯罪。在茅台镇我却有一个身份——“小烂人”。

因为我的老家，在距离茅台酒厂15公里、一个名叫“小烂”的山村。

这个村子，以酿造“清香茅台”著称——一种仁怀老百姓自饮、泡酒的小曲清香苞谷酒，美其名曰“小烂大曲”。

上到机关干部，下到贩夫走卒，“小烂大曲”是当年最主流的选择。

鼎盛时期，当地有80%的人家以酿酒为业。“小烂大曲”远销遵义老城，茅台、中枢（今仁怀市区）镇上每逢赶场日，60%的散酒都是小烂村酿的。

我接受完整的九年义务教育，就是父母的酒甑、酒坛子把我供出来的。小烂村其他的大学生、中专生、高中生，现在的领导、干部、老板、富豪，大约也和我一样……

作为“小烂人”，我发自内心地感恩“小烂大曲”。

然而，一夜之间，“小烂大曲”就不行了，卖不动了。

长着山羊胡子、年轻时在茅台镇厮混过的爷爷说，茅台镇的酒厂太多了！街街巷巷、家家户户都烤酒，都卖酒，抢了“小烂大曲”的生意。

年幼的我，信以为真。20年后，我才找到了真正的答案。

那时我已经在茅台镇上酿酒了。一位朋友为了泡酒，专门跑到小烂村，买了20斤“小烂大曲”。

朋友不放心，让我尝尝。万万没想到，那酒里明明一股刺鼻的酒精味。

原来，他去小烂村买酒，说好只要纯粮酿造、不加糖化酶、不加酒精的正宗“小烂大曲”。结果还是中招了——买的是糖化酶加酒精的“小烂酒”。

“小烂大曲”=小烂酒。

“小烂酒”如果像云南小曲酒那么长盛不衰，还有天理吗？没有！

“窜酒”、虚假年份酒给谁造成的损失最大

我的一位好朋友，是体制内下海的职业律师。对于食用酒精窜蒸传统酱酒的糟醅，带点儿酱香味儿的“窜酒”，王旭律师有不同的看法：

工艺符合“串香”（本书仅在指称白酒工艺时写着串香）工艺，酒体符合国家标准，合法、合理，你凭什么整治？

跟省长吹过酒牛皮的胡某，在酱酒这个行业已经折腾了20年，他的观点简单直接：

拜托，这是市场经济。“窜酒”、假年份酒，别个要买，自然就有人卖。

我不想、不能反驳他们。律师重“道义”，讲依法；经济人重“利润”，

讲市场。他们说得都对。

“小烂大曲”当年加糖化酶、加酒精的时候，他们如果在场，我估计也会这么说。

当年，小烂村某位厂长说过，“小烂大曲”加糖化酶、加酒精符合行业标准，都是合法的；村主任还说，卖得出去，赚回钱来，就是本事，闯市场啊。

小烂村民如今再酿“小烂大曲”，没人愿买，卖不出去了，谁来承担责任？这是谁的错呢？

小朋友才分对错，成年人只看利弊。

那么，谁的损失更多呢？小烂村和它的村民，损失最大！

根据阿德勒的“课题分离”理论，判断一件事是谁的错的标准，就是谁的损失大，就是谁的错。

有一天，仁怀产区的酱酒会不会像“小烂大曲”那样成为“小烂酒”，再也无人问津，避之唯恐不及呢。

到那时，谁的损失最大呢？

咱们别讲理，咱们讲损失……

有人在公交车上踩了你一脚。谁的错？你的错。

啊？明明是他踩了你，为什么还是你的错呢？难道你不应该要求他道歉吗？你可以要求他道歉。

但是，道歉有什么用？而且，你要求他道歉，不需要花时间写？他耍无赖和你吵起来，不更需要花时间写？你的时间没地方花了吗？

这时，对方可能反咬一口：你怎么把脚乱放啊？！你怎么办？

你要说：“我的错，我的错。”然后，心平气和地走到旁边。因为，你的时间比他值钱。这就是“谁的损失大，就是谁的错”。

有人用食用酒精窜蒸传统酱酒的糟醅，造出带点儿酱香味儿的“窜酒”，有人把昨天刚酿出来的酒标上“5 年陈酿”……

对茅台，“窜酒”“虚假年份”岂能近身。现在自然也毫发无损，那未来呢？

对规模以上酒厂，笑骂由他笑骂，“窜酒”“虚假年份”我自为之……

那些边缘化生存的酒厂，更是光脚的不怕穿鞋的。

事实上，谁都不能置身事外，更不会与你无关。因为到最后，“光脚的”“穿鞋的”都会遭受损失。

谁的损失最大，就是谁的错。

……

“窜酒”“虚假年份”这件事，是非对错，公说公有理，婆说婆有理。

“怪”这件事以及做这件事的人，也是很容易的。但怪完了，好像这件事解决了，但是并没有改变你损失的结果。

只要自己受到了损失，甭管从什么角度，因谁而起，都要从自己的角度去想办法规避，预防损失的发生。

我们管不了别人，但是我们可以管好自己。

靠自己，自强者恒强。

（2020-9）

Chapter

04

工艺之道

茅台有一份苦差事叫“今天糙沙啦”

2020年11月6日，农历十月初十。

贵州茅台镇上，大多数酒厂都在这一天，开始了酱酒酿造的重要工艺——糙（chào）沙。

当天上午，中国酿酒大师吕云怀、丁德杭、遵义（仁怀）市酒业协会执行副会长兼秘书长吕玉华等人，当然还有山荣我，共同走进茅台镇酒厂，现场观摩、指导糙沙生产。

重阳下沙，一个月后糙沙。糙沙生产，年复一年。

“造酱酒，先糙沙。”糙沙在酱酒酿造中的重要性不言而喻。但是，糙沙究竟重要在哪里呢？

糙沙概念：你所理解的很可能是错的

你可能听说过“重阳下沙”是从重阳节前后开始，茅台镇酱酒开始了一年一度的投料生产。

你可能也知道糙沙。但你明白糙沙究竟是怎么回事吗？

糙沙就是在“重阳下沙”一个月后，从酒窖里取出下沙时发酵过的酒醅，和另一半新高粱混合在一起，再次蒸煮，再次摊晾，再次加入适量的大曲，再次堆积发酵，再次入池封窖发酵。

这个酱酒第二次投料的过程，俗称“糙沙”。

另一半新高粱，习惯上被称作“生沙”。因为这些新高粱只是按一定比例磨碎，还没有加沸水翻拌，相对已经“润粮”、蒸熟后的高粱，被称为“生沙”。反之，则是“熟沙”。

是不是被绕糊涂了？

你就是到了现场，单从工作的场景、高粱的颜色来看，估计你也分不清楚，究竟什么是下沙，什么是糙沙。二者工艺虽大同小异，但刚入行的新人，往往也是傻傻分不清。

下沙、糙沙是酿酒工人最叫苦的工艺环节。酿酒工人们要付出将近一个月的重体力劳动，他们每天凌晨起床，早出晚归，每天累得大汗淋漓。

糙沙现场：看一看，闻一闻，听一听

众所周知，一杯酱酒有30道工序、165个工艺环节。糙沙便是其中之一。

这里面的讲究，主要体现在酿酒工人对水分、温度等的把握上。

在酿酒车间，吕云怀、丁德杭不时从堆积的发酵糟里面，抓一把酒糟，看一看，闻一闻，听一听，再放回去。

他们通过握紧揉搓酒糟，放在耳边听，如拳内“叽叽”声明显，且放开手掌后发酵糟成一团块，说明糙沙的水分偏重；如果放在耳边听不到“叽叽”声，松开手掌后发酵糟马上松散开，说明水分可能偏轻。

你可能又说了，现在要测个水分还不容易吗？问题是，你测了水分，甚至明确一个既定的水分值，怎么与糙沙时的环境、气温匹配呢？

糙沙水分含量的掌握，直接影响酒的生产质量，影响窖内酒醅发酵变化，是一个非常重要的环节，也是对酒师水平高低的考验。吕云怀、丁德杭、吕玉华等人在现场察看糙沙后举行的座谈会上，纷纷发表了指导意见。水分、温度……是他们谈得最多的问题。

但我敢跟你打赌：就是到场听了，你也照样蒙。

糙沙生产：无忧为什么请来了专家

那些看起来当然的工艺，比如“12987”，在不同的酒厂其实有不同的操作。

糙沙的水分、温度等细节上一旦出现问题，对整个生产将造成决定性的影响。操作上的一点点不同，最终导致酒的质量也会千差万别，甚至“差之毫厘，失之‘垃圾’”。

这就是为什么无忧酒业把大师们请到厂里指导，为什么这么重视糙沙的原因所在。

对无忧酒业如此重视糙沙生产，大师毫不吝啬地大加赞赏：

“无忧的糙沙抓得好，一般的酒厂做不到！但是，要尊重规律，不要在糙沙的时候就想着一轮次产多少酒，七个轮次的产量是有规律的……”吕云怀说。

“下沙、糙沙，不是窖、不是粮将就人，而是人去将就窖、将就粮……”丁德杭说。

“对无忧来说，从下沙、糙沙开始，生产工艺上要向茅台看齐，管理上、现场上、面貌上，也要向茅台对标。”吕玉华说。

无忧酒业的董事长、总经理、总工程师等一众高管团队，认真倾听，不时将一些建议记录下来。

说得粗暴一点：“一家不重视糙沙生产的酒厂，就不可能是一家恪守传统、坚持品质的酒厂。”

工艺的事太复杂，不是一时半会儿可以学会的。我辈关心的只有一个问题：糙沙之后，酱酒的两次投料完成了。那么，新酒什么时候才能酿出来、喝到嘴里呢？

然而，糙沙其实是不取酒的。为什么呢？这就跟母亲“十月怀胎，一朝分娩”是一个道理。辛辛苦苦妊娠10个月，无论在身体上、精神上、物质上、经济及时间等各方面，所付出的代价都是很大的。只有不着急、不功利、不教条，才能有瓜熟蒂落的那天。

糙沙的主要目的是淀粉糊化、堆积发酵。前两次不取酒，为的是养精蓄锐，让后面的7次酒质量能够更好。

这就是为什么酱酒有“九次蒸煮”，但却只有“七次取酒”的原因。

耖沙期间蒸馏的酒，名叫“生沙酒”。这种酒味道不咋的，但金贵，产量只有三四斤，有特殊用途。

耖沙写法：不是糙沙，不是造沙，而是耖沙

“耖沙”，一般写作“糙沙”，也有写作“造沙”“插沙”的。

这种写法，都没能从字形、字意上体现出“耖沙”信、达、雅的意蕴来。

2018年4月，“山荣说酒”（srsj-2016）曾发起面向全国公开征集chào字的写法。

网友们认为：糙的意思，是米脱壳而未舂的状态，或不细致、不光滑，如粗糙。“糙沙”，反而把人绕晕了。“造沙”就更不用说了。

山荣提议：chào沙要写作耖沙。

耖是一种农具，在耕、耙地以后，用耖把土弄得更细。所以，北方有“耖田”“耖土”的说法。

写作“耖沙”，“耖”在这里作动词。“下”是投下，“耖”是翻搅均匀。耖字拆开看，左边像耙子（工具、农具），右边通过工具减小，谓之少。又有象形之意。

可见，“耖沙”的字面意思和语境，精确无误地传递了“将高粱（沙）翻搅均匀”的意思。

山荣不管你怎么写，反正从今往后，我就写着“耖沙”。

（2019-11）

“轮次”酒

循环比赛的一个循环，叫一轮。

“轮次”，是某一轮在比赛中排列的次序，就是轮流的次序。

8 月 26 日，2020 年茅台酒 7“轮次”酒生产开烤啦！当天，茅台集团主要领导分赴一线调研，详细了解 7 轮次酒生产情况。

这是茅台酒“7 次取酒”工艺中，最后一个轮次的取酒。传统酱酒“12987”工艺中的“7”，说的就是共 7 次取酒、第 7 次取酒。

那么，这个“轮次”有什么“门道”吗？你看我给你拆解——一定能对你有所帮助。

“轮次”从头说

轮次，堪称传统酱酒的密码。

为什么呢？因为中国白酒中，分轮次取酒是传统酱酒重要的工艺。

以茅台酒为代表的传统酱酒，工艺是多轮次回沙。汾酒和西凤酒的工艺是不回沙。传统酱酒 8 次堆积发酵，汾酒是清蒸二次清，西凤酒是一顶四法……

这究竟是为什么呢？因为传统酱酒每一轮次的酒，粮食淀粉含量的不同、发酵程度的差异，导致了各个轮次酒的酒精数、出酒量、香味、口感各有千秋。

比如酒精度，由于原料内淀粉在每轮次发酵程度的不同，酒精数也不尽相同。7 轮次酒中，一轮次酒的酒精度高达 57 度。到第 6、7 轮次，酒精度直线下降到 52 度左右。

传统酱酒的酒精度≥53 度，原因就在于：传统酱酒不“加浆”（不加水），通过将不同轮次的酒调和在一起，除了平衡酒体，还要达到降低酒体度数的效果——7 个轮次的酒综合在一起，平均酒精度是≥53 度。

轮次酒是传统酱酒工艺 7 次取酒的总称。以完整的、全部的总产量计算，第 7 轮次取酒，约为总量的≤5%。

有人可能会问了，那么究竟第几轮次的酒更好喝呢?

这是一个见仁见智的问题。我们一般会认为，第 3、4、5 轮次的酒最绵甜，第 1、2 轮次偏酸涩，第 6、7 轮次，酒烤到了最后，有一股淡淡的焦煳味，略微发苦。

是不是第 7 轮次酒就不好了呢？绝不是的。由于第 7 轮次酒带有较好的焦香，在酒师们的勾兑中，适量加入第 7 轮次酒，有利于提高酒体的酱香风格——是勾兑中不可缺少的酒体。

第 7 轮次酒，虽然有煳味，产量低，但是，离开了第 7 轮次酒，就不是完美的传统酱酒了。

细说“7 轮次”

可见，不懂轮次酒，“爱茅台”“懂酱酒”都是空话。

为什么呢？你可能已经发现了，很多茅台镇酒厂都会在门店陈列 7 个轮次的基酒，让消费者自己品尝、勾兑，品味其中的酸涩苦焦味，感受 7 个轮次完全组合以后香气香味的完美呈现。

众所周知，传统酱酒所谓“12987”，就是：1 年生产周期、2 次投料、9 次蒸煮、8 次发酵、7 次取酒。

第一次投料是下“沙”（高粱），下“沙”一个月后第二次投料，称耖“沙”。两次都各投总投料量的 50%。

投料后需经过 8 次发酵，每次发酵一个月左右，一个大周期 10 个月左右，略等于一年——这就是一年生产周期的由来。

9次蒸煮，其实是下“沙”清蒸一次；糙“沙”混蒸一次，前两次蒸煮变成酿成而未过滤的酒，再进行第三次蒸煮；得到熟糟，熟糟再经历6个轮次的循环，每个环节中都有一次蒸煮。

为什么是7次取酒呢？第一次的蒸煮是纯粮食，没有酒；第二次蒸煮有一半已经发酵，出来的酒酒质差，酒量少，不采用；直到第三次蒸煮，才开始第一次取酒。

茅台镇上的酒厂，并不是同一天投料下“沙”，自然也就不是同一天开烤7轮次酒。8月26日，茅台酒开烤7轮次酒。茅台镇有的酒厂，与之同步；有的酒厂，根据所在产区、用粮、温度等的不同，开烤第7轮次酒却可能在一个月之后。

说到这里，你大概能够明白，为什么说传统酱酒没有“原浆酒”了吧。非传统酱酒，比如以食用酒精窜蒸传统酱酒丢弃酒糟、带点酱香味的“窜酒”，自然是可以有“原浆”的……

回到7轮次酒。既然是“最后一次取酒”，7轮次酒之后干什么呢？

一是“丢糟”。即将第7轮次取酒之后的酒糟“丢弃”——别当真，并不会被真的扔掉。这样的酒糟还有足够的淀粉含量。既可以用于饲料、肥料，还可以继续酿酒——这就是“翻沙”酒。

二是“循环”。再“翻沙”的酒糟“从土里来、到土里去”，仍可以深加工为肥料……毗邻仁怀的播州区鸭溪镇“茅台生态循环经济产业园”，你知道是干什么的了吧？

最后科普一下：如果你有机会品尝到单轮次、未“盘勾”的7轮次酒，入口是不是甜中带苦？甚至有一点类似于咖啡的味道。对了，这就是仁怀人所谓的焦煳味了。

如果你能够从中品出酸味来，或者焦糖气息，那么恭喜你，你是真正“爱茅台”“懂酱酒”的人。

（2020-8）

贵州茅台镇要让酒醅自由呼吸

酱酒之所以醇香厚重，是因为它的诞生伴随着匠人们的坚持、专注、热爱、谦恭。

正是有感于这些技艺的不为人知，也为了重新发现技艺背后的耀眼光华，遵义市、仁怀市职工技能大赛（上甑摘酒、白酒品评）在茅台镇先后举行。

时光历练的匠心之美，与漫长历史一路同行的古老技艺，必将焕发新的光彩与活力。

今天，咱们就先来聊一聊，你可能听说过但并不一定了解的上甑摘酒。

不吹牛：要让酒醅自由呼吸

世上三般苦，打铁酿酒磨豆腐。上甑，就是酿酒过程中的苦中苦。

每甑酒醅要扬130~140竹篼，每一篼，要完成全部的眼鼻腿手腰等一系列16个步骤。每人每天重复近500次，每天高温翻重达2吨以上。

是不是有点吓人？但这就是茅台镇酿酒人真实的写照。

中国白酒的传统蒸馏设备——酒甑，与白兰地的传统蒸馏设备——柱式也好，壶式也罢，原理虽是同一个原理，“道理”却不是一个道理了。

为什么呢？因为白兰地的蒸馏只是“物理”，而白酒的蒸馏却是“手艺”。

这个手艺，就体现在人工上甑操作的六字口诀上。“松、轻、匀、薄、准、平”是酿酒老师傅最精髓技艺的传承，更是“大质量”下的“小细节”。

一名合格的贵州茅台镇酿酒工人，在成为“酿酒大师”之前的修炼，从来都是从新手开始的，从最基本的工序做起——酿酒最不起眼的工序，就是上甑。

但是，没有五六年现场锻炼，兜个竹篼，重若千钧。

有这么夸张吗？是的。上甑只是酿酒的一道工序，但恰恰是传统酿造过程中最重要的环节，决定了基酒品质与好坏，也关系到是否能丰产丰收。

每甑酒醅要扬130~140竹篼，每一篼，要完成全部的眼鼻腿手腰等一系列16个步骤……“松、轻、匀、薄、准、平”区区6个字，动作看似简单，但即便是有经验的老师傅做起来，也不敢有丝毫的懈怠。

至于新人，更是需要每天学习、改进，来不得半点马虎。意会言传，得失寸心之间。这又是为什么呢？酒糟湿重。

如何保持酿酒原料高粱颗粒之间的缝隙？这是一个迄今为止机械和人工智能还没有攻克的难题。

只有做到了“松、轻、匀、薄、准、平”，不能多、不能少，不能重、不能轻……才能让发酵的酒糟在微生物的催化下，自由“呼吸”。

所以，在酱酒酿酒车间里，那双手老茧被磨破了几遍，经年累月的操作积累，才能领悟其中的诀窍。

而那个人，叫作“甑长”。

不开玩笑：一招提高酱酒产量5~10公斤

上甑摘酒，是酱酒生产的一个非常重要环节。

传统酿酒工艺都必须经过此道工序，当然，不传统的酿酒工艺除外。

上甑，也叫装锅，就是将酒醅“抛洒”到酒甑里，加热蒸馏。上甑操作技能的优劣，直接决定了酱酒的质量、产量。

贵州茅台有关文献的说法是：“即原料或酒醅装甑过程，要求有一定技术熟练程度，要求疏松轻匀，接汽压汽，上甑技术的高低直接关系到酒产质量。”

白酒行业还有一句话则更为生动：“生香靠发酵，提香靠蒸馏，上甑技术不过关，丰产不丰收。”

可见，上甑操作的重要性，怎么强调都不为过。经验丰富的老师傅们更是明了：不同的上甑操作法，单甑出酒可以相差 5~10 公斤。

“松、轻、匀、薄、准、平”六字口诀，只是要领，更关键的还在后头：上甑过程中，必须要严格做到探气上甑、轻抛匀撒，并要熟练掌握馏酒温度和摘酒浓度标准。

可见，按照酱酒的生产规模，提高上甑操作技术，就是提高酱酒质量和产量的重要手段。

“一招提升酱酒产质量”原来并不是开玩笑。

上甑、摘酒、摊晾……经过贵州茅台镇酱酒一代代大师口传心授间，酿酒技艺不断精进。但事情并没有今天我们想象的那么简单：

1959 年 4 月至 1960 年 8 月，在轻工业部的领导下，熊子书先生等专家对茅台酒传统酿造工艺进行了第一次全面的系统发掘和总结。其中包括肯定、完善了“疏松上甑法”这一先进经验。

所以说，今天酱酒奉为“传统”的上甑操作法，其实是茅台酒“一期试点”的成果之一：1959 年底，茅台酒厂开始推广“疏松上甑法及密封管窖法”。

当年，茅台酒厂工人王安良、王定才、任德轩等人，在老师傅们的帮助下，提炼和推广“疏松上甑法”“密封管窖法”。

“收到的成绩很大，这对我厂今年能提前超额完成国家计划是起到积极的作用。”当年的《经验总结》写道。

1959 年底，《贵州省茅台酒厂生产工艺技术操作（暂行）规程》出台。自此，酱酒的上甑等操作基本定型。

（2020-4）

五分钟搞懂“上甑摘酒”

为期3天的遵义市职工技能大赛（上甑摘酒、品评）决赛在仁怀火爆开启。

来自茅台、习酒及15个县（区、市）的138名酿酒高手齐聚，进行“大比武”，一展酱酒传统酿造技艺的精与妙。

在茅台镇君丰酒业赛区，上甑摘酒项目参赛选手赤脚走转，粗壮的胳膊青筋暴露，竹篼在双手与单手间自由转换，他正竭力做足上甑操作的“六字诀”：松轻匀薄准平，额头的汗珠频频洒落在酒甑中。

俗话说“内行看门道，外行看热闹”。即便到了现场，绝大多数业内外人士看了竞赛操作，可能照样云里雾里，不明所以……

“山荣说酒”（srsj-2016）为你独家拆解，让你5分钟真正搞懂“上甑摘酒”。

懂得了“上甑摘酒”，你就是内行

“上甑”“抬锅”“摘酒”……听到酿酒人的这些口头禅，估计很多人包括酒鬼，都蒙圈了。

上甑，这个好理解，就是将酒醅“上”装到酒甑里的过程。

要求疏松轻匀，接汽压汽，有一定技术熟练程度和技巧标准。因为上甑技术的高低，直接关系到酒的质量。

摘酒，其实就是“取酒”。关键不在什么时候“取”，而在什么时候“停”。说白了，就是要根据工艺要求，适时截止接取蒸馏出的酒。

传统白酒的酿造，匠人们讲究“看花摘酒”，而不是使用酒精计。尽管使用酒精计很便利、更精准……为什么放弃仪器反而依赖感官“看花”呢？这个一会儿再说。

看花摘酒是白酒蒸馏的传统技艺。“看花”，即通过观察酒花的形状大小、酒花滞留的时间长短，来得知馏出酒液的酒度高低。

馏酒时，随着蒸馏温度不断升高，流酒时间逐渐增长，酒精浓度由高逐渐降低。所以，“看花摘酒”就是通过看“酒花”，以便决定把中、高度酒与低浓度酒分离开的白酒蒸馏工艺的操作过程。

抬锅，过去白酒都用“天锅”装水冷却，现在虽然早就不用“天锅”了，但上完甑后盖上甑盖，接通冷却器过气管，让包含酒精的蒸汽进入冷却器馏酒的过程，仍叫“抬锅”。

而吼尾，名字很奇葩，其实就是将尾酒重入甑中蒸馏，能增加酒的产量。

摘酒工这个“扫地僧”，原来是……

行话说“生香靠发酵，提香靠蒸馏”。

其实还有后半句，一般人我不告诉他：摘出好酒靠摘酒工。

在以茅台酒为代表的酱酒的半成品酒生产过程中，上甑馏酒工序因此成为 5 个 A 级工序质量控制点之一。

酱酒之所以坚持传统讲究“看花摘酒”，原因其实很简单——酒精计，量得了酒精度，却量不了酒质。摘酒工要做的事，本质上是“量质摘酒”。

摘酒工边摘边尝，准确分级。对于所摘酒酒度高低，主要凭经验去观察。而对质量的把握，则要通过一闻、二看、三品……摘酒工这个“扫地僧”，原来也是品酒师。

要将发酵生成物最大限度通过蒸馏提取出来，它的关键，就在于装甑技术是否熟练。当然，还在于蒸馏过程中，蒸汽压力低、上汽均匀、流速缓慢，从而使酒醅内香气成分充分地被水蒸气拖带于酒中，使酒中的香味成分含量增高……

是不是蒙了？还有更复杂的：

比如，如果操作中大水大气，就会产生大量硫化氢及高沸点物质番薯酮，等等，会被蒸入酒中。

“高温馏酒”听说过了吧？就是酱酒的馏酒温度可达 40℃。达到这个温度，才能将含硫化合物以及乙醛、丙烯醛、硫醇等杂类物质排出……

酱酒低沸点物质相对较少、高沸点物质相对较多的特殊成分体系，就是这么形成的。

这也是酱酒饮后不口干、不上头的重要原因之一。

这些让人抓狂的“细节”，强迫症看了……

“上甑摘酒”具体做什么呢？

首先，做好上甑前的准备工作。

检查地锅、酒甑、冷却器以及供水供汽情况，将地锅水加满，水淹到盘肠。安装好酒甑，将接酒坛清洗干净，盖上清洁纱布，安放在冷却器的“牛尾”正对处，然后上甑。

根据各轮次谷壳的使用量标准，将糟醅打细，让谷壳与糟醅充分拌匀。

在酒甑底部撒上少许谷壳，铺上一层酒醅，打开蒸汽阀门，检查气压值，待蒸汽冒出醅面，及时上甑。

其次，控制好上甑操作。

上甑操作过程中，上甑人员做到一人掏，一人上甑。严格按照“轻、松、薄、匀、平、准”准则进行操作，当酒醅与甑口相平时抬锅。必须做到量质摘酒，原坛摘酒，原坛入库。

第三，控制好蒸馏取酒。

控制好上甑气压、上甑酒醅的数量、回吼尾酒的质量（尾酒的数量以及浓度）、摘酒温度、量质摘酒等操作。

细节是魔鬼。对细节的把控，决定了上甑摘酒的成败。

技能大赛时，裁判考核的并不是以上那些笼统的要求，而是一些细节：

拌谷壳打酒醅准备，出现 3 厘米以上团块，扣分；未共同回吼尾酒混合倒装，扣分；未做到轻、松、匀、平、薄，接气压醅，扣分；上甑酒醅量以甑口平为准，“冒甑”，扣分；过汽管安放过程中出现跑汽现象，扣分……上甑时间、接酒工序、产量质量，那就更加“考手艺”了……

（2020-5）

茅台酱香酒的六处魔鬼细节

“上甑摘酒”的每一个环节都紧密联系，环环相扣。只有做好每一个操作步骤，才能保证酱酒基酒的产量和质量。

“上甑摘酒”的重要性，怎么强调都不为过。

今天，我们继续谈谈“上甑摘酒”操作之外，那些“外行看不懂，内行不爱看”的魔鬼细节。

高温摘酒，原理在这里

大多数香型的白酒，蒸馏时摘酒的温度一般在 20℃～30℃。而酱酒摘酒时，却偏偏要将温度控制在 35℃～45℃。

这就是你耳熟能详的“三高工艺”之“高温摘酒”。这究竟是为什么呢？

因为只有这样，才可以分离酱酒经发酵好的有效成分，排除发酵过程中的副产物、不利物质和低沸点物质，并最大限度地排除有害物质。

现在知道喝了酱酒（茅台酒），为什么不口干、不上头了吧。那么，如果摘酒温度低于 35℃或高于 45℃，会产生怎样的不利后果呢？

低于 35℃摘酒，不能有效分离酒醅经发酵产生的有效成分和低沸点物质。低沸点物质带入酒中，对味觉的刺激大，口感暴辣。

高于 45℃摘酒，对排醛及排除一些低沸点物质、含硫化合物是有好处的，但也损失了一部分低沸点香味物质，如乙酸乙酯，并会较多地带入高沸点杂质。

低于35℃或高于45℃摘酒，都会使酒不醇和，口感不协调。

量质摘酒，要点在这里

正常情况下，酒精不论在酒头或中馏酒中基本是稳定的，或微有下降趋势，接近尾酒则急剧下降。

酸在酒头及中馏酒里，后期增长较大；醛、酯及高沸点杂醇油都集聚酒头，随蒸馏的继续而下降，随后稍稳定；酯在酒尾回升，因为酯、高级醇集聚于酒头。

既然量质摘酒，就不只是根据酒精浓度摘酒。量质摘酒最关键的环节，就是通过一闻、二看、三品，做到掐头去尾。

许多高沸点物质特别是香味物质，聚于酒尾，也有杂味物质混在其中。刚流出的一小部分酒里面含有低沸点物质，味辣，不能保留。

蒸馏后期的酒，含有较多的高沸点物质，如高级脂肪酸、酯等。半成品酒库存一段时间后，容易产生油味。适时去尾，能防止低度酒中的乳酸乙酯进入半成品酒中。

也有例外。比如蒸馏时每甑接取一两斤酒头，单独贮存老熟后，可以作为勾调酒时的调味酒。

“洒尾酒”，有什么作用

第一次看到酿酒师傅把尾酒桶里的尾酒洒回糟醅，有人不免大吃一惊：这难道是在做假吗？

不是的！洒尾酒，直观的感受是增加产量——尾酒本身是酒，再蒸馏一回岂不是更快流出，不就增加产量了吗。

但是，增产只是一方面。须知尾酒中含有丰富的微量成分，洒尾酒有增香、杀菌、调节糟醅水分和利于糊化等作用。

试验表明，喷洒一定量的尾酒可以增加酒中酒体原味物质的醋酉翁，使酒体口感协调，提高基酒的质量。

喷洒尾酒量太多，会使酒中的酸味增重，杂醇油增多，糠醛味加重，虽能提高产量，酒中却带来了不必要的邪杂味物质，使口感不协调。

尾酒的质量主要取决于接尾酒的数量和浓度。只要控制好接尾酒数量和浓度，对基酒的产、质量和口感都有极大的提高。

“冲甑”，是怎么回事

由于糟醅黏度大，谷壳使用量比较少（相对其他烤酒轮次而言），如果谷壳与糟醅翻拌不均匀，一、二轮次尤其容易发生冲甑。

事实上，绝不只有一、二轮次才冲甑。比如操作不规范，上甑气压不稳定，突然升高或降低；上甑前准备工作没有做好，甑子未安置好就上甑；地锅水太满；盘肠不平或盘肠孔穿汽不均匀，也会导致冲甑。

一旦发生冲甑，整甑糟醅产酒大幅度下降，晾堂操作困难，曲药用量大，不利于堆积发酵。

可见，冲甑还将对后期生产造成不良影响。

“冒甑”，为什么不允许

上甑操作时，糟醅的数量以与甑口齐平比较理想。一旦糟醅溢出甑口，就是“冒甑”。

“冒甑”意味着装甑时间延长，在蒸馏时酒液中的低沸点香味成分损失便会增多。

而且，在酱酒生产中，酒醅和谷壳等辅料不仅起到填充料的作用，本身也还含有被蒸馏的成分。每上一层糟醅，相当于搭了一层“搭板”，搭板与搭板之间环环相扣。

“冒甑”加大了每层糟醅之间的、“搭板”之间的阻力，蒸汽便不能将酒精成分充分带出来，因而影响基酒的产、质量。

“上甑汽压”，后果很严重

大汽上甑容易跑汽，穿汽不均匀，导致酒醅中有效成分不能完全分离出来。

而且，大汽上甑间接缩短了上甑时间，减少了糊化时间，不利淀粉分解和转化，从而影响基酒的产量。

由于装甑太快，糟醅相对压得紧些，高沸点香味成分蒸馏出来就少，大汽上甑后，低沸点物质容易挥发、损失，影响酒的产量和口感。

根据生产实践总结，下、糙沙期间的上甑气压以 0.12～0.15MPa 为宜；烤酒轮次以 0.08～0.12MPa 为宜。

（2020-5）

Chapter

05

品位之道

是什么让仁怀尴尬了

“大家都知道仁怀有一杯好酒，但下酒菜确实不敢恭维。上次观摩会，有领导直接说，他不知道怎么动筷子。”

茅台镇所在的仁怀市召开市委经济工作会，仁怀市政府主要领导在安排部署全市经济工作时如是说。

到过仁怀的朋友对当地“一盆菜”待客、喝酒的场景，估计都印象深刻：

茅台人嘴里的名菜，合马羊肉、紫云牛肉、五马河鱼……端上桌才发现，就是“一盆菜”简单地摆在桌子中间。

茅台镇酒老板们尴尬不尴尬，我没有调研不乱说。但作为酒都仁怀的市长，显然深受触动。可以猜想，当地人遭遇他说的那种尴尬，恐非个案。

为此，主要领导在市委经济工作会上，明确要求：要在特色农产品、特色餐饮的培育方面下一番功夫，烹好仁怀的几道“小鲜”……搞一桌与酒都相匹配的“下酒菜”，让人入口不忘。

那么问题来了：合马羊肉、五马河鱼、学孔黄花、三合刀尖肉和红油豆花、坪营盐菜、紫云牛肉，等等，这些“名菜”怎么就配不上酱酒了呢？问题究竟出在哪里呢？

问题：究竟什么下酒菜最美

重庆山城啤酒，得就串串。还得是面对一个大锅，满锅红辣翻腾，捞都捞不完，吃一烫二看三，满眼都是。菌花，鹅肠，蒜泥香油，旁边放着言子儿听，更美。

青岛啤酒，配鱿鱼。坐堤上，摆开了吃喝，吹着小风，泡沫厚得喝时能触到鼻尖儿，冰得透了，一口下去，鱿鱼新炸，还脆韧着，好。

二锅头，就爆肚，有人喜欢搭芝麻酱葱末。最好是晚上，跟朋友坐一桌。其实也试过用小春饼卷、爆肚，蘸黄酱，就酒。咬一口，能挣得脸红脖子粗。

我是茅台人，既喝酱酒，偶尔也自饮黄酒。自饮黄酒，我不配大闸蟹的。关键是有黄酒时，未必都有大闸蟹。所以，常常央求太座，买回盐水花生、五香牛肉下黄酒，或者鸭脖子也将就。

那喝白酒，特别是喝酱酒究竟配啥菜呢？这是一个问题。

茅台、五粮液、洋河，这些中国白酒的大拿，估计都专心卖酒去了，没顾得上考虑你喝酒时配啥菜。

现状：茅台镇“一盆菜”下酒的尴尬

在茅台国际大酒店，由茅台集团官方接待的宴席，场面都挺隆重。但是，除了茅台标配 8 毫升的小酒杯与众不同，对它的菜及下酒菜，估计你实在不会有什么深刻印象的。

茅台尚且如此，遑论茅台镇了。

于是，天南海北的客商，京城省城的显宦，到了茅台镇上，竟也是合马羊肉、紫云牛肉、五马河鱼……总之，都是“一盆菜”摆中间。

种源地就在赤水河的黔北麻羊，经当地人以酱酒去膻，清汤红油，确为上品。毗邻茅台的紫云出产的紫云牛肉，在当地也颇有些名气。赤水河这条自然流淌的河里自然长大的鱼，更令人神往。赤水河禁渔了，但在五马河养殖一些总可以嘛。

酱酒早已走向世界。酝酿酱酒的这块土地，却没有一种菜肴陪伴它一路前行，走出茅台。

“一盆菜”式的下酒菜，成了茅台镇的尴尬。

茅台有句谚语，“酒吃人情，肉吃滋味”。这个肉字，在这里可以当菜讲的。可见茅台的祖宗们深得酒的精髓：

吃菜就饭，图的是饱。喝酒就菜，图的是味儿。

历史：茅台的下酒菜

茅台的下酒菜究竟怎样呢？早年我写过一篇文章，题目就叫《茅台的下酒菜》。

赤水河谷的老百姓到镇上赶集，喝个“寡单碗”。既然“寡”，重点就在酒，自然是没有下酒菜的。

10 多年前，我在茅台镇某酒厂厮混。老板安排接待客户，无论是五马河鱼，还是合马羊肉，又或者进大馆子，拉开架式宴请，不管什么大菜、硬菜，真正的下酒菜，其实是油炸花生米。

后来才搞清楚，花生米是配一切酒的。美国人也吃这个。Salt peanut 嘛，爵士乐都唱了。

尤其是花生刚出锅，等一会儿，等脆了的时候，一口花生一口酒，听见口腔里咔嚓咔嚓声，那叫一个安逸。

还没有富起来的时候，“酒场合”炒个猪肝，也是国人下酒的上品。动不动就“三高”的现代人，谁还敢吃这个呀。

国酒大师李兴发，生前喜欢以芝麻糖、花生糖下酒。这是个人偏好，不宜推广。

于是，我建议“若饮茅台，首推竹笋”。这个说法想来甚得同仁喜欢。茅台系自媒体如“大国之酿”“世界之醉”等，曾先后刊发。

尴尬：你怪“酒”呢，还是怪“肉”

“红酒配红肉，白酒配白肉”，这是葡萄酒的讲究。

这种讲究在酱酒上同样适用。酱酒就牛羊肉等红肉，表面上看重口味，高脂肪、油腻食物匹配高酸的酱酒，酸度其实减少了油腻感。

重酒体的酱香，也需要像牛羊肉这样较重的食物，二者更能相得益彰。很显然，轻薄的酒体和强烈风味的牛羊肉就不匹配。

如果考虑酱酒香气的浓郁度与食物的香气浓郁度匹配的话，比如炖猪脚下酱酒，二者彼此成就，增添了更多的风味。

酱酒的特点是酸度较高，搭配酸度高一些的下酒菜，会让酱酒尝起来酸度低一些。黔北人喜欢的酸菜，无论荤素，我均以为是绝配。

酒与菜搭配，不能一个压过或掩盖了另一个。茅台地处川黔交界的赤水河谷，饮食多辛辣。只有厚重的食物，才配得上酒体醇厚、香气复杂的酱酒。

合马羊肉、紫云牛肉等配酱酒，问题并不是出在“肉”身上，而是出在“菜”或者说“菜品”身上。

酱酒毕竟不是二锅头，“一盆菜”下酒，实在是掉价了点。

尝试：酣客的“下酒菜解决方案”

我的专业是说酒。“吹酒牛皮”的最大好处，不是种草卖酒，而是既不缺好酒喝，还不缺下酒菜。今年春节之前，我就收到了一件酣客的下酒菜。

包装盒上写着：“酣亲从此不做菜，荤素鲜美全覆盖。”心急火燎扯开，四荤四素，刚好一桌：

四荤：熟醉大闸蟹，地道老卤，“让清蒸成为一种浪费”。醉卤耐啃翅，重点在“耐啃”，只有啃，才能啃出美酒的滋味。大片卤牛肉，据说原料来源呼伦贝尔草原，可以撕着吃。手握热心肠，这名字挺“网红”，还是耐啃耐嚼，这哪是下酒，这简直就是酒下菜啊。

四素：鲜豆干。豆干，懂白酒的都知道，这是下酒神菜。当然，也是中年男人的下酒美味。鲜春笋。粗纤维素菜，酣客真懂你。营养健康，口感脆爽。卤海带。海带就酒，上瘾爽口。卤花生。少了这道下酒圣品，怎么敢叫“高端下酒菜”。

我打开一盒，自己倒了一小杯酱酒。摆上桌，儿子便觍着脸过来，蹭吃。

下酒菜，最百搭的，永远是入味有口感的玩意儿。酣享下酒菜，确实有品。

山荣说酒：我被酣客的“下酒菜解决方案”俘虏了。乘着微醺，写下这篇文字

其实，大多数葡萄酒是用来和食物搭配的，酒和食物的搭配有很多成功的方针和原则。最初，葡萄酒的风格发展，是为了让一个地区的餐饮更加完美。

今天的茅台镇酱酒，也将肩负起这一使命。否则，要么是不作为，要么是错失良机。

但是，找到搭配酱酒的下酒菜，只是一个完美的开始。并没有说某种酒一定要搭配某一种固定的菜，只能说某一些搭配会要好一些。

参照酣享下酒菜，我给茅台镇酱酒推荐的下酒菜是：

四荤：合马羊肉、三合刀尖肉、紫云牛肉、五马河鱼+鲁班鸡爪爪。管它红肉白肉，一口肉，一口酒，想象那情景，我就觉得酱香四溢流口水了。

四素：河水豆花、学孔黄花、坪营盐菜、赤水竹笋+卤花生或炸花生，总之花生就行。

照搬这个菜单，等于既不换汤也不换药。因此，还必须下大力气改进“菜+品”。

（2020-2）

茅台人的酒桌上没有几个下酒菜
这酒算白喝了

酱酒配美食，市长在操心。周山荣作为酱酒圈中人，有责任、有义务为那些不讲究的茅台人，继续科普。

打击一下卖酒暴发户的嚣张气焰：你毫不在乎喝酱酒配什么下酒菜，是因为你虽然身在茅台、仁怀，你酿酒、卖酒，但还不够有酒文化。这样的人确实不需要讲究喝酒配什么菜。

言归正传。今天，就给你一个如何正确地为酱香酒配下酒菜的清单，堪称酒老板、酒经理“防尴尬指南”。

1. 茅台下酒菜，既要看“菜”更要看“品”。“山荣说酒”1.0版四荤、四素“茅台下酒菜”目前有价无市。你在茅台国际大酒店点一道三合刀尖肉，既要看运气，也还得看“菜品”，否则又是一只大（小）铁锅端上桌，等于白忙活。

2. “一锅菜”没啥不好，但美食不仅要有品相、品位，更要有文化、有精神。这要求也忒高了点吧？你喝的不是二锅头，而是动辄几百块钱一瓶的酱酒。你可以不尊重自己，但请尊重一下客人，请尊重一下酱酒。

3. “山荣说酒”1.0版四荤“茅台下酒菜”，每一种都有说法。合马羊肉烹饪讲究以酱酒去膻；三合刀尖肉少辛辣、肥而不腻方为上品；紫云牛肉得要有填充感；五马河鱼滋阴润燥性质温和……

4. “山荣说酒”1.0版四素“茅台下酒菜”，大有名堂。河水豆花，豆类的氨基酸能够解除乙醇的毒性，促进酒中乙醇的排泄。学孔黄花，清香鲜嫩，重点是利尿。利尿，懂了吗？坪营盐菜，咸可解酸。赤水竹笋，粗纤维养胃。

5. 打通“酒+菜”，创造新未来。2200年前，罗马人的主食由粥变成了面包，这种由“湿”变“干”的变化，导致了红酒需求量大增。试想一下，面包与葡萄酒的“固液搭配”是不是给人带来了更好的口感与饮食体验呢？

6. 下酒菜里的“潜规则”。“要留心某些卖酒人的小伎俩，他们会巧言哄骗买酒人在尝酒前先吃下甘草、坚果或陈年咸干酪，然后再去品尝那些酸涩发苦的酒，就会觉得有些甜。”卖酒人不妨准备点瓜子花生，再请客人吃顿板栗鸡。

7. 下酒菜里有品位。国外的高级餐厅都有专门的侍酒师来进行餐酒搭配服务。一般餐厅也会提供餐酒搭配建议，有专门的酒单可供客人选择……在茅台喝茅台，居然“憨吃傻胀”，请问哪里来的品位？

8. 下酒菜里有营销。法国大餐讲究先上白葡萄酒，再上红葡萄酒；先上新酒，再上陈酒；先上干酒，再上甜酒；先上酒龄短的酒，再上酒龄长的酒……我就问你，有了这些讲究，会不会让人多喝酒？

9. “食全酒美”很重要。就是说，美食和美酒搭配之后，不要减少美食和美酒给饮者带来的感官体验。喝酒的时候，都是吃几口菜，喝一口酒，再吃几口菜。食酒搭配，要达到菜好吃、酒好喝才是王道。

10. 98%的茅台人都会犯的错误。说来说去，就是搭配美食以后，让美食更好吃，酒更好喝。要避免搭配后使大家出现不适感。比如，以腊肉配酱酒就不如腊肉配浓香酒，咸与甜中和来得绝妙。

11. 辛辣食物。酱酒这样的重酒体搭配辛辣食物，比如辣子鸡，必定适得其反。食物中的辣味同酒中的高度酒精会互相加强对方的特质，而不是平衡中和。而“江小白”那样的轻酒体搭配火锅那样的辛辣食物，则会相得益彰。

12. 吃来吃去就是猪羊牛肉怎么办？答案很简单：油脂高的食物，与酱酒这样的高酸、高酒精度的酒搭配，堪称绝配。比如，53%vol的酱酒与北京烤鸭，或者不辣、微辣的回锅肉，就很合适。

13. 下酒菜讲究“填充感”和“嚼头”。和烈性的白酒相配的下酒菜，一般是性质温和、在嘴中填充感较好的食物。比如“山荣说酒”1.0版四荤“茅台下酒菜”当中的紫云牛肉，以及叶子较大的青菜，也是较好的下酒菜。

14. 酱酒高酸，怎么化解？咸味菜来化解。凡菜皆有盐，大量的事实都表明，咸味可以帮助掩盖酒中的酸感，而酸度较高的酒又可以平衡食物中的咸味，使人吃起来感觉没有那么咸。

15. “下酒菜”的4条原则：简单的酒配简单的菜；复杂的酒配复杂的菜；酸的食物与酸度高的酒搭配；口味重的食物和酒体重的酒搭配；香气浓郁的食物和香气浓郁的酒搭配。

为什么“山荣说酒”1.0版“茅台下酒菜”只有8个菜？贵州第一神菜“酸菜折耳根”为什么没有入选？

因为下酒菜不是下饭菜。下饭菜是为了多吃饭。中国人喝酒是吃菜、喝酒交替进行不连续的，满桌子下酒菜，就既没办法吃饭也没办法喝酒了。

“山荣说酒”1.0版“茅台下酒菜”持续增补更新中，+酸菜折耳根+泡参炖鸡+洋芋（土豆）片……

（2020-2）

去茅台镇，这几道菜搭配酱酒才叫招待

酱酒与菜肴的搭配究竟有什么意义？对你有什么用？你又该怎么做？

今天咱们继续聊聊酱酒与菜肴的搭配这个话题。

刚刷完牙喝橙汁为什么会更酸

刷完牙之后马上喝橙汁，橙汁尝起来会非常非常的酸。

这是因为食物放入口中之后，味蕾会去适应这些食物，因此，下一口食品或者白酒的糖分、咸度以及酸度水平等，会受到影响而发生改变。

这个原理被有的人活学活用。比如，有的人卖酒，会在请客人品酒的时候送上一点坚果、点心，门道就在这里。

可见，如果你掌握了酱酒与食品、菜肴的搭配技巧，对你的卖酒、营销一定是有所帮助的。

众所周知，饮酒时与之搭配的菜肴对酱酒的口味有一定的影响。反之亦然，酱酒对菜肴的口味也会有影响。

比如，菜肴中的甜味和鲜味，容易使酒“硬化”，让人感觉更苦、更酸，甜度降低。而菜肴中的咸、酸，也能让酒尝起来更“柔和”，让人觉得没有那么苦、酸，甚至更甜一些。

酱酒的酒精度一般为53度。虽然这么高的酒精度，但酒对菜肴风味的影响有限，而菜肴对酒的影响显然要大一些，而且多是不好的影响。

这就是为什么我说，我们怎么重视酱酒与菜肴的搭配都不为过的原因所在。

贵州酸菜、腊肉下酱酒怎么样

美酒与美食搭配的目的，是充分利用这些影响因素的优点，使酱酒与菜肴相得益彰，带来单独品尝酱酒或菜肴所不能及的感官体验。

比如贵州酸菜，与四川泡酸菜、东北泡菜完全不同，制作的时候是不放盐的。所以无论荤素，都清淡爽口、酸味醇和，还醒酒解腻。

菜肴中的酸，可以提高酒体的饱满度，增加酒的甜味。品酒、喝酒的时候吃了贵州酸菜之类的酸味菜肴，单薄的酒体就会更加饱满。关键是，多数酱酒的苦涩味令人生厌，但吃了酸菜后却能让人感受到更多的甜。

又比如，贵州腊味多盐，咸味重。以腊味下酒，也可以提高酒体饱满度，降低酒中苦和酸的口感。

凉露为什么定位为“吃辣喝的酒”

贵州还有令外省人望而生畏的菜肴——辣味、辣椒。品酒、喝酒的时候怎么办呢？

辣并不是风味而是口感。虽然对辣的敏感度往往因人而异，有的人“无辣不欢”，有的人却很难从辣中找到愉悦感。

人们选择菜肴的余地越来越大，在贵州并不一定就吃贵州菜。但是，如果不可避免要以辣菜下酒的话，你就应当知道：

菜肴中辛辣，会增加酒的苦、酸口味和灼热感，降低酒体饱满度、浓郁度。

你的客人对你的酱酒，如果没有痴迷到相当的地步，真诚建议你不要挑战他的味蕾。

当然，这里要排除个体差异。比如我就是个无辣不欢的人。酱酒与菜肴中辛辣度的反应，成正比关系。酒精度越高，辛辣度也越高。酒精同时也能够增加辣度，并且对有一些人来说，越辣越好。

为什么“凉露”定位为“吃辣喝的酒”？原理在这里。你吃重庆火锅喝江小白，多半感受也还不错的原因所在。

油腻的农民菜怎么下酒

有人说，北京菜是官府菜，好看不好吃；湘菜、川菜（茅台镇与四川一河之隔，其菜肴为川菜）是农民菜，用调料来刺激胃口，很好下饭。

农民菜系都有个特点：客人来了招待，都习惯把猪牛羊肉等传统农业社会稀罕、油腻的菜肴，统统端上桌。

一般而言，这些油腻的菜肴与高酸的酱酒搭配，能给人愉悦的感官享受，好像高酸的酱酒能清除油腻的口感，使整个口腔感觉清爽。

虽然这是个人的主观感受，但是，实践证明确实如此。因此，“山荣说酒”1.0版四荤“茅台下酒菜”，才囊括了合马羊肉、三合刀尖肉、紫云牛肉这些油腻的菜肴。

当然，“一盆菜”式的“菜品”需要改进，以免客人感觉酒虽好但菜太LOW，那是另一回事。

山荣说酒

周末无聊，翻阅《看图学葡萄酒》。这本书的作者，是风靡世界的葡萄酒评论网站winefolly.com创始人、侍酒师玛德琳·帕克特。线上传言，这“是一本获奖无数的现象级葡萄酒畅销书”，在这本书中，“葡萄与食物的搭配”被作为第二章专章介绍。

玛德琳·帕克特还将葡萄酒的搭配量化了，从搭配方法论，到搭配窍门，再到搭配练习。那她究竟是怎么量化的呢？

比如搭配上，玛德琳·帕克特提出：（1）分辨菜肴的基本味道。（2）选择一种能够让葡萄酒平衡食物基本味道的搭配方法论。（3）选择一种符合搭配方法论的葡萄酒……

这个办法，对你同样有效。

（2020-3）

酒都仁怀，你太懂中国酒鬼了

2020年10月5日晚，为期4天的“茅台王子杯”2020茅台镇首届猜拳行令拳王争霸赛，终于迎来了决赛之夜。

终于折腾完了！有人这么说。

那些不看好甚至抵触“猜拳行令争霸赛”的人，自然有他的道理：在现在而今眼目下，谁还划拳啊？这不就是仁怀有钱任性、领导自嗨嘛。

是啊，无论商务、政务宴请，还是家庭小聚，谁跟谁划拳呢？既没有对象，更缺乏场景啊。

成功也好，失败也罢，2020茅台镇首届猜拳行令拳王争霸赛毕竟干成了。为沉闷的茅台镇国庆假期增添了一点色彩，为五湖四海的仁怀客人提供了一个玩法。

2018年，“山荣说酒”（srsj-2016）便曾提议在仁怀举办猜拳行令争霸赛。当时就有人在会上明确反对：划拳？这与“贵族化”的酱酒、轻奢的调性，明显严重地不符啊！

2019年，仁怀市酒业协会执行副会长兼秘书长吕玉华力排众议，克服困难，决定举办猜拳行令拳王争霸赛。

由金酱酒业冠名赞助的猜拳行令拳王争霸赛，在首届踩曲技能大赛暨“踩曲姑娘”选拔赛上举行了启动仪式。

不过这事最终“黄”了，没能如愿。今年，在仁怀市政府的主导下，猜拳行令拳王争霸赛这事终于成了。

谋划3年的项目，终于落地，我很高兴。为酒都仁怀的市长点个赞吧，他太懂中国酒鬼了！

众所周知，说酒是我的专业，所以我写了以下文字，与你分享。

与其问谁在划拳，不如问谁在看划拳

对喝白酒的那些中年人来说，玩，是一件既纠结又麻烦的事情。

油腻中年，只知道喝酒、社交，哪懂什么玩呢，非要说玩的话，也许只剩下混得不咋样那时候，跟狐朋狗友学会的划拳了吧。

老年人，早年虽曾争霸拳坛，现在多半划不动了。年轻人呢，对不起，没学会、没调性、没兴趣。

白酒的主流消费群体——中国社会的精英人群，好像早就不会、不能，会的也不再划拳了。

商务接待时，千言万语一个字："干!"更何况，东西南北中，好酒在仁怀。这划拳的规则不统一，划拳的场景不匹配啊……

但是，你别忘了：中国960万平方公里，14亿多人口，实在很大很大很大啊。你不划拳，我也不划拳，总有人会划拳，总有人喜欢划拳。

中国皇帝，可以有炼丹、木匠、玩蟋蟀、打老虎等奇葩爱好；中国百姓，就可以有收藏医院黄册，还可以相约斗鸡（不是吃鸡哦）、千里斗牛……

最最最重要的是：你不会划拳，你不想划拳，你不爱划拳，但是，你可以来看划拳啊。

大家都不爱划拳，那就让别人划给你看嘛。所以说，与其问谁在划拳，不如问谁在看划拳。

这，就是猜拳行令争霸赛存在的理由。

划拳喝酒

划拳为什么是输的人喝酒？这背后有名堂。

酒是个好东西，每年产值上万亿。大家都爱喝酒，每年酿造接近一个杭州西湖容积的白酒。划拳的时候，为什么却是输的人喝酒呢？

输的人要受到惩罚，惩罚居然是喝“好东西”，这个逻辑，好像不太对？

有人认为，这是因为喝醉了要出洋相。把人灌醉，才是划拳最终的惩罚目的。这个说法没错，也是亲友之间聚会饮酒时，以划拳来作为惩罚的游戏目的。

如果商务、政务聚会呢？把尊贵的客人灌醉就算了，还让人体验“一直输”的感觉，那宴会的气氛恐怕不太美妙，喝完酒咱还混不混了呀……

划拳输了的人喝酒，其实是一种自然演变的潜规则。

试想，如果划拳时赢家喝酒，那假如一个人一直赢拳又一直喝酒，另一个人肯定会掀桌子的——在游戏中完全没有参与感。没有酒喝，还是个输家，一点意思都没有嘛，那最后一定是不欢而散。

划拳这个游戏及其规矩的高明之处，就在于“我赢了，你喝酒”。

输的人，会高度配合。明明酒量很好，输拳的时候都会推三阻四：“喝不下去了，再喝要死人啦。”最后，还是喝下去了。

赢的人，很满足。因为输的人满足了他的控制欲。

划拳的目的，是大家同乐，都有参与感——与啤酒的文化基因不同，青岛啤酒节就是狂欢节。白酒的饮用、白酒的主流消费者，却只有以划拳为道具、为载体、为舞台，才能真正、稍微释放一下情绪。

猜拳行令拳王争霸赛，不就是中国酒鬼的狂欢节吗?!

中国白酒会玩的人不是太多了，而是太少了

可见，划拳的群众基础，不管你愿不愿意承认，真的是深入中国人的骨髓。

贵州茅台镇今年国庆中秋双节假期玩的这一票，不错，点个赞吧。

10月5日，组委会发出“英雄帖”，饮酱香酒，行江湖令，诚邀天下英豪明年共聚茅台酒镇。

10月2日，陶冶户外与大唐黔途酒业战略合作签约仪式在甘肃敦煌举行。

当天，陶冶户外第二届百业千企戈壁挑战赛闭幕。

划拳与酒联姻，这个好懂。户外和酒携手，你不会没看懂吧?

举个例子吧：习酒人喝酒时，不知道从什么时候开始，形成了一句习酒独有的超级口号：习酒，123，干！然后，一桌子的人，真就举杯仰头把酒干了。

有人觉得，包括我都曾经以为，这个“123，干”与习酒的君品文化不搭调吧?

后来，据我的观察，却很管用。与其闷声喝酒，不如喊出声来喝酒，气氛好不说，还能多喝几杯呢。习酒公司为此专门开发过一款名叫“习酒 123 干”的产品……

把这几件事杂糅在一起，是想说：会卖的人，表面上看很多。会玩的人，其实不多。在中国白酒行业，尤其如此。

比如划拳，问题不在于有没有参加，而在于有没有人看。

倘若谁能激活、激发划拳这个即将列入非物质文化遗产的时尚基因，打造、构建中国油腻中年酒鬼的情绪出口，必能有所收获。

把猜拳行令拳王争霸赛打造成为中国酒鬼的狂欢节

会玩，从来不是一件容易的事。

无论玩什么都应该玩得有意思，还需要一些相关的条件、知识。玩收藏、玩摄影、玩车、玩户外，会玩的人都会很轻松，赋予快乐的心情和专业的精神。

或者说，会玩的人，多半不会混得太差。因此，懂得划拳妙处的中年人，简直就是酱酒的目标、重度消费者啊。

生活，失去了趣味！对喝白酒的油腻中年主力军来说，这个感受恐怕更加强烈。

油腻中年，既是喝白酒的主力军，也是社会经济的主力军。他们也许都有丰厚的物质条件，却在铺天盖地的商业中迷失方向，被牵着鼻子走……

他们哪里敢玩啊。不信，你请董事长、总经理坐下来，看他们有没有心情、愿不愿意划个拳。

自己划几拳，看别人划几拳，这对那些油腻中年人来说，可不可以成为一个情绪出口呢？我只能说，也许可以。

猜拳行令拳王争霸赛，就是贵州茅台镇创建的玩法、搭建的平台。毕竟，无论是政府还是酒厂，都没能力对酱酒粉丝进行全日制教育，也没有条件对消费酱酒、经销酱酒的人进行封闭式的培训。

划个拳，不就是个玩法嘛。用电影《我和我的家乡》中葛优的经典台词："演戏就是得解放天性！"划拳，也是啊。

衷心希望茅台镇猜拳行令拳王争霸赛持续办下去，越办越好，越办越红火，办成中国酒鬼的狂欢节。

（2020-10）

拼命给自己“加戏”的仁怀

“秋天第一杯奶茶”霸屏热搜榜一周，第一场电影、第一顿火锅，很多品牌都在借势给自己“加戏”……

加戏，就是会玩。会玩，就是给自己加戏。

“城会玩”这个梗，不上点年纪都看不明白了。意思就是“你们城里人真会玩”，简称“城会玩”。

原本是网络上互相调侃常用的一句话。原本意思是讽刺某些人做的事情常人无法理解。后来就变成了朋友之间互相调侃的一句话。

会玩、加戏，早就不再是个贬义词，而是立品牌人设、制造有趣热点的新姿势。你看那些浑身都是戏的品牌，如何把自己活成了“老乡鸡”。

拼命给自己加戏的仁怀，万万没想到怀着这样的目的。

“浑身都是戏”的品牌生意不会太差

“秋天第一杯奶茶”的热潮还没平息，“秋天第一场电影”热搜已经安排上了。

这几天，腾讯“长鹅奔月”的梗，开始在朋友圈发酵，腾讯借着中秋之名，又狠狠刷了一波存在感。

这两个梗，我估计酿酱酒、卖酱酒、喝酱酒的油腻中年，也许需要百度一下才能知道是什么意思。

简介一下吧：9月24日上午，四川达州雍河湾小区某单元楼顶，一位女孩坐在楼顶的天台护栏外欲轻生。当地民警用“秋天的第一杯奶茶”将其打动，顺利救下轻生女孩。

“秋天第一杯奶茶”成为网络热词，大意为借秋天季节的到来，要第一杯奶茶和红包秀恩爱或者秀感情。

腾讯的LOGO是一只笨笨的企鹅。中秋节前，腾讯总部门前的那只原本胖嘟嘟的“QQ”，身材被极度拉长，变成了真正的“九头鸟”。

腾讯还摆出充气的长鹅，在空中蛄蛹，非常魔性，既萌又贱。中秋最牛营销，没有之一。

就像这个假期，邀三约五出门玩。在路上，多少年的交情都不好使，能不能玩到一起，会不会玩，才是重点。很多人，包括我，其实都不会玩。

不会玩，就不能给自己加戏。不给自己加戏，你的品牌哪儿来流量？

品牌不会“玩物丧志”，只会干柴烈火，越烧越旺。

比如，奈雪的茶。“秋天的第一杯奶茶”刚火，奈雪紧接着做了“奈雪923奶茶节”的话题。在微博上，阅读量达到了2382万。全国420家门店，连续3天爆单，营业额增长近40%。

更会玩的是“老乡鸡”。从手撕员工申请降薪联名信，到预算不足的“老乡鸡战略小会”，再到岳云鹏代言——3次热搜，3次破圈，创始人束从轩一个人就扛起了企业营销的大旗。

浑身都是戏的人，有趣；浑身都是戏的品牌，好玩！

为什么我要给举办划拳大赛的仁怀点赞

白酒等传统行业给人的印象就是“不会玩”。

检验酒的品质好不好，一把火烧了它。再看它会不会浊变，浊变的就是好酒。再闻闻什么味道，发酸的就是好酒，因为粮食发酵之后都会产生酸味。

如果你觉得这种方法不够简单，那就给你更简单的：直接往酒里加水，看它会不会浊变。因为酒中最香的是酯类物质，这种物质只溶于醇，不溶于水。

如果你觉得这种方法不靠谱，那还有更简单的方法：不用火烧、不用加水，装过酒的酒杯不要洗，直接放到你的酒柜里、书架上，连着闻几天，你看空酒杯里的残留酒液香不香？能够保留多长时间？

“空杯留香持久”，这是飞天茅台的标配。这个办法，科学上没毛病，操作也好玩，还有趣。

你自己动手炒的菜，当然更好吃。你自己验证的结果，谁也别想驳倒你。

水检法、火检法，是酣客开创的酱酒玩法。空杯留香法，是茅台引领的酱酒传统品鉴方法。当把它杂糅在一起的时候，就是创造了一个玩法。

抖音热起来后，小郎酒以黑马姿态吃了螃蟹：

在抖音平台以“技高话不多”为主题，发起了“小郎哥达人秀”短视频挑战活动，联合多个民间手艺人和抖音达人拍摄创意短视频引发“抖友”关注……

就连一向脸朝天看的茅台，这两年的“茅粉节”，你能说它不是“茅粉”们的玩法？

会玩、自己加戏，你以为是“撩客”、引发自传播那么简单吗？你觉得就是带动销售那么功利吗？

不是的！划拳是中国酒鬼的骨灰级玩法。

中国白酒谁搞定了划拳，甚至把划拳大赛做成了中国酒鬼的狂欢节，谁就能占领消费者心智，建立与消费者的情感连接。

直说了吧，划拳大赛，就是茅台镇在消费者的心里种草啊。

只有划拳才符合仁怀的气质啊

昨天中午，重庆的一位“90后”读者，在打赏后加了我的私人微信，专门告诉我：

“看了您这篇文章，加了您的微信。我是‘90后’，平时朋友聚会都划拳。”

“重庆划拳确实要浓一些，夜宵大排档，只要是朋友聚会，一般都会划拳。女娃儿划拳的也多。”

如果都像这位读者，因为划拳每年相聚仁怀，你能想象一下那有多牛吗？

“仁怀酱酒，酱香正宗！”产区与消费者、品牌与用户之间的关系，不只是细水长流，也需要节奏感。

这个节奏感，文的，有即将于今年重阳节举行的茅台镇重阳祭水大典暨第四届中国酱香酒节；武的，就是一年一度的猜拳行令拳王争霸赛啊。

祭水+划拳，是仁怀的本来面目、本色出演。通过祭水+划拳，仁怀酱酒与世界上更多人畅快沟通。

比如祭水，说大话，是仁怀酱酒行业“共同恪守传统、敬畏自然、感恩天地，进一步坚定信仰、传承古法、守护工匠精神”的具体体现；说人话，不矫情，够真诚吧？

问大家一个问题：仁怀凭什么是中国酒都呢？

官方的回答是：以茅台酒为代表的仁怀酒业，不仅有不可替代的国酒茅台，享誉世界的品牌，而且初步形成了无与伦比的区域酒生产规模与文化特征，具备了全国首屈一指的区域酒文化形态。

划拳，就是仁怀作为中国酒都“文化特征”和“文化形态”的具体体现。

划拳爱好者、中国中年酒鬼情绪释放时去哪里？去中国酒都仁怀。只有仁怀，才符合划拳的气质啊。

祭水+划拳，是仁怀酱酒产区的“戏路”，不演则罢，要演就要360度无死角地演下去。

用营销的话说，这是给仁怀酱酒这个产区、中国酒都这个品牌，人为地制造有趣性。

（2020-10）

Chapter

06

品牌之道

今天不扩产的钓鱼台就是曾经的茅台

2020 年 7 月，钓鱼台国宾酒业总经理丁远怀在酒业家直播了两小时。丁远怀首次剖析、分享了酱酒热潮下他和钓鱼台的冷思考。

我当时专门发了一条朋友圈，推荐酱酒同行收看直播。今天再谈几点，和大家交流：

1. 今天不扩产的钓鱼台，就是曾经的茅台。今天的茅台，就是曾经的五粮液。

第一句话，不是说钓鱼台要做茅台。而是丁远怀先生“做该做的事情”。第二句话，不要说茅台不这样认为，可能连五粮液也不这样认为。但是，你品，你细品。

2. 只酿大曲酱香、传统酱酒。中国酱酒行业除了茅台，钓鱼台也做到了。

在茅台镇酿传统酱酒并不难，难的是坚持只酿传统酱酒。

识货的人越来越多，有货的人却不多。

3. 酒体的盐菜味，曾经是茅台镇的“味道”。时至今日，仍有人以酒体的盐菜味为当然。

我喝到的钓鱼台没有盐菜味，酒体醇厚。一次酒席，桌上剩下一些钓鱼台，我拿水瓶打包带回家。

4. 传统酱酒酿造的工艺，以茅台为标杆。具体的工艺操作中，大家都说“大同小异”。

问题是“异”在哪里呢？大多数人既说不出来，更做不到。钓鱼台制曲、制酒生产现场管理控制，比茅台镇98%的企业做得好。

5. 请大家想一个问题：茅台镇核心厂区内传统酱酒的年产量究竟有多少？5年、8年、10年的酱酒储量，又有多少？

注意，我说的是传统酱酒。不能回答这个问题，不搞清楚这个问题，500块以上的事情咱就别想了吧。想了，也是浪费时间。

6. 今年中国白酒逆势增长，酱酒行业都在调价。茅台镇也急着说“酱酒涨成本，我们要调价”。很多酒厂还印了红头文件……你究竟调价了没？

我听说，钓鱼台调整了专销酒的酒水价格。为钓鱼台欢呼——所有的营销，归根结底都是性价比。

7. 求同存异，不求同，就存异，当然容易。但重点是“同”，不是“异”啊。

“和而不同”是我国的外交思想，钓鱼台将其视为品牌诉求。和的基础上不同，这样的不同才有意义。

8. 什么是“做该做的事”？无论茅台还是茅台镇，懂酒爱酒敬畏酒，才可能做到这一点。

9. 祝福和而不同的钓鱼台！

（2020-7）

是“宋代官窖”不是“宋代官窑”

罗永浩抖音卖货直播，你看了吗？

周山荣很少看直播。但老罗的直播，我看了半小时。

老罗的台词我一样都没记住。半个小时后开溜，我只记得他桌子上的安慕希。

如果你没有发现安慕希，那不是你的问题，那是老罗和安慕希品牌露出设计的问题。因为单瓶的安慕希瓶子太小，又不能随时给特写，所以很多人没有注意到老罗桌子上的安慕希。

我的专业是说酒。今天以安慕希和“宋代官窖”为例，聊聊白酒的品牌资产管理。

“宋代官 yáo，你觉得怎么样？”有朋友电话里找我打听。

我蒙了，啥“官 yáo”？我完全没有把他说的“官 yáo”和茅台镇两大有故事的酒——“宋代官窖”对上号。

这种尴尬，想必我不是第一个遇到。所以，近期酒中酒集团发布了几幅海报，意图很明显，就是告诉消费者：

我是“宋代官窖”，不是“宋代官窑”。

海报已经上线了。作为茅台镇最懂酒文化的人，我简单谈谈我的一些想法。说得对不对都不重要，以宋代官窖和海报的表现为准。

这几幅海报，纯属一厢情愿。上次我朋友读着“宋代官 yáo”，我就没好意思纠正他，指出他把“窖”字读错了。

毕竟“窖”和“窑”，两字都不是生僻字，这和人们把亳州读成毫州，本质上是两回事。大概率上讲，初高中以上文化程度的中国人，单独看到这两个字，一般还是能读正确的。

那么，为什么那么多人把它读作“宋代官 yáo”呢？

在百度输入“宋代官”三字，搜索结果多达 12400000 个，95%以上的搜索结果与“宋代官窑”关联。都说手机比你更了解你自己，其实百度也是。

多数成年人，特别是对白酒感兴趣的中青年人，看到前三个字的自然联想，就是“宋代官窑”。

表面上看，“窖”和“窑”长得像孪生兄弟，但却大相径庭。

人们就是要把“官窖”读成“官窑”，问题究竟出在哪里呢？

上一代的宋代官窖酒还是下了点工夫的。品名采用的是标准的宋体，而且是从宋刻本古籍中遴选出来的“集字”——宋体，哪怕你不用电脑只用手机，对宋体字都够熟悉吧？

宋体是为了适应印刷术而出现的一种汉字字体。宋体字的特点是笔画粗细变化。时至今日，仍是书籍、杂志、报纸印刷的正文常用字体。

当初酒中酒集团一个不小心，“宋代官窖”的正标又给弄成了“宋代宦窖”。“官”与“宦”，在宋体字中只有一个“折”的差别。

错版人民币有收藏价值，错版“宋代宦窖”也是。所以，我把酒厂送我的两瓶当年的新品“宋代宦窖”，专门打包，果断收藏了。

这一代的宋代官窖酒，采用了著名书画家范曾先生的题字。按理说，名家题字不是锦上添花吗？在这里，还就不是！

范曾先生是名家、大家，他的字适合收藏，但或许不适合做商标。这是因为他的字提按较多，粗细变化频繁，结字重心不稳，结构松散……范曾给“宋代官窖”的题字，会不会又有人读成“宗代官窖”了呢？

有宋一代，军事上虽然混得差、不长脸，四处挨打，文化上却令后人艳羡得不行。所以，宋文化在酒上面的空间，简直不要太大。

作为“茅台镇两大有故事的酒”，“宋代官窖”在视觉上、在宋文化上做了足够的尝试。宋代的紫袍（VI 色）、官帽（瓶盖）、六角缸（酒瓶），可谓煞费苦心。

在茅台镇酱酒产品和品牌中，“宋代官窖”的包装怎么也可以打80分吧？

但是，一个“官 yáo”，就抵消了所有的努力。

几句感想，供宋代官窖及酱酒同仁参考：

一、在品牌资产中，商标>LOGO>定位。比如茅台的品牌资产，排序应为：茅台>茅台 LOGO>国酒茅台，酿造高品位的生活。那么，宋代官窖的品牌资产，该怎么排序呢？

二、品牌“超级符号”的核心首先是商标（品名）的符号化。比如，“贵州茅台酒”5个字，由麦华三先生题写的书法字体就已经符号化了。所以，“茅台集团”“贵州茅台镇”出现时，人们总是喜欢把“贵州茅台酒”的“茅台”两字与“集团”与“镇”字组合，哪怕细看让人觉得哪儿不对劲。

三、对商品上的字体特别是品名，能用印刷体的原则上就不要用书法体。一切以消费者的认知为转移。“钓鱼台国宾酒”是特例，明明有乾隆御笔、伟人题字，再用电脑字体就是作践自己。

四、品牌资产的稳定性，怎么强调都不为过。你自己都还没记住，就更换了，怎么让消费者记得住呢。认定的东西，给你1个亿也别轻易更换。

五、“宋代官窑”“宋代宦窖”等情形，不该发生已经发生了，将其转换为品牌营销的契机，并非不可能。

最后，回应一下标题。

老罗抖音直播卖货中安慕希的露出效果很不理想。那怎么办呢？其实老罗可以做一个立牌，写上更大的字。或者干脆把安慕希的包装，重新包一个临时的，让安慕希的字更大就行。

（2020-4）

任大胡子和“大师手酿”你学也学不会

茅台镇任大胡子，最近有点烦。走到哪儿，都有人要求跟他合影。

原先，合影就合影嘛，任大胡子无所谓的。现在，他公司员工不干了。

“跟任董事长合影，我们得把关。”

任大胡子任远明成了“网红”，并不是因为他是茅台镇商会会长，更不是因为他是远明酒业董事长。

尽管走出去，“茅台镇商会会长”这个头衔确实是有着极高知名度的，“远明酒业董事长”的实力也摆在那里。

然而，任大胡子怎么就火了，怎么就为合影烦恼了呢？

你现在干吗？看手机呀……错，你不是看手机，你是在玩微信啊。

任大胡子，就是因为朋友圈广告而出名的。

去年，任大胡子的“大师手酿”酒登录朋友圈广告，收获不菲。

那时候，很多茅台镇酒老板还以为朋友圈广告就是发朋友圈呢。其实不是。

朋友圈广告，是以微信公众号为主体，以类似朋友的原创内容进行展现，在基于微信用户画像进行定向的同时，依托好友关系链，通过互动形成更优质的传播。

你怎么没看到过？那是因为你不是人家的用户啊。

这么说吧，如果你有足够多的钱去砸，朋友圈广告比当年的央视标王广告更牛，他能让中国 10 个喝酒的中年男人，4 个认识茅台镇任大胡子。

扯远了。

碎片化时代，除了茅台品牌有势能，其他白酒企业传播没声量。投放头部媒体吧，价格忒贵。我家的白酒品牌，也没啥个性呀，怎么建立区隔化形象呢？

任大胡子的实践表明：现在，可能这些卖酒上的“老大难”问题，只要一个网红 CEO 就能解决。

任大胡子成了“网红”，他的作品“大师手酿”也顺带成了“网红”，成为茅台镇酱酒最热销的产品，没有之一。

作为现象级的产品，“大师手酿”一度被模仿，却从未被超越。据观察，至今仍有不下 5 家茅台镇酒厂，在走“大师手酿”的路子。

然而，他们能像任大胡子和“大师手酿”那样，也火起来吗？

从 2019 年 11 月起，茅台镇酒老板分为了两大类：普通酒老板和网红酒老板。

任大胡子和“大师手酿”火了，反正“大师手酿”谁也没有商标权，我也来个“大师精酿”可以吗？

政府不能处罚你，任大胡子也不会起诉你，所以，当然可以。

但是，你有任远明董事长的大胡子吗？那叫“超级符号”；用你的话说，就是看起来就像个大师。

你有任远明董事长的口才吗？他的“酱香普通话”过了六级；你觉得也不咋样啊，但你想过没，人家那是“本色出演”，不是装出来的。

敲黑板，划重点：

“大师手酿”，已经被任大胡子人格化了。什么叫人格化？就是把不具备人的动作和感情的东西，赋予了人的动作和感情。

所以，何止海底捞你学不会，任大胡子和“大师手酿”你也学不会。

（2019-11）

茅台镇上的新营销：塑造老板 IP

你在抓招商，他在搞团购……茅台镇上，并不是酿酒，卖酒和营销才是贯穿始终的关键词。

你还在营销的 2.0 时代折腾，那些先知先觉者已经跃进到了 3.0 时代。什么是酱酒营销的 3.0 时代呢？答案是：新营销。

比如，那些正在或已经塑造起老板 IP 的企业和品牌。他们，就是新营销的践行者。

2019 年 12 月 14 日，贵州怀庄酒业集团感恩主题教育活动暨陈果先生新书发行会举行。在现场，“山荣说酒”（srsj－2016）不由自主想到了上面的话。

这个周末，山荣借题发挥，与您聊聊酱酒新营销关键词：以怀庄酒业集团董事长陈果先生为样本，谈谈茅台镇老板 IP 的重塑。

怀庄搞了一场奇葩的宴会

14 日下午的那场宴会，是一场堪称奇葩的宴会。原因很简单，它明显没有按商人的套路出牌。

宴会被冠以“贵州怀庄酒业集团感恩主题教育活动暨陈果先生新书发行会”的名头，既不是亲朋聚会，也不是新品发布……

来自当地各级各部门的领导、文艺界朋友、怀庄创始人的亲友、陈果先生的同学、茅台镇酱酒行业的同行、怀庄员工，你看这个构成，简直就是个大杂烩。

活动现场，怀庄财务总监陈浪先生致辞，怀庄员工代表向怀庄创始人陈果、陈绍松献花，陈果先生讲话后，嘉宾们现场赠送作品，陈果向青年一辈赠书……

其实，这是怀庄董事长陈果先生坚持多年的惯例：请朋友们提前过个冬至，顺便过个生日——70 大寿。

茅台镇需要更多的陈果

2018 年 6 月 19 日，"山荣说酒"推送了一条消息：《谁敢说卖酒只是顺带的结果？这篇文章给你答案》。

没有读过的朋友，出门左拐，打开《聊聊酱酒》。

从 1983 年携手陈绍松兄弟二人创办怀庄至今，陈果在酒行业摸爬滚打了 30 多年。从 2000 年前后着手整理老家德庄的历史文化，陈果在"人文茅台"这个主题上耕耘了 20 年。

论酒厂的历史，茅台镇上其实有比怀庄更早的（当然是特指茅台之外的酒厂）。但是，论在文化上的坚守，茅台镇似乎暂时还找不出第二个陈果来。

由陈果主编、策划或参编的"人文茅台"丛书，已多达 20 册。

毫不夸张地讲，陈果是茅台镇"出书老板"第一人。从这个意义上说，与其说"怀庄文化"初具雏形，不如说陈果在酱酒行业的 IP 已然奠定。

酱酒需要越来越多的老板 IP

在《任大胡子和"大师手酿"你学也学不会》中，我曾提出：从 2019 年 11 月 11 日起，茅台镇酒老板分为了两大类：普通酒老板和网红酒老板。

用网红界定陈果显得有些轻浮，但用"名人"来介绍陈果在茅台镇、在酱酒行业的声誉和口碑，绝不为过。

而所谓新营销，其实就是通过塑造老板 IP，让酒厂和品牌掌握获得独立流量的能力。

一提起任正非，你就会马上想起华为；一提起季克良，你就会马上想起茅台……茅台镇上，行业外，文化界、艺术界、科技界……数得出名字来的老板，你晓得有几个？一提起陈果，你会不会马上想起怀庄？

须知，新营销环境下，厂商没有独立流量，就如同传统时代没有品牌一样。打造老板 IP，才能为产品构建场景，为品牌重塑逻辑，为社群找到链接，为传播明确重点。

从这个意义上讲，陈果是怀庄的灵魂，而德庄（茅台镇陈氏民宅，又称茅台德庄，系贵州省级文物保护单位）则是怀庄的图腾（根）。

茅台镇营销究竟向何处去

今年已是中国改革开放的第 41 个年头。像怀庄这样够年头的酒厂，在茅台镇上并非一家。

远明、无忧、金酱、夜郎古……这些酒厂，已经在酱酒行业（全国看）、茅台镇产区（产区看）里占据一席之地，已经和正在做好各方面的准备，迎接下一步的转型、腾飞。

这些酒老板，论实力，他们多在茅台镇有一把交椅；论经历，他们在酱酒行业打拼了数十年；论技术，他们有的师出名门，有的经验丰富。

通过 IP 打造，把老板们的个人魅力、个人价值观、个人商业思想，等等，把这些包装好，必将会为企业、为产品、为营销形成重大助力。

并不是每一位酒老板都能够和愿意像陈果那样写书、出书，但是，老板 IP 也绝非只有文化一条路可走。

遗憾的是，陈果之外，茅台镇上的老板 IP 迄今仍然屈指可数。

更诛心的问题是：你公司的灵魂（IP），在哪里？你的图腾，又是啥呢？

喝了怀庄的几杯酒，微醺之际，山荣写下以上文字。

没有准备礼物，权当是“说酒不卖酒，品酒不喝酒”的周山荣，对老东家陈果先生的一份生日祝福吧。

以下是两则旧文章，如果有兴趣，也可以接着往下看。

“五人”陈果

中医里有“三仁汤”，据说有宣畅气机、清利湿热的功效。还有个更出名“五仁”，对，就是那种味美可口的月饼。仁怀因“布施仁爱之心，怀柔边远之民”而得名，“仁”贯穿了人文与现实。而我说的“五人”，指的是陈果先生。

先生是我的贵人。2002 年，先生资助了 500 块钱，使我免于辍学；先生将我招至麾下，每月工资 680 元，使我免于失业。阴差阳错，我离开了怀庄。15 年了，我想说，是我辜负了先生。

先生是我的亲人。15 年来，直到今天，我与先生、与怀庄只有 100 斤酒的关系。但是，在我人生最困难的时候，是先生帮助解决我老婆的工作，是先生指导我走正道、行远路。我的父亲已经仙逝。我和我的家人，始终感恩先生。

先生是个福人。先生 30 多年创业，成就非凡功业，自然是有福之人。众所周知，中国没有贵族。我这里说的福人，其实是说以先生为灵魂、为代表的一个家族、一个群体，正在茅台镇崛起。

先生是个文人。“衣食足而知荣辱，荷包鼓而好文艺”，这固然是规律。但是，时下的白酒、酱酒、茅台镇，却找不出几个像先生这样的“文人”来。产业是需要有根的。我不说先生是“儒商”，但先生已然是怀庄的魂。

先生是个商人。“五人”之中，这是先生最后的角色。某种意义上说，36 岁的怀庄和先生本人，堪称一部“中国西部中小企业的成长史”，一部“中国民营白酒企业的成长史”，更是一部“贵州茅台镇酱酒产业的观察史”。

致茅台德庄图书首发仪式暨研讨会的贺信

陈果先生心系桑梓，于乡邦文化、教育及酱酒行业发展屡输赤诚，令人敬佩！值兹人文茅台之茅台德庄系列丛书出版首发之际，谨致贺忱！

茅台德庄之底蕴，堪称茅台酒镇建筑风貌的孤本，更是赤水河流域人文历史的生动注脚。陈果先生之所为，可谓一部茅台镇酱酒行业的观察史、一部中国民营企业的发展史，更是一部仁怀文化的见证史。于茅台德庄，于酒都仁怀，陈果先生之功，功莫大焉。

陈果先生于我穷困之时慷慨解囊资我学业，后又在我彷徨徘徊之时承蒙错爱招之麾下。10多年来，无论我所居何处、所处何境，陈老始终对我关爱有加，情深恩重。于情，涌泉难报；于意，妙笔难书。

敬祝陈老健康长寿，事业永铸辉煌！

（2019-11）

昨天，贵州茅台镇一条广告语火了

昨天，我在“山荣说酒”微信群、朋友圈把贵州茅台镇金酱酒业新的Slogan（广告语）抛了出去。

金酱酒业新的Slogan是“世界500强，都选择金酱”。

“这广告出去，会不会遭打？谈谈你第一眼看到的感受吧！你的意见如果被采纳，我请金酱汪庄主送你一瓶老酒。”

一石激起千层浪。有人说“重点在于‘都’字”，有人说“太容易被打脸了”，还有人说“个人感觉这个比较科学，该有的侧重点都有了”，也有说“这个牛吹得高大上，消费者还是会被震撼的”……

也有人，可能喝醉了，把金酱酒业的酒，究竟高档还是低档，究竟是代工还是原产扯到一起。不得已，我只好出面解释：

“关于龙先生的言论，大家都是成年人，是非自有公论。汪先生与龙先生是老相识，所以刚才我其实是提醒龙先生留住颜面。而汪先生的回复，已经表达清楚了。

茅台镇是座围城。既然大家都在城里，无论是我本人，还是龙先生，以及其他兄弟姐妹，守望相助才是正道。何况，优秀的人，都懂得尊重别人，因为尊重别人，就是尊重自己。

关于‘世界500强，都选择金酱’的广告，只是一个创意。我发在群里，意在激发大家讨论。因为这场争论，更加坚定了我认为这是一条优秀的Slogan

的信心，并且强烈建议汪先生及金酱酒业采用。”

没有 Slogan 的品牌是茅台镇的痛

“世界 500 强，都选择金酱”这句 Slogan，其实只是一个测试。

而且，平面广告还有一行字，类似郎酒“云贵高原和四川盆地接壤的赤水河畔，诞生了中国两大酱香白酒，其中一个是青花郎”的说明：

“好酱香，金酱造!”在贵州茅台镇，这句话妇孺皆知。近年来，世界 500 强企业陆续选择了金酱；贵州十大名酒、遵义十大名酒花落金酱。

首先，这句 Slogan 并没有伤害谁。与“中国两大酱香白酒之一”比起来，同样有争议，但理论上站得住脚。

其次，你要玻璃心我也没办法、无所谓。对金酱来说，“世界 500 强，都选择金酱”就是面向 B 端而非 C 端表达的。

再次，这是一个自带信任状的触达。对金酱而言，“世界 500 强，都选择金酱”是实实在在的业绩。经法律专业人士评估，并无不可控的法律风险。对受众来说，你好奇了吗？你看到了，还好奇了，这是“触”；但是，还不够，还要“达”。要在心理上让你感受到——产生争议，说明“达”到了某些人的内心。

时至今日，特别是后疫情时代的市场，一切介绍品牌的伟大、历史的悠久、工艺的领先、品质的领先，这些都会被顾客理解为自嗨、自我陶醉、自吹自擂。

所以，“爱玛电动车中国销量遥遥领先”“每销售 10 罐凉茶，7 罐王老吉”这样的商业表达，为什么越来越多了呢？因为大多数人都在买了，所以你也可以买。

在信息爆炸、产品爆炸、物质泛滥的时代，让很多人无从判断，不愿意判断，没时间去判断。所以大家选择了一种懒办法，就是在信息爆炸的时代根据大多数人的选择，因为大多数人是正确的，这是一般的心理认为。

什么样的品牌 Slogan 才是好广告

对一条尚未发布、内部调研阶段的品牌 Slogan 来说，“世界 500 强，都选择金酱”在微信群、朋友圈等渠道，已经获得了“认可”：

“有争议的，就是好广告。”

“青花郎的广告借茅台的势，金酱借 500 强的势，各有各的打法，从营销上来说，争议不断也是好事，越争议越形成二次三次传播……”

“从营销角度来讲，没有伤害谁。金酱也基于它的合作伙伴确实是 500 强，是事实。借势告知客户，我觉得可取……”

“世界 500 强，酱香选金酱。这个广告更紧凑，紧一些大家都喜欢。另外，选，一个动词就好了。酱香，强化品类，金酱+酱香，可能更顺口，中心更突出。”

我估计，汪、龙之争，应该打不起来。所以，索性把话说透一点。在我看来，好的广告语有两种表达形式：一是陈述句，陈述一个事实。二是行动句，要求人行动。

“世界 500 强，都选择金酱”，这是陈述句，在陈述一个事实。“都”字看你怎么理解了……都选择金酱，你还犹豫什么呢？

试想一下，前往茅台镇考察的客商，就像你去景德镇买陶瓷、去普洱买茶一样，必然面临“狗咬乌龟，无处下口”的窘境，都有选择困难症。这个时候，“世界 500 强，都选择金酱”，不过是针对这个痛点而做出回应罢了。

广告绝对不是给同行看的

金酱酒业原来的 Slogan“好酱香，金酱造”起码可以打 80 分，已经完胜茅台镇一杆子企业和品牌了。

那为什么还要修订广告词呢？这是因为，如果说“好酱香，金酱造”是金酱的品牌定位，要管一辈子。那么“世界 500 强，都选择金酱”就是针对眼下后疫情时代的酱酒市场，着眼于当下。

这是一条高炮广告。所以，画面并不是呈现在电脑、电视屏幕上，而是数十、上百平方米的高炮上。据说，高炮广告要确保受众在高速行驶中，七分之一秒内浏览完整的、关键的、重点的信息。

无疑，“世界500强，都选择金酱”做到了。你设想、模拟一下，像开车行驶在高速公路上，哪怕时速仅80迈，10个字七分之一秒足够看完“500强”几个字，也会刺激你的神经。

在高速上打广告，拦截的是你的注意力，先让你看到。这一点，80%的企业和品牌都意识到了。但是，光看到不够呀，还要争夺你的注意力。因此，“世界500强”“都”刺激了你，那就索性就刺激到底吧。

改成“世界500强，也选择金酱”“世界500强，酱香选金酱”可不可以呢？不可以！因为“我打心眼儿里喜欢你”“阿拉老欢喜侬额”“俺稀罕你”，表达的都是“我爱你”，同样的意思，你的感觉能一样吗？

语言是有“势能”的……同一个意思，不同的表达，给人的感觉完全不一样啊。

小结一下：广告必定是口语，因为传播是一种口语现象。“困了累了喝红牛”，你会说给别人听，因为这是口语。“你的能量超乎你的想象”，你不会说给别人听，否则别人会认为你脑子进水。

广告的目的是让品牌符号化。既然要符号化，就要“好记”，有记忆点才“记”得住呀。“好传播”，说得出来，才传得出去；先播，这容易；后传，才难。

“世界500强，都选择金酱”让别人免费“传”了，难道值不起1000万吗?!

（2020-3）

卖酒人千万不要读酣客老王的《重做》

“所有的行业，都值得重做一遍。”从2016年起，这个说法便流行开来了。

这么牛！谁敢说这话呢？马云、雷军吗？

我没法证实马云、雷军有没有说过这句话。如果他们没有说过，那究竟谁才有“资格”说呢？

当时学界、商界的一些人，似乎很是认可“重做”。“重做一遍”成了论坛话题、演讲主题，无数的大咖、牛人都拿它赚足了眼球。

5年过去了，有谁把某个行业“重做一遍”了吗？有，但绝对不多。

有谁把“重做”的理论体系构建起来了吗？中国知网上，以“重做”为关键词的文章寥寥无几；当当等图书平台上，我没有找到一本以“重做”为题的书。

上星期，我收到了酣客寄来的酣客老板王为的新著《重做》。

封面上写着“专业读者内测版”。老王还郑重其事写道：“诚邀周山荣老师，以专业眼光对我的新书《重做》提出指正！”

如此抬举，却之不恭。紧赶慢赶，终于读完了《重做》，谈两点感受吧。

老王在新常态下，没有互联网、金融资源，没有PE/VC，进入茅台镇，重做酱酒。然后，就实现了“5年增长100倍”……与同期上市的小罐茶比起来，老王和酣客也不遑多让。

可见，酣客有资格谈“重做”，老王有资本写《重做》。

在书中，老王“定义”了重做。并围绕重做，从消费、顾客、行业、红利、品类、价值、伦理、设计、符号等维度，结合他的酣客实践，开学界、商界先河，大胆地构建了王氏“重做理论”。

对中国营销“重做理论”，老王和酣客输出的是全网最新的系统解决方案。至少，《重做》是中国营销“重做”第一书。

老王是酣客的创始人，主业是卖酒。难不成他要改行写书、卖书了吗？不是的。老王是把自己“重做”的成功经验，把酣客的“心”掏出来给你看。

《重做》写给谁看呢？作为读者，我感觉老王是写给中国白酒同仁看的。我不懂营销。作为茅台邻村的“酒二代”，在白酒特别是酣客所在的酱酒行业，好歹浸淫了近20个年头，对此我还是有点发言权的。

近10年来，中国白酒产量、产值一路高歌猛进，但营销、文化创新乏力。整个行业，先学江小白，后学酣客。据说全国“借鉴”酣客模式的品牌，一度多达400余个……

第一次听到这个说法，说实话，我内心不免有点怀疑。即便有人模仿，真有那么多吗？

不久之后，我就听说茅台镇上有企业为了“借鉴”酣客模式，或派卧底，或出资加盟……如果他们能读到《重做》，不说酒话说实话，就不必再费那些工夫了。

酣客、江小白两个中国白酒的“三好学生”，老板都十分低调。奉行“乌龟王八蛋”理论（创业要有乌龟思维、王八性格和蛋的理论）的江小白创始人陶石泉，极少出现在公众面前，更罕见其回顾总结创业经验。

在《重做》之前，老王也很少出现在公众面前，连行业活动也不轻易抛头露面。虽然有三卷本《酣客》，但那是社群内部读物，不对外发售的。

在白酒这个“低信任行业”，像老王这样无私输出，像《重做》这样的经验之谈、理论总结，不是太多，而是太少了。

如果你不是白酒从业者，当然更要看呐。酣客与小罐茶，分别重做了中国两个最传统、水最深的行业。可以说，拆解“重做”的《重做》，就是你的窥豹之管。

那究竟看什么呢？

看那些你耳熟能详，但是未必真正理解的营销理论，是如何在中国最传统的白酒行业落地、重生、发芽的；

看那些你可能看到、却从未触碰到的红利、品类乃至行业，是如何在理论的指导下露出水面的……

老王的《重做》，真的有我说的这么牛吗？他写得好吗？

至少不是那种典型意义上的好。我的理由有二：

一是老王试图重新定义消费和顾客，试图发现行业、红利、品类等的规律与机会。说法上虽自成一家，但如果你用更高的标准去衡量，就不过是“中国式营销”及最新理论成果的重装组合而已。

二是全书12章，洋洋洒洒20余万字，显得有些拉杂。给我的感觉，老王在纲举目张以后，就不那么关注细节了。有干货就说点干货，没干货就插科打诨……这正是老王的风格。

老王的“拼装”，底层是构建在实战之上的、逻辑是叠加在“重做理论”第一书之下的。不服？请问，中国营销“重做”的书在哪里呢？老王的《重做》的很牛之处，就是他写了《重做》啊。

老王的“拉杂”，是实战的经验总结，字字句句都是其苦干实干之真知，是酣客经验、老王理论的大放送啊。

中国营销界，自认为掌握了营销真理的人不在少数。他们当中，有的人把西方的营销理论拿来，或贩卖，或指导，或运用于中国这个大得没边的市场。

这是“我注六经”。“我注六经”的人，虽在现实中头破血流，但他们的“经”既好看又好听……

也有的人，他们把西方营销理论与中国市场实际相结合，参考、实操、演绎、升华，在自己的一亩三分地上左冲右突，勤奋“重做”……

这就是“六经注我”。“六经注我，我注六经”，老王和酣客融会贯通，想到并且做到了。它确实不那么好看，但管用，还靠谱。

《重做》是西方营销理论中国化的产物，是“中国式营销”的运用和发展，是被酣客实践证明了的关于重做的正确思维和方法，是酣客老王的心血之作。

错过了《重做》，老王不后悔，但你一定会后悔的。

（2020-6）

Chapter

品质之道

请问，茅台镇这样的酒你敢喝吗

一杯绿茶，便让人闻到了春天的气息。

马上清明了，我打算去西部茶海湄潭，买点绿茶。

茶经理微信发来一堆链接，还寄来了画册。我打开随便翻了翻，瞬间蒙圈了。

大哥，我买的是绿茶、绿茶、绿茶！这图片不是绿茶吧？“杀、炒、烘、晒、蒸”才是绿茶呀，这明明是红茶“发汗”（发酵）的场景啊。

我买绿茶，你把红茶工艺的图片发给我，算怎么回事呢？

卖茶的人，多半是不会犯这种低级错误的。毕竟绿茶红茶的工艺实在是天壤之别。买茶的人，多半也不会像我这样无聊的。因为，现在的茶客对茶比酒鬼对酒，精多了。

但酿酒、卖酒人把白酒原料、工艺搞错搞混淆的现象，在卖酒圈里却屡见不鲜。

在糖酒会上，拿到某名酒企业的宣传画册。打开一翻，映入眼帘的第一幅画面：一大片高粱地里，红红的穗子朝天蓬勃生长。

酱酒不是讲究“本地小红高粱”吗？小红高粱的穗子不都是勾头弯腰朝地的吗？像个孤独的人，高粱穗饱满瓷实，穗子通红。

这个有什么关系？消费者反正晓得是高粱就行。

远方的朋友甩来一个链接，问我这酒如何？我点开一看，某酒厂又在微信里倒卖“赖×××”酒了。

这个没毛病。往后翻两屏，酿酒场景不对吧？这明明是酿小曲清香酒“摊晾”的画面呀，怎么就成了酱酒的“传统工艺”“高温堆积”了呢？

我的专业是说酒。我的职业病又犯了。

小曲清香白酒，在中国西南非常普遍，至今流行。在茅台镇毗邻的我的老家小烂村，小曲清香酒——苞谷酒的酿造史也很悠久。

小曲清香白酒使用整粒原料生产，其工艺独特之处在于，发酵前进行泡粮、初蒸、闷水、复蒸等操作。因为原料品种、产地各不相同，因此，小曲清香白酒特别讲究“定时定温”糊化粮食。

小曲清香与大曲清香、麸曲清香的口感也显著不同。小曲清香酒有明显的幽雅的“糟香”，形成了自身独特的风格。

小曲清香酒的风格可以概括为：无色透明，醇香清雅，酒体柔和，回甜爽口，纯净怡然。

小曲清香白酒工艺上简单、“原始”，怎么看怎么不像酱酒工艺的“12987”呀，怎么就混为一谈了呢？

一杯葡萄酒的品质，首先是由酿造它的葡萄品种决定的。这对喝葡萄酒的人来说，是一个基本的常识。

葡萄酒以葡萄果实为原料，白酒以高粱等粮食为原料。原料也是一款白酒风格的决定性因素。

然而，就在一些中国人疯狂追捧葡萄酒、洋酒的时候，一帮以酿酒、卖酒为生的中国白酒人，居然在完全无视常识、不分原料品种、不分酿酒工艺地传播。

不是我看不明白，是人家根本不在乎。一张图片至于吗？有那么重要吗？也可能就是图美观、图省事，找到什么好看的酿酒场景，拿过来就用，管它酱香浓香清香呢。

而且，人家也确实不懂啊。这帮人虽然卖酒，但恐怕分不清楚这些不同对一杯酒来说有多么重要。

但是，有你这么对待消费者的吗？你这么做有考虑过消费者的感受吗？

3月12日，“花式拉酒线”第二届酣亲抖音大奖赛拉开帷幕。

当初，酣客老王开创的酱酒“拉酒线”一度遭到业内诟病。然后，短短五六年时间过去，在度娘上，已然有人把“拉酒线”视为贵州的一种习俗、一种流行的酒桌文化。

这也就罢了。茅台旗下的中国酒文化城，去年在其官微发布分享了一篇文章，介绍品鉴茅台酒的正确方法——“酱香十二艺”，“拉酒线”赫然名列其中。

酣客老王说过，你的好，得让你的粉丝、你的客户“可触摸、可感知”。但这不重要，重要的是：

如果没有对酱酒深刻的洞察，怎么可能“发现”酱酒拉酒线呢。

（2020-3）

你喝的那杯酒品质到底怎么样，请看这份检测报告

最近有人问我：“是否可以从白酒检测报告里的各项指标看出来酒的好坏?”

你让我怎么回答呢?不能吗?那你把法定的检测报告当什么了?废纸吗?能吗?那为什么呢?

要回答这个疑问并不难，难的是把这个问题说清楚。

一杯白酒的品质优劣，关键在色、香、味、格等方面。这些感官指标，只能通过你的眼、耳、鼻、舌、身去“感觉”，是主观性的指标。比如茅台酒的“空杯留香持久”。什么是空杯?什么是留香?什么又叫持久呢?是3小时叫持久，还是48小时才叫持久?

主观性的东西，公说公有理，婆说婆有理。所以，为了食品安全，就得有一个客观标准——理化指标。

我们以一份贵州省产品质量监督检验院仁怀分院（现为贵州省酒检院）的检验报告为例：

酒精度，是个很简单的指标，主流酱酒的酒精度都是53.0±1.0。也就是说，高一度、低一度都是合理的。

总酸含量，一般以乙酸来计量。乙酸在白酒中含量较大，它有较浓的酸气，味微酸、微甜。一般要求大于等于1.40g/L；飞天茅台酒则为1.50~

3.00g/L。

这就是茅台酒有时候给我们一种酸爽感的一个原因。

总酯含量，一般以乙酸乙酯计量。乙酸乙酯决定了酒的复合香气。酱酒的技术要求为大于等于2.20g/L；飞天茅台酒则为2.50g/L。

乙酸乙酯的含量，乙酸乙酯用作溶剂、有机合成中间体和香料，是浓香型白酒的主体香，起到增加物体香突出。但是，酱酒也要检测哦。技术要求为大于等于0.30g/L。

固体物含量，白酒的主要成分除了酒精就是水。而水中的Cl^-与重金属反应生成沉淀，使固形物超标。成品酒经过存放，水质硬度越大的白酒，析出沉淀物越多，固形物越高。技术要求一般为小于等于0.70g/L。

甲醇含量，以100%乙醇来计量，果胶质多的原料来酿制白酒，酒中会含有多量的甲醇，甲醇对人体的毒性作用较大，4~10克即可引起严重中毒。尤其是甲醇的氧化物甲酸和甲醛，毒性更大于甲醇，甲酸的毒性比甲醇大6倍，而甲醛的毒性比甲醇大30倍。技术要求为小于等于0.6g/L。

铅含量，铅是蒸馏酒中主要的卫生指标，是卫生学评价的必测项目，而且大家都知道，铅为重金属，是一种有毒物质，技术要求不超过0.5mg/kg。

影视剧里常会听到“氰化物”这个危险的名字。实际上，“氰化物”离我们并不遥远，包括白酒等日常食用的食物中也有它的身影。酱酒的技术要求不超过8.0mg/L。

说了半天，我估计你还是没看懂，这些指标和酒好不好有啥关系？

这就是为什么我不能直接回答问题的原因。举例说明：

相对大曲浑沙品质更次的碎沙、串香工艺的酱酒，是否能达到GB/T26760-2011（优级）呢？答案是：能。

串香酒的总酸总酯应该不够啊？

是不够，但根据检测结果，添加酸酯再检，是可以达到一级，甚至优级的。

有点儿蒙了？不是说好的“不添加”吗？那就是另外一个问题了。

2017年，我在《一杯茅台酱香好酒的21条清单？千万不要让卖酒人看到！收藏》中写道：

一杯酱酒好不好，理化指标只能说明是否“合格”，不能说明是否“优质”。理化指标管“下限”，固形物、甜蜜素等指标一旦超标，那就是违法。感官品评是“硬杠杠”，但你最好不要只相信一个人。

以上这些，希望对你有所帮助。

（2020-6）

茅台镇酱酒的甜是自然“甜”

酒友后台留言，点名要山荣说一说“甜蜜素”。他说：

“为什么不评说一下时下的热点，说说甜蜜素的故事，难道这很不方便讨论吗？”

在“甜蜜素”面前，酱酒相比某些香型品类，尤其说得起硬气话。所以，今天“山荣说酒”（srsj-2016）和你聊聊“甜蜜素”，揭秘酱酒“自然甜”的真相。

如果你看到这里，请转发出去，让更多人知道：酱酒的甜是“自然甜”。

“甜蜜素”究竟是什么

一说“甜蜜素”，酿酒、卖酒、喝酒的人都紧张起来了。

其实，“甜蜜素”是环己基氨基磺酸钠或钙盐的商品名，是食品生产中常用添加剂。

在你我经常吃喝的各种果酱、蜜饯、腌渍的蔬菜、腐乳、面包、糕点、饼干当中，通常、一般、其实都是添加了“甜蜜素”的。

不是山荣危言耸听。根据《食品安全国家标准—食品添加剂使用标准》（GB2760-2014），在前述食品中添加“甜蜜素”，是合标、合法的。

但是，按照GB2760-2014中用于界定食品添加剂使用范围的食品分类系统，白酒属于蒸馏酒，不允许使用“甜蜜素”。

“甜蜜素”的甜度是蔗糖的30~80倍，甜味纯正、自然，不带异味，且性质稳定。联合国粮农组织/世界卫生组织（FAO/WHO）于1994年批准其作为食品添加剂使用。

“甜蜜素”广泛应用于食品加工制造中。但是，白酒是个例外。

你喝的究竟是白酒，还是化学液体

按照GB2760-2014的规定，白酒中不允许使用“甜蜜素”，但并不等于白酒中不得检出“甜蜜素”。

“不允许使用”，在有些情况下并不等于“不得检出”，还要结合产品中的本底情况、是否可能由于原料带入、食品生产过程中投料记录等进行综合判定。

根据国家市场监督管理总局（包括原国家食品药品监督管理总局）收录的2014~2018年对白酒的抽检情况显示，近5年共检出936批次不合格白酒，当中以散装白酒为主，占比63.4%。不合格原因以酒精度（占32.7%）、“甜蜜素”（占31.0%）为主。

这就是说，白酒中违规使用“甜蜜素”极为常见。由于“甜蜜素”高甜度的特点，只需要添加一点点，就能为白酒制造出“甜感”，以掩盖掉白酒不受待见的苦、涩、酸味。为了增加白酒的风味，很多小酒厂给劣质酒添加“甜蜜素”。

试问，这样的白酒与化学液体有什么差别呢?

酱酒中甜味究竟是从哪里来的

咱们以酱酒为例，跟你解读一下“正常的甜味”究竟是从哪里来的。

酱酒本来有点“甜”。正宗的大曲酱香酒，讲究的就是酸甜苦咸鲜。比如飞天茅台酒，好就好在五味俱全。甜味，是酱酒本来就有的。但它的甜度，大多数人的味觉感觉不出来、不明显。

酱酒的甜是自然“甜”。每一杯酱酒，都以7个轮次基酒及其他若干单体酒综合勾调而成。其中二轮次酒后味回甜，甜度最好。酱酒以酒勾酒，未添加任何非发酵的香气、香味物质，甜是自然“甜”。

那种甜叫着“蜜甜”。很显然，这种甜是“被发现”而不是“被添加”的。喜欢它的粉丝们，给它取了一个美妙的名字——蜜甜，因为它甜得润滑、丰满，带有淡淡的花香，而不是腻人的甜。

白酒最适中的“甜度”。漫长的进化中，人类要人工获得甜味一直非常困难。从婴儿到老人，从非洲到亚洲，人们都偏爱甜、喜欢甜。酱酒中“被发现”甜味，是最适中、最自然的甜。

酱酒中的甜，是“蜜甜”不是“甜蜜素”，是“自然甜”。

“甜”，一定要甜得明白

以下内容请谨慎阅读：

以酱酒为例，酒中的甜味主要来源于醇类。特别是多元醇，因甜味来自醇基，当物质的羟基增加，其醇的甜味也增加，多元醇都有甜味基团和助甜基团，比一个醇基的醇要甜得多。

白酒里甜味的主要代表物有：葡萄糖、果糖、半乳糖、蔗糖、麦芽糖、乳糖及己六醇等，这些物质中，主要是醇基在一个羟基的情况下，仅有3个分子已醇溶液就能产生甜味，说明羟基多的物质，甜味就增加。

简单来说，白酒中的甜味，来自自然发酵过程产生的醇类物质，不是外添加的。它们在白酒中含量很低，但是甜味比蔗糖更强。多元醇还能给酒带来丰满、浓厚感，使酒口味绵长。

由于白酒的酒精度数较高，很多味道或多或少会被白酒的刺激而掩盖，但甜味和苦味除外。添加了甜味剂的白酒，一般甜味十分强烈，甜感也很持久。

那我怎么知道酱酒的“甜”是不是外添加的呢？白酒中的天然甜味，一般是继苦味后缓慢释放的。所以，好酒都讲究“先苦后甜”。

（2019-12）

这些催熟的酱酒再便宜也不要买

人到中年，才明白原来一切有生命的东西，自有其进程，很难全都如心所愿。

我家大宝 10 岁了。特别是新冠疫情以后，猫在家里的这头神兽，数次令我崩溃……在他身上，我真切地体会到了这个道理。

虽然我明白：生命都该顺应自然才能出现真正美貌，但是，就像大部分父母一样，总忍不住要插手拔苗助长。

就像茅台镇人对待酱酒那样，没有人的耐心能够承受人性的考验。

酱酒的新酒、“原浆酒”其实是不能喝、也不好喝的。这个认知，已然深入人心。所以，并没有人在“新”上做文章。

“酒是陈的香”，人们在“旧”上下足了功夫。就像养孩子一样，催熟尚未老熟的酱酒也许不符合自然规律，但却是一种需求，更是一个商机。

于是，早在 20 世纪 80 年代，中国白酒人就积极行动起来了，掀起了白酒人工老熟科研的高潮。

一句话说清楚，就是采用物理、化学或生物学的方法，加速酒的老熟作用，以缩短贮存时间。

现在，每年糖酒会现场，或者网络上，不时有酒厂或研究机构，宣传、推出、实践各种号称能加快白酒老熟的技术。

最原始的方法，就是将装在氧气瓶中的工业用氧直接通入酒液内，密闭存放 3~6 天。其目的是促进氧化作用……据说，氧化后的酒体更柔和。

还有采用紫外线处理的。原理是在紫外线作用下，可产生少量的初生态氧，促进一些成分的氧化过程。

科幻电影里的声波无所不能，白酒怎么能缺了声波呢。于是，有技术宣称在超声波的高频振荡下，强有力地增加了酒中各种反应的概率，还可能具有改变酒中分子结构的作用。

国学复兴。按照中国神秘文化的解读，阴阳五行都和磁场有关。金、木、水、火、土藏酒，自然就有了强大的理论支撑，以及庞大的拥趸了。

“酒中的极性分子在强磁场的作用下，极性键能减弱，而且分子定向排列，使各种分子运动易于进行……”等等。

还有微波，把“高频振荡的能量加于酒上，酒也不得不作出与微波频率一样的分子运动。由于这种高速度的运动，改变了酒精水溶液及酒分子的排列，因此能促进酒的物理性能上的老熟，使酒显得绵软……”

有一年，陕西某大学的教授专程飞到茅台镇找到我，说要聊聊他 30 年的心血——白酒微波催熟专利。

最终令他失望了。我没有帮上任何的忙。

近年来，白酒人工老熟技术更是推陈出新，专利琳琅满目。比如，纳米技术和生物酶催熟等新技术，也被引入了人工催熟研究中。

功能最神奇的是一种据说从白酒糟醅中萃取的液体，一瓶普通白酒，只要滴上一滴，就可以达到三五年的老熟效果和陈香味……

还有一种白酒催熟剂，宣称“根据白酒生产工艺原理，选用多种微生物菌种和食用香味物质，经过科学配料发酵过滤精制而得”，使用该产品，可使酒体有白酒老熟感，醇厚柔和。

我对这些技术、专利的理解，粗暴得会“气死”全中国的白酒科研工作者。那就是说到天上去，氧化是白酒、葡萄酒老熟的关键。葡萄酒传统的橡木桶，白酒传统的陶坛，都是利用器皿的透气性让氧气渗入酒中。

什么微氧化、纳米氧化，不过都是以多孔陶瓷将极细微的氧气分子，直接打入到酒中……能让酒更顺口“受吞”。但是，据说也可能因此让酒变得不能久放。

罗列这些，并不是证明我对白酒人工老熟技术绝望了。而是想说：从20世纪80年代白酒人工老熟科研高潮至今，大量的学术文章发表，大量的专利获得批准。

然而，30多年过去了，为什么到今天仍然没有取得突破性进展呢？

这个问题，我没有办法回答。我想，中国白酒的科研工作者，照样不能回答。

而且，如同水果被催熟一般。催熟的香蕉，别吃。那催熟的白酒呢？喝还是不喝？你有得选吗？

也许，当有了那些人工老熟技术，时间可以不再是白酒陈年老熟的原料。但是，被这些技术所抹去的，是唯有老酒才有的时光滋味。

至少在我看来，那才是白酒特别是传统酱酒最迷人的地方。

（2020-8）

全中国的白酒只有三种

中国白酒，其实真的只有三种酒，没有例外。

为什么呢？因为中国白酒可以分类为固态法、液态法（新工艺白酒）、固液结合法三种。

固态法，一些酒友不太理解这个名词。怎么个“固态法”呢？其实也简单，就是固体粮食酿酒。

在刀叉餐饮文化圈，多以人类不吃、吃不完的龙舌兰、葡萄等酿酒，在筷子餐饮文化圈，多以人类本来就要吃甚至不够吃的含糖农作物酿酒——这些农作物，必然是固体的粮食。

固态法酿酒，在中国已传承千年。历史上，至少在中华人民共和国成立之前，国人们喝到的无论是“发酵酒”，还是“蒸馏酒”，甚至是“配制酒”，都是以固体的粮食“固态配料”“固态发酵和蒸馏”的酒。

今天还非要说传统的话，只有这样酿造的白酒，才能说是传统白酒。

但是，大约从20世纪50年代开始，这种方法就逐渐被固液结合法和液态法所取代了。

先说“液态法”——采用酒精的生产方式，即液态配料、液态发酵和蒸馏的白酒。

液态，就是液体状态而非固体状态。这是相对固体的粮食而言的。现在你明白什么是液态法了吗？

当年中国白酒曾经有过一场论战：1999 年 11 月 30 日，国内报刊刊登了中国白酒知名专家在武汉一次会议上的讲话的部分内容。“标题党”们以《中国白酒协会会长揭“老底”，七成白酒采用酒精勾兑》为题进行了报道。由于这篇文章列举了“鲁酒”“皖酒”的厂名，碰到了痛处，舆论哗然了，“鲁酒”率先对此表示异议。

不得已，沈怡方先生为此向山东酒业道歉。

尽管 20 年间曾先后暴出古井贡酒、泸州老窖采购食用酒精勾兑白酒，最后仍不了了之。

纯液态法白酒，并没有专家们说的那么“好喝”。当然，市场上也罕见纯液态法白酒——因为液态法白酒既然难喝，那就把它和固态法白酒结合起来呀。

这两种酒的结合，被人们以讹传讹为“勾兑”，以至于今天世人闻“勾兑”而色变。

著名白酒专家熊子书先生的说法是：“新工艺白酒”，经历了从“酒精兑制白酒”到“酒精配制白酒”，又到“酒精合成白酒”，其后是“串香法白酒”，最后是“调香法白酒”的历程。

这是专业的说法。把液态法白酒的发展分为三个大阶段，才是更接近事实的归纳分类。

第一阶段是“固液结合发酵白酒”，也叫串香白酒。在仁怀产区又称为“窜酒”。是以液态发酵白酒或食用酒精为酒基，与固态发酵的香醅串蒸而制成的白酒。

串香原本是董酒的传统工艺，是用小曲酒放置于锅底加热，酒蒸汽经过固态发酵酒醅串蒸取酒。

1964 年，北京酿酒厂吸取董酒串香工艺的经验，将麸曲酒醅加入少量大曲发酵后装甑，再将酒精放底锅进行再蒸馏取酒，大获成功。

随后，各地相继学习采用此法，俗称串香法。简单地说，就是在锅底倒上酒精直接蒸。这个办法的好处是：可以使被串蒸的固态酒醅的使用量减少一半以上，也就是出酒率高了，自然节省了成本。

第二阶段为“固液勾兑白酒”，以液态法发酵的白酒或食用酒精为酒基，与部分固态法白酒的酒头、酒尾勾兑而成。

从此“勾兑”一词被污名化——因为“勾兑”成了液态法白酒的代名词。

20世纪90年代后出现了“调香白酒”，这是液态法白酒的3.0版。此法至今广为沿用。

调香白酒，是以液态法发酵的白酒或食用酒精为酒基，加白酒调味液和食用香精调配而成。

“白酒调味液”是什么？专家们的权威解释，是“非粮食原料发酵、浸取或用其他方法制作的”。

注意，它是“非粮食”的，意思是它还有其他来源，可以是植物，也可以是动物。比如市售的“酱香型白酒调味液”，就兼有植物和动物的来源。

调味酒、调味液、调味剂，都是白酒的“核心机密”。所以，此处省略一万字，到此打住。

（2020-9）

Chapter

08

营销之道

不喊口号，茅台镇还做什么营销

营销，早已不再处于简单的喊口号时代。

教科书、培训老师、媒体，是不是都这么告诉你的？他们还说："要对用户提供用心的服务和体验。"

在"山荣说酒"（srsj-2016）看来，这不过是正确的废话。营销不是喊口号，但是，口号的威力无处不在。

不喊口号，茅台镇还做什么营销！

喊不出口号来的营销，不是好广告

G75 贵阳至遵义段上，茅台镇酒老板们的高炮广告，主要是产品广告，如"怀庄 1983"；也有企业广告，如"黔国酒业"。其中，产品广告占 60% 以上。

酒老板们打广告，目的就是想把产品、把企业、把自己"卖出去"。但是，他们喊口号了吗？没有！

喊不出口号来，把姓甚名谁放上去当然也可以，没毛病。但很显然，这还不够。因为你的广告，至少要解决两个问题：

一是吸引。高速公路上的高炮广告也好，市区、茅台镇上的户外广告也罢，信息那么多，我凭什么关注你？

所以，你要学会做“一只开屏的公孔雀”，才能搞定你“心仪的母孔雀”——你的客户。

二是指令。“母孔雀”关注你了，但是，你没有跟它说：“我喜欢你！我们在一起吧？”你之前的“媚眼、开屏”，等等，统统等于白忙活。

这就是说，你的广告必须向用户发出行动指令。

可见，“喊口号”是品牌营销最高效、最经济的手段。

“贵州黔台酒，酱香老品牌”VS“贵州国台酒，酱香新领袖”

“贵州国台酒，酱香新领袖”这句话，国台喊了好多年了。目前来看，国台暂时还没有更换它的想法。

张春新曾在公众场合对媒体说：“这句话，我们还要喊下去。”

卖酒人喊口号，重点在于：要想着你要人家记住什么。或者说，重要的不是我们说了什么，而是人家能记住什么，能留下什么。

黔台，商标注册于1986年，比茅台拿到商标证的时间还要早3个多月。所以，黔台的口号是“贵州黔台酒，酱香老品牌”。

传播是一种口语现象。口号不是写文章，而是说一句话；不仅要口语，而且要“套话”。黔台的这句口号，看似口语套话，但口语套话更能被记住。相对而言，“酱香新领袖”用的是书面语，不利于让消费者帮我们传播。

而且，“贵州黔台酒，酱香老品牌”不只陈述了一个事实，还参照了茅台，对照了国台；同时给予暗示：我是酱酒的老牌子哦，你要买酒，可以考虑我哦！

这样的口号，你还要怎样？

喊口号、打广告，都不是沟通而是宣传

口号里面要有行动。你喊口号的目的，就是要别人行动，把行动直接明确提出来，自然就是最有效率的。

高炮广告，八分之一秒的时间，不可能沟通。那不沟通怎么办？宣传呀，我说你听，并且记住就好。

因此，回到宣传的源头——一切营销宣传，都发端于政治宣传。必须搞清楚：广告尤其是高炮广告，不是沟通，而是宣传。

高炮广告=喊口号

在你看来，你在G75贵阳至遵义段投放高炮广告，是你营销的一部分。

这没有错！但是，营销不只是做个广告发一发那么简单，这正是营销和广告的区别。

营销的4P包括产品、定价、渠道和传播，广告也只是传播的一部分而已，所以广告是营销的非常小的一部分工作。

广告做得好，可能也没用。因为产品首先要好才行，你还要渠道铺开，否则看了一堆广告，结果没地方买，那就很浪费。

因此，你在G75贵阳至遵义段投放的高炮广告，并不是给路人看的——他们即便看了，既可能买不到你的酒，也可能不买你的酒，所以没有任何用。

你想把你的高炮广告打给前来茅台镇的客商看——这个时候，你不喊口号，你这不是浪费资源吗？

问题是，你的口号在哪里呢？

（2019-12）

我看不惯茅台镇的广告很久了

营销的核心是认知，认知源于传播，传播改变认知。

没有传播，你怎么能做好生意、卖好酒呀？

今天，我们来回顾一下白酒广告的发展史，说一说为什么我看不惯茅台镇的广告很久了——这些，也许对你卖酒会有所帮助。

你的“酒牛皮”“酒广告”原来还在这个阶段

“喝孔府宴酒，做天下文章”“东南西北中，好酒在张弓”……

如果你还记得这些广告词，说明你确实老了（“80后”的大叔才有这样的童年记忆）；同时也恭喜你，你已经成了白酒消费的中坚力量。

那时候的白酒，广告就是证明“酒好”，并尽一切可能提高产品知名度。当时还在计划经济的尾巴上，所以，白酒的广告宣传口号只有两大主题：

“历史悠久、金奖为荣”“国优、部优、省优……”

之后，广告成为酒企营销制胜的关键，孔府宴酒、秦池酒先后夺得央视标王。“喝孔府宴酒，做天下文章”“不管坐不坐奔驰，都要喝秦池”等广告语广为流传，产品销量激增。

此外，像张弓酒“东南西北中，好酒在张弓”，也是此阶段白酒广告的典型例子。

这一时期的白酒广告虽然表述直白，但只要找对流量入口，花得起钱——CCTV 或各省卫视，就能让你“每天开进一辆桑塔纳，开出来的是一辆豪华奥迪”。

这是中国白酒广告的第一阶段：白酒广告，注重的是产品知名度提升。

以此为对标，不难发现：贵州茅台镇大量的中小酒老板，你的“酒牛皮”“酒广告”，原来还停留在 30 年前的这个阶段。

“国酒”为什么这么牛？传播上也是有来头滴

“国酒不能搞终身制！”知道这个梗的朋友，请举手。

还记得这个故事，说明你在白酒行业已是“资深老鸟”。

21 世纪初，凭着生产规模和上缴利税两样“利器”，五粮液咄咄逼人地放出话来：“国酒不能搞终身制！”

以“国酒”为起点，茅台通过漫长“助跑”，由“百米飞人”进入“飞天”，现在已经开始“航天”模式了。

与此茅台的国酒文化同时，剑南春祭起“大唐文化”的大旗，五粮液也高喊“窖池文化”的号子，水井坊更以“第一坊”，一举成功占领中国高端白酒市场。而“金六福”的福文化、“今世缘”的缘文化、“小糊涂仙”的糊涂文化，在全国各地攻城略地，抢占了白酒中高端市场。

即便放到今天，这些产品和他们的广告，依旧如雷贯耳。他们无一例外利用酒文化进行白酒市场定位，有效传达了品牌价值主张，使有“文化内涵”的酒与消费者互动，提高产品的品牌附加值。

从那时起，白酒广告进入了酒文化细分、酒品牌文化的定位，以及塑造酒品牌形象的阶段——由浅层次叫卖，转向了追求品牌形象塑造的创意传播。

以这些江湖大佬为参照，今日酱酒和茅台镇，还有三条街的距离，还有很长的路要走。

一切从“学说人话”开始

2012 年至今，白酒市场步入成熟期。

大约是从那时候起，红星二锅头推出“每个人心中都有一颗红星”的形象广告片，以“为了梦想不断前进、不甘平凡的群体”为诉求对象，把“红星二锅头”作为一种精神力量的象征，引导消费者从精神层面认同红星品牌的价值主张。

还有你更熟悉的：“一个梦想，两个梦想，三个梦想，千万亿个梦想，中国梦·梦之蓝！”“世界上最宽广的是海，比海更高远的是天空，比天空更博大的是男人的情怀。”

那时候，葡萄酒、啤酒等白酒替代品的快速增长，使白酒的扩张边界受到限制；消费观念的转变，特别是“三公限酒”的影响，使得白酒行业进入深度调整期……

“我是江小白，生活很简单！”2012 年，在一群传统白酒大佬面前，江小白打出“青春新白酒”品牌理念，并且贯穿在品牌各个接触点，形成一致且连贯的品牌体验。

从此，白酒广告由传统文化表面化的对号入座，转向了品牌理念与受众深层次的价值主张沟通。

这是中国白酒广告的第三阶段：感性诉求、“人格化”的方式，成为白酒广告创意的新方向。

掰扯这些，并不是跟你讲故事，而是告诉你：

白酒广告，已经经历了产品品质、品牌知名度、品牌文化 3 个阶段。

而你，还在“12987”上打转转，还在“第二大酿酒企业”上争输赢，还在“国酒之源”上吹牛皮……

我看不惯茅台镇的广告很久了。

我的专业是说酒。这是我的良心话。

（2019-12）

卖酒远比吹酒“牛皮”难

“正如你看酒一样，戴上块铜钱眼镜看酒，怎么看都是方的。”

某篇文章后，我在后台得到了上述评价。

我有没有戴铜钱眼镜，二娃他妈知道。我看东西是不是方的，这个我自己知道。

我是一个“品酒不喝酒，说酒不卖酒”的人，写酒文章，吹酒“牛皮”，就是我的谋生手段。我手写我心。心都掏出来了，你就是不相信，我能咋办？

苦思冥想后，我得出一个结论：

各位看官卖酒，远比我吹酒“牛皮”更难。

光靠一句“你若信我，两句话就定了。你若不信，我给你飞天茅台你也嫌酒不好”是很无力的，并没有什么用。

比如：“白酒就那么回事，没有什么深奥的学问。放之古代，仅仅是为一技。”你怎么回答？

白酒这个行业，就这个样！

我喜欢白酒，我热爱酱酒。像我这样写酒文章，吹酒牛皮，而且坚持日更，不是真爱是坚持不下去的。

但是，这又如何呢？有人测算飞天茅台酒的实际成本，有人揭秘五粮液20万吨白酒中究竟有多少“普五”，还有人关注国窖1573之外老窖的特曲、头曲，用的究竟是啥酒水？

喝茅台酒的，看不上喝江小白的。“那就是小孩喝的甜水。”喝江小白，也不待见喝飞天茅台的。“只有中年男人，才喝那苦药水。”

这也难怪！我把茅台酒倒进“唐布斯”的“本镇酒”瓶子，你觉得值多少钱？超过 300 元，任我说破大天，你要不要？

然而，你清楚地知道，北京、上海、深圳、杭州市场上标价 3000 块的那瓶酱酒，在茅台镇上，其实只要 300 元，甚至只要 30 元。

这个时候，那种下巴掉下来的感觉，是可以想象的。

不仅是酱酒。前段时间，我的朋友方老板去法国酒庄游。天啊！他平时当玉液琼浆一样珍藏的葡萄酒，原来在源头，就是酱油的价格。

上半年，我去湄潭凤冈三日游，茶厂逛了三五家，各式茶叶喝了几十杯，赫然发现：哥花 600 元买的茶叶，在湄潭、在凤冈，简直就是垃圾。

曾经红火一时，誓言“给世界一瓶窜酒”的某品牌，如今已被起底：

不管 599 还是 399，在茅台镇上，只讨论 39 或 29……没有最低，只有更低。

那些在北上深杭标价 3000 元的产品，不也是这样的嘛。罐上基酒，加上包装，编个故事，基酒价后面加个 0，甚至加两个 0……

这么暴利，他们为什么没有发大财呢？

中国首富里，确定没有卖酒的。连贵州富豪榜上，也没有卖酒人的身影。茅台镇真正的首富是不是卖酒的，都还很难说。

北京标价 3000 元的那瓶酱酒，姑且认为他的毛利是 2700 元。但是，他赚了这么多钱吗？没有！

因为那 2700 元，大部分都是他们的交易成本。

要理解这个行业，首先回到白酒这个奇葩的行业。

这个世界上有一类行业，叫作“低信任行业”，比如白酒、茶叶、玉石、红木……在这些行业里，获得真实信息好难的。

关于这个问题，我已经谈过多次。出门左拐，《不会抬头看天的茅台镇，就永远只能埋头醉酒、卖酒》推荐你再看一遍。

人们买酱酒，跟买茶叶、买玉石、买红木一样。你的茶叶，到底是不是从那棵古树上采下来的？你视为珍宝的玉石，究竟是真的还是假的？那块红木，又是多少年的？这几乎和买古董差不多了。

一个问题始终纠缠着你：到底是不是真的？你说是大曲酱香，我怎么知道不是碎沙甚至“窜酒”呢？你说陈酿10年，我怎么知道是不是真的陈酿了10年？你有录像吗？录像是不是也作假了呢？

在云南，同样是一饼号称干仓存储10年的普洱茶，有人卖500元，有人卖5000元，有人居然可以卖到50000元。这一点，酱酒也做到了。

那么，这3瓶酒到底有什么区别？消费者几乎没有可能知道。

这种极度的信息不对称，带来的极度不信任，就是我们常说的：水太深！

那么问题来了：怎么办？我能怎么办？

消费者咬了咬牙，选择了一个简单粗暴的决策模型：挑品牌买=挑贵的买。

一分价钱一分货。越贵越值得信任。至少从概率上来说，越贵的东西，商家越舍得成本。请客送礼可不能犯错啊。买贵事小，买错事大啊。

昨天，我和好朋友贺博士瞎扯。他问我，这酱酒的营销究竟有啥套路没？

我回答说：没有。所有传统的、有信息壁垒的行业，都是兵无常势，水无常形，卖出去就是王道。也有。那就是尽可能地降低信息壁垒，获得你的客户的信任，办法就是千万别便宜，尽可能地往贵了卖。

他说，你这叫瞎扯。我答，我本来就是在瞎扯。

一瓶酱酒没有600元，你送客户真送得出手吗？你说你300元的酱酒和600元的一样。好，我相信你，但是你的客户不信啊。我怎么和客户说：我送你的酒虽然是300元买的，但值600元甚至1000元呢？

哎，酱酒的世界，是不是很有意思？

办法也是有的，只是有点慢、有点难、有点诱惑，那就是：

如何把自己变贵，进而获得信任。

至于“变贵”以后如何让产品资本化，像茅台那样成为硬通货，那是另一个问题了。

而且，如同江湖中打通任督二脉的顶级高手，这注定是少数中的个别。

（2019-12）

茅台镇低价酒你没卖过，你不懂

“笑骂由他笑骂，银子我自赚之”的茅台镇低价酒商，这两天的日子可能不太好过。据说，有的人在仁怀市酒业协会召开的某个行业会议上，被“除名”了。

山荣的专业是“说酒”。对那些低价酒，山荣想说：你没卖过，你不懂。

好产品，并不是你们说的“好”

在仁怀，不管他葫芦里卖的什么药，也不管他酒厂里装的什么酒，如果你问他，什么样的酱酒才是好酒？或者你问他自己喝什么酒，他一定会肯定地回答你：大曲酱酒。

哪怕他葫芦里卖的是低价酒，哪怕他酒厂里装的是“窜酒”，绝对都是这样。

然而，对河南、对山东、对福建的老百姓来说，情况是这样的吗？

绝对不是的。

我老家小烂村的父老乡亲，10 多年来，已经喝惯了 10 来块钱一斤的加糖化酶的苞谷烧，如今不用精准扶贫，他们就喝上了碎沙酒，那叫一个爽啊！

重庆街头的工友们，喝惯了柜台上的散装小曲清香高粱酒，现在不用消费升级，他们就喝上了江小白，那叫一个嗨呀！

买的没有卖的精。卖酒的都说："消费升级啦！少喝点，喝好点，喝酱香！"问题是，咱喝不起呀。而且，就允许你喝茅台，就不允许咱也升个级，喝个"茅台镇的酒"吗？

"九块九送酒"，咱需要啊。你们说消费升级，关我什么事？你用你的网易严选，我用我的拼多多，碍你事了？你喝你的大曲酱香，我喝我的茅台镇原浆。

山荣说：当前，白酒市场严重折叠。既不是消费升级，也不是消费降级，而是分级。因为，市场分层、消费圈分层了。你眼中的"好酒"，和我眼中的"好酒"，隔着成百上千块钱的距离。这，才是茅台镇低价酒商适销对路的真正法宝。

好营销，是"卖的人不愿卖"

2016年，中国白酒总产量达1358万千升。这个数字，你可能没有概念。打个比方吧，这大约相当于一个西湖的容量（西湖库容量为1429万立方米）……

那么，相当于一个西湖的这些白酒，大概是以什么价格卖出去的呢？论数量，可能让你吓一跳：90%左右的白酒，其实都是以百元以下的单价，被我这样的小老百姓喝掉滴。

人在家中坐，酒从茅台来：9块9，够便宜了吧？而且是茅台镇的酒哦。还免费送酒上门，好歹试一下吧。下班了，家里看着电视，吃着萝卜白菜，再来一杯茅台镇的酒，这就是小康，这就是咱的中国梦哇。

价格足够低，对现如今居然还看电视的老人、主妇来说，无疑具有超强的吸引力；卫视非黄金时段、卫视附属频道、地县级电视台，投放费用高不到哪儿去吧？何况节目"人见人爱"，传统媒体中，还有谁的触达率（指在一个渠道进行广告投放，广告所能触达目标用户群体的比例）比这个高呢？

你说，你的酒厂就在茅台酒厂隔壁；你说，你的酒质比飞天茅台还要好。可是，你的产品我没有亲眼"看到"。而且，关键是价格贵呀，一瓶酒动不动就是几百元，我自己一顿饭就要喝一瓶，请次客下来，要喝两三箱呀。

电视购物里的茅台镇“低价酒”，做到了“买的人愿意买”。

山荣说：做到“买的人愿意买”，好像并不难。但是，要做到“卖的人不愿卖”，就难上加难了。你不是不愿卖吗？这个价格，你不是没利润吗？山荣有话说：这就是茅台镇“低价酒”竞争的护城河。懂了吗？

好战略，要适销对路

2017 年，全国获得电视购物经营许可的 34 家企业实现销售额 363 亿元，电视购物总规模不超过 600 亿元。这在白酒行业，简直是九牛一毛。

但你不知道的是，截至 2017 年底，我国电视购物会员人数突破 8200 万，占全国总人口的 5.9%。意思就是说，每 100 个中国人当中，就有 6 个人是电视购物会员……

你看到的，可能只是电视购物的“视频”部分；你看不到的是，电视购物也在进行媒体深度整合发展。据说，互联网电视渠道连续两年保持良好发展势头，销售总额同比增长 37%。

是不是不可理喻？同比增长 37%啊。这是什么概念？而且，随着智能电视的普及和升级迭代，电视购物渠道和消费者间的交互性，有了新的提升。一键购物，和在某宝、某猫下单，已经没有太大的区别。

友情提示：别以为老百姓真的都不看电视了，那只是你不看而已。当前，人们对电视使用率和节目观看时间，已经有所恢复，电视购物的潜在价值，依旧明显。并且，电视购物频道卖场直播的巨大感染力，也是网上购物所不具有的。

可见，电视购物套路清晰、模式成熟。划重点：电视购物，让茅台镇“低价酒”借助长时间、高频次的曝光宣传，用普遍低于其他平台的广告费，让“低价酒”以种种背书、各种噱头，快速导入市场，提高知名度。这对中小品牌来说，无疑是一条捷径。

山荣说：当你在招商的红海里厮杀的时候，扛着“茅台镇”大旗，挟“酱香酒”威名，人家已经避开你，杀入一堆锅碗瓢盆（电视购物通常以日常生活用品、家庭电器为主）。商超、餐饮、团购还是招商，高手太多了。为什么一定要去成本高、对手强的地方卖酒呢？

……

你没卖过，你不懂：好产品，并不是你们说的“好”，而是消费者说的“好”。

你没卖过，你不懂：“买的人愿意买”并不难，难的是“卖的人不愿卖”。

你没卖过，你不懂：为什么一定要去成本高、对手强的地方卖酒呢？

（2019-1）

Chapter

品评之道

99%茅台镇人竟然不懂酒

“一个没有酿造酱酒的人，说是最懂酒的人，只是玩文字上的游戏。”

我本来想摆个擂台的，但我通过仁怀市职工技能白酒品评大赛，发现完全没有必要。为什么呢？

因为茅台镇并不止一个，也不止百个，甚至不止千个周山荣，说他也懂酒，很懂酒。

一个典型的表现就是，很多酿酒、卖酒的人对白酒品评及其竞赛，其实是漠不关心的，他觉得这事与他毫无关系。

事情真的是这样的吗？凭什么我敢说“99%茅台镇人竟然不懂酒”？

在茅台镇，如何证明你会品酒

“山中无老虎，猴子称大王。”对“品酒”这个事情来说，别的地方不好说，但茅台镇上显然是有“大王”的。

然而，茅台镇还是有很多“猴子”。也许是无知者无畏，也许是确实有几把刷子，总之“山荣说酒”经常遇到“称大王”的主。

仁怀市职工技能白酒品评大赛在仁怀市委党校举行。大赛现场，140 余名职业品酒师却都诚惶诚恐起来，个别人再也不牛哄哄的了。

是骡子是马，拉出来遛遛。你的对手，决定了你的层次。

某些职业品酒师在公司的外行或者内行的三五个团队成员面前，难免做常胜将军，进而……自信心爆棚。

毕竟，茅台镇上除了茅台酒厂，不是随随便便哪家酒厂都有能力、有条件建立自己的技术团队。这就意味着，谁能从这140余名职业品酒师中脱颖而出，那才叫真的“有几把刷子”。

所以，仁怀市总工会、酒业协会不惜“成本”，“包吃”“包喝”“包费用”免费“三包”举办了这次白酒品评大赛。

“山荣说酒”希望并将推动酒业协会继续把这样的竞赛办下去，服务产区，越办越好。同时，更希望仁怀产区的酒老板、酒经理和酒师们，以竞赛为契机，做好岗位练兵，练出扎实的技能。

在茅台镇上，要证明你能喝多少酒，很容易。但是，要证明你会品酒，并且不是“猴子称大王”，就比较麻烦了。

仁怀市职工技能白酒品评大赛，就是你施展品评技能的舞台。

本次大赛由仁怀市总工会、酒业协会主办，仁怀市政协、市总工会和市酒业协会领导，裁判组专家黄平、李其书、李世平、徐兴江、蔡天虹等出席开赛仪式。

在仁怀市，如何证明你懂酒

普通人，是不是只管喝酒不用懂酒？别的地方不好说，但在仁怀，答案显然是否定的。

那么，在仁怀如何证明你懂酒呢？懂品酒就够了。

品酒，是一项技能，通过训练习得；也是一种职业，通过实力“晋级”。

众所周知，任何一家酒厂对“品酒师”这个职业的要求，都是相当高的。一瓶好白酒，必定是先经过品酒师品鉴后才能出厂销售。

白酒品评，是利用人的感觉器官来辨别酒质优劣、风格特点的一门技艺，具有快速和准确的特点，是用以掌握产品内在质量和鉴别假冒伪劣产品的重要手段。

举杯、观色、闻香、细品，品酒师赋予了每滴酒价值和灵魂。

怎样才能成为一名合格的品酒师？目前世界上还没有任何分析仪器可以完全替代品酒师，其原因除了人与酒体之间只可意会不可言传的悟性之外，还因为人的器官感觉灵敏度远比机器要高。

学会品酒，不仅可以丰富在酒方面的专业知识，提升专业技能，而且还有助于我们成为酒桌上的意见领袖。

那么，究竟怎样才能成为一名合格的品酒师呢？首先，你的嗅觉味觉等感官得"正常"，至少能够分清楚自己平常闻到的到底是什么气味。

"咦，明明我闻过这个味道，叫什么来着……"面对一杯美酒，你既不能感受，更不能描述，所以，培训就十分必要了。比如，你可以马上报名参加"全国白酒酒体设计高级研习班"。

通过系统的学习，你才能在对单独的香味有了一定经验以后，学会辨别和描述复合气味。

最后，就是"一万小时定律"发挥作用的时候了。成为高手的心法有且只有：

不停地品酒，品很多很多酒，喝很多很多酒。

酿酒卖酒人，如何证明你是真"高手"

办法很简单，请君"对号入座"：

菜鸟级：茫茫人海，无非是多看了白酒一眼。喝过酒、常喝酒，但并没有深入接触、了解的一类人。症状：他们在品尝、赞美一款好酒时，词汇不过"不冲""不辣喉"而已……

入门级：已经开始接触一些白酒相关的知识的人。症状：他们已经能够判断出一款白酒是什么香型。酱香、浓香……这是他们的口头禅。这个级别，是小白告别肉体凡胎走向白酒专业人士的重要阶段。从此，他们中的个别人，将踏上白酒品评的不归路。

进阶级：一入品评深似海，从今往后不成龙，便成虫……别怪我悲观，毕竟这条路上的大多数人，注定都是打酱油的。症状：他们基本能嗅出白酒中的香气，花香、果香、陈香、曲香……或者更复杂的香气。重点是，他们能够说出来。这个水准，出门已经可以忽悠任何一个路人甲。

成人级：据说，他们已经有能力从整体风格去判断一款酒的好坏了。症状：他们的口中，会冒出柔和度、净爽度怎么样，复杂度是否足够，酸甜苦咸鲜味道平衡感有没有，等等。具体一点来说，他们对标的是国家级品酒师二级的水平。

牛人级：到了这个级别，意味着你几口嘬饮后，就能根据一款酒的风格，准确推断出这个酒采用的工艺特点，所对应的市场产品，以及这款酒的价格定位。症状：他们将品酒词用得出神入化：酒体很厚重、酒液如丝绸般顺滑、酱香幽雅细腻如空谷幽兰般、酒气奔腾如狂涛席卷……对标的话，不是国家级品酒师一级，而应该是酒体设计师吧。

大师级：这个就一言难尽了，毕竟这是无法量化的事。总之，中国首席白酒品酒师现在只有46位。此时无声胜有声，他们已无“症状”可言了。

酿酒、卖酒人，“对号入座”完毕，请问你找到了自己的“段位”了吗？曾经的盲目自信，现在还依旧坚挺吗？

（2020-4）

白酒品评，茅台酒“欠”中国白酒的一笔账

何止茅台镇人，99.9%的国人其实也不懂酒

葡萄酒、洋酒品评，人人都似乎可以说上两句。

中国白酒的情形却恰恰相反。品评，那是专业人士、是品酒大师的事情。

以葡萄酒、洋酒的品评为参照，无论是真的专业，还是装出来的，葡萄酒、洋酒品评是开放的，并且早就大众化了。

以当下消费者对白酒的深度认知，白酒品评的大众化，也是消费者知情权的必然啊。

连老大哥茅台，除了“茅粉节”，以及“文化茅台”外，在白酒品评的科普上也乏善可陈。

更不要说拿茅台对标帝亚吉欧，及其帝亚吉欧的品评科普——威士忌学院了。

那么问题来了，白酒品评为什么偏偏就不大众化，相反还在“专业化”的道路上越走越远了呢？这个事情，说来话长。

很多人可能没有注意到，白酒品评其实是有国家标准的。

在GB/T33405-2016《白酒感官品评术语》中，“感官品评”被定义为“用感觉器官检验产品感官特征的科学”。

正是由于对白酒品评的专业要求，在某种程度上成了白酒品评“大众化”

的一道障碍。

白酒品评被束缚在专业技术领域之中，而没有像葡萄酒、洋酒品评那样进入大众视野。

贵州茅台酒，你“欠”中国白酒的究竟是啥

如果说葡萄酒的大众化品评是以消费者为中心的，那么，中国白酒的专业品评就是以厂商为中心的。

这个区别，就像淘宝以商家为中心和拼多多以消费者为中心的区别那么大。

毫无疑问，白酒品评已经完成了专业化和科学化。然后呢？

必然是在专业化和科学化基础上，进行大众化的转型。这才是白酒品评自我完善和发展的方向与选择。

酱酒新星酣客为什么会有封测师？因为白酒作为食品，它的最终对象是消费者啊。只有消费者，才是酒品的终极，才是酒品的根本。

所以，当酣客尝试以消费者能够理解的方式去改造传统白酒品评，便蹚出了一条道来。

整个白酒行业都在“讲好酒的故事”，怎么讲？品质层面不外香与味而已。

但普通人对香、味的认知太有限了。不经训练、不加引导，你所讲的那些故事，比如“幽雅细腻”“空杯留香”无异对牛弹琴。

只有大众化的白酒品评，才能真正解决白酒丰富而具有层次的香和味。让普通消费者也能感受、表达他“感官”认为的好。

而这，就是贵州茅台酒欠中国白酒的……谁叫你自己说“大企业大担当”呢。

白酒品评，就是中国白酒的“欠账”

中国白酒品评“专业化”没有问题，有问题的是它正在被“小众化”，

进而成为一些专业技术人员的“专利”。

不止于此。中国白酒的一、二线名酒企业和品牌，有意无意地把白酒品评神秘化了。

这些“欠账”今天之前理所当然。今天之后，从消费者端而言，“出来混，迟早就是要还的”。

为什么这么说呢？因为今天的消费者，已经不是10年前、20年前的消费者了，他们也不再追求酒精（注意我说的酒精）带来的口感和快感了。

今天的消费者渴望、需要对白酒更深的了解，以自己的感觉器官来感知白酒。这就是所谓的“知情权”。

“供不应求”的时代、“信息不对称”的时代，已经一去不复返了。越来越多的消费者，有条件、有能力“享受白酒”了。

这个时候，所谓的体验——不只是把消费者拉到酒厂，一通吃喝，然后交易。你把消费者当傻子吗？

所谓的体验，是建立在消费者真正认知乃至知识经济甚至体验上的。

此时白酒品评不能升级，不能追随消费者的指挥棒，那么，消费者必将以自己的钞票来投票。

这笔“欠账”怎么还？白酒品评大众化

这段时间，有人来找“山荣说酒”，谈合作开展科普式品酒师培训的事。

我当然支持，这是白酒品评大众化的一种创新尝试。但另一方面，我觉得这个想法还远远不够——如果单纯搞品酒师培训，某种意义上说，就叫不务正业。

那么，什么才是正业呢？

2006年品酒师正式纳入国家职业资格序列后，中国酒业协会及其他科研、培训机构开展的一系列培训考核工作，是正业；

仁怀市总工会、酒业协会举行的仁怀市职工技能大赛，是正业；

中国食品发酵工业研究院主办的“全国白酒酒体设计高级研习班”，是正业；

源坤钟杰老师坚持举办全国品酒师、选酒师培训班，也是正业。

这是行业的层面。企业的层面呢？难道就局限于“我是品酒师”“寻找民间品酒师”这样的活动吗？显然不是的。

中国白酒数以万计的厂商，都在竞相以各种品评活动培训、引导消费者，让他们认识自身产品的风味风格。

但是，仅止于“认知自己的风味”，仅止于“卖酒”，仅止于以品评来传播企业和品牌的文化……

请问，谁替消费者想过，消费者需要怎样的认知、怎样的品评吗？没有！

（2020-4）

那些你喜欢的名酒竟然是“设计”出来的

酒体设计，说白了就是白酒勾兑、勾调。了解中国白酒勾兑技艺沿革的人都知道，“酒体设计师”这个名称，并不是故弄玄虚，也不是故作高深。

但“设计”二字还是给人浓浓的“工业化”“规模化”的暗示——传统的酿酒，是无所谓“设计”的啊。

“酒体”+“设计”，让勾兑这个匠人称谓立马“高大上”起来了。

无论是勾兑、勾调还是酒体设计，核心都是把不同的酒适量混合，并添加调味酒，进行拼配罢了。

但是，中国人谈“勾兑”色变，仿佛“勾兑”是劣质酒的代名词。葡萄酒也有类似“勾兑”的工艺，却丝毫没有给人一点不好的感觉。

葡萄酒讲究“调配”。“调配是酿造均衡葡萄酒的最佳方法。”这个认知，竟被大家默认了。

在波尔多，城堡酒庄采用不同品种与葡萄园酿成的酒，混调出最协调多变且最具长久保存潜力，或者说，最得酿酒大师、酒评家所爱的葡萄酒。

就像白酒的“勾兑”、普洱茶的“拼配”那样，葡萄酒也面临标准化的问题。如何将为数可能多达上百种、分开酿成的基酒，以最完美的比例混调成新年份佳酿，从来都是波尔多城堡酒庄年底最核心的工作。

除了酒窖总管与庄主等原有的酒庄团队，常常也需要聘请专业顾问提供混调的建议。比如飞行酿酒师、飞行酿酒顾问。

我第一次看到这个名字的时候，差点没有反应过来。

飞行个啥？当然是经常坐飞机喽，他们坐着飞机一个个国家、地区的跑，到处去做酿酒师和酿酒顾问。

波尔多著名酿酒师米歇尔·罗兰，据说为全球12个国家的100名酒厂服务……飞行酿酒师的风行，标志着葡萄酒全球化的到来，也意味着新旧世界的区别逐步模糊。

白酒行业也是有“飞行顾问”，他们就是那些行业中鼎鼎大名的勾兑师、酒体设计师们。

比如，你喝到的茅台镇中小酒厂的产品，虽然字号、商标不同，但极有可能都是同一个人亲自勾兑或者指导设计出来的产物。

也就是说，一些白酒包括酱酒的酒体风格，并不取决于特定风水、工艺和酿酒人，而是源自勾兑师、“飞行顾问”们的“设计”。

怎么设计呢？酒体设计者从少则数十、多者逾百种的基酒中，像拼图一般混调、拼配出某种风格的、品质稳定的酒水来。

单一年份的葡萄酒，价格反而更贵；单株和纯料的普洱，更受玩家的追捧；但白酒恰恰相反，市售白酒都是用不同轮次、不同年份、不同口感的酒调和而成的。

不管是“原浆”还是“年份原浆”，都是个商业噱头。酱酒包括酱酒年份、口感乃至产区越复杂，“设计感”越强，才越值钱。

中国酒体风味设计学之父徐占成先生说：“酒体设计师研究的是（整个酿酒过程中）风味形成的规律，这些都是和酒的质量有关系，是一门科学。”

从这个意义上讲，中国白酒其实还没有真正认识酒体设计——因为我们迄今也没有把酒体设计看作是一门科学。

这是中国白酒的悲哀！

（2020-5）

会品酒能预防老年痴呆吗

人的五感中，嗅觉是最直接的。

人可以辨识10000种以上的不同气味，这些是由7个最基本的味道感知分子所产生的。

当嗅球接收到气味信号，会先经过脑中的边缘系统，其中包括了掌管情绪反应的杏仁核，以及负责储存记忆的海马体，然后到达大脑皮层。

又开始装了？说这些，其实我自已也似懂非懂。

“山荣说酒”，不说酒话说实话，所以还是不说了吧。简单直接地讲，锻炼嗅觉，预防痴呆。

科学原理是：人的乙酰胆碱神经，会自然地随着年龄的增长而减少。通过闻香刺激嗅觉，可以改善、减缓乙酰胆碱神经的衰老式减少。

所以，训练鼻子的嗅觉，可以预防老年痴呆。所以，职业品酒师们很可能不仅长寿，而且老了不会痴呆。

这是科学，你还别不信。

训练你的嗅觉，照顾好你的鼻子，不只是享受更多、更好的美酒那么简单。

曾经，我也想以品酒为业。在茅台镇上，品酒是份高收入的工作。

“照顾好你的鼻子并经常使用它”，这是我在闻香上、在品酒上给出的建议。

但我并不认为那些品酒师、那些大师的嗅觉灵敏度比我厉害多少，我们与他们的距离，区别在于他们专注于嗅闻的小时数。

所以，如果你决定训练你的鼻子，请在日常生活中尽可能多地使用它。

茅台镇上嗅觉最灵敏的人，一群人，在酒厂的勾兑室，他们每天和各式各样的酒打交道。另一群人，在大街小巷的花店里。

花店？是的。如果你卖上10年的鲜花，相信我，不要说把鲜花拿到你的面前，就是一束鲜花从你身旁掠过，不用眼睛，你也能够判断出究竟是束什么花来。

如果你有动力去了解更多有关香味的知识，就要去留意、去嗅闻你周围的味道：厨房的蔬菜，超市的香料，还有水果店、花店，以及茶、咖啡、巧克力、书籍……

这听起来是不是很简单？我曾经也是这么认为的。

我以一个过来人的身份郑重地告诉你：当你决定这么做的时候，一定要让你的大脑跟上你的鼻子的进度。

这种有意识的嗅闻，将为你的鼻子和大脑提供大量的工作。只有大脑和鼻子匹配了，才不会对你闻到的或者不记得的气味感到困惑。

不要气馁。这是训练你的鼻子的正常部分，这个时候，只要你习惯了有意识地嗅闻，你离成功就不远了。

一旦你吸入任何气味都下意识地反应：这是什么什么味道？恭喜你！你可以进行下一个阶段了。

其实，大多数白酒品酒师日常生活中并没有那么刻板，也没有那么诗意。

一方面，是因为这是一个荣誉感有待提升的职业及各个香型、产区能够进入“琅琊榜”的人，只有个位数。

另一方面，他们不那么讲究，照样可以依赖经验应付工作。

但对还处于学习品酒、闻香阶段的你，不可以。

每天早上，如果能在家里闻到两三种不同的气味，本身是一种不错的体验。更何况，早上嗅觉最清晰，让你工作起来更轻松平静。

不要急于记住，要给每个香气足够的时间，才能记录在你的脑海里。

养成每天至少做一次嗅觉训练的习惯。尽管闻到尽可能多的不同东西可能很诱人，但连续几天坚持闻同一组香气的效果，可能会更好。

这个时候，84 香“白酒风味嗅闻瓶”，就是你最划算的选择。

当你呼吸着香气时，启动你的联想、开启你的回忆吧。

你是否把正丙醇味与小时候爸爸喝的酒联系？

你是否想象到和女朋友在一起的那块草地散发出来的味道，在白酒里可能是乙醛呢？

如果你愿意，你可以做记录，记忆你的印象。

实践是完美的，通过增强有意识的气味感受，你不仅锻炼你的大脑，更让你周围的世界变得更加丰富多彩。

至少，锻炼嗅觉，预防痴呆。

（2020-6）

一名优秀的“品酒师”

“品酒师的鼻子肯定特别灵……”

“他们一闻就知道这酒的工艺、年份……”

想要成为一名卓越的“品酒师”，必须要有异于常人的嗅觉与味觉吗？

难道说，要像《功夫》里那位乞丐所说的“小弟我看你骨骼惊奇，是万中无一的练武奇才”般，需要有个“灵鼻”吗？

更有甚者说，葡萄酒皇帝罗伯特帕克 2001 年花重金为他的鼻子上保险，便是因为他的鼻子“万中无一”。但，事实真的如此吗？

“品酒师”的鼻子真的异于常人，天生灵敏吗？

“山荣说酒”，不说酒话说实话。普通人，也完全有能力练就酒界传说中的“闻香大法”。

只要通过科学、系统的香气训练或者生活中的香气积累，你完全可以成为一名优秀的“品酒师”。

你有没有过端起一杯酒，放到鼻腔下方的时候，灵光一闪，想起了小时候的某一个印象深刻的气味，雨后放牛时的青草、年少多病时喝的咳嗽糖浆……

通过收集生活中遇到的各种香气，生活中猎香，是训练闻香的低成本、高效率法门。

买水果的时候，拿起来闻闻；公园散步的时候，留意一下花花草草……

总之，什么东西在身边，都要闻一闻，边闻边记忆其香气。

这样反复若干次，让你的大脑熟悉它们，以后在酒中碰到这个味道，你便能很快想起了。

“生活猎香”，全凭你自己悉心记忆。优点是充分感受闻香的乐趣，享受属于你独特的香气体验。缺点嘛，确实考验毅力……

工具训练更高效。就是将酒香合成于相应的载体中，进行科学、系统的闻香训练，最为常见的葡萄酒香气训练工具当属法国酒鼻子。

这一香气标本品，在国内拥有极高的知名度。据说各个葡萄酒公司、门店，大多都配备了至少一套酒鼻子用于教学、训练等活动。

擦擦嗅、闻香卡、酒鼻子都是针对葡萄酒等酒种开发的。针对中国白酒的“酒鼻子”，据我所知，目前有且只有84香“白酒风味嗅闻瓶”。

这一套装，基本覆盖了所有白酒中出现的典型香气，并将它们分类为水果、花卉、植物、香料、烘焙等，通过反复地嗅闻训练，让大脑快速地记忆这些酒香。

优点是能快速地、系统地提升自己的闻香水平，并可以闻到生活中不常接触到的一些气味。缺点嘛，也许有些死板了，搞得跟化学实验一样。

但是，学习就是反人性的，不死板，你有什么更好的办法吗？

有一点要特别强调：虽然没有经过特别训练的人，在初品一款酒的时候，难免可能说不出其中的香气，但是，这有什么关系呢？

品酒、喝酒都是很个人、很个性化的东西。同样一款酒，在两个不同人的口中可能感受到的是不尽相同的香气。只要你确定你喜欢、你舒服，就好了。

白酒风味嗅闻瓶，说白了，只在三种场景真的有用：下功夫真学，作为嗅觉样本，有用；熟悉香气，有用；装腔作势，有用。

至于要不要刻意训练自己闻出和描述香气的能力？要不要拥有品酒师一般的鼻子？那都是你自己的事情。

自己的事情自己决定。

（2020-6）

当你喝酱酒的时候请不要只相信你的舌尖

是的，你没有看错。尽管《舌尖上的中国》曾经很火，尽管白酒号称“骨子里的中国”。

然而，舌尖给你的信息，也许全是错的。

如果问你，香蕉是什么味道？很多人会回答——甜味。咖啡是什么味道？大多数人会回答——苦味。

我们已经习惯了用舌头分辨味道，然后用酸甜苦辣咸这 5 种味道，去记忆和表达气味。这没有毛病。

但是，多数人最终会把任何香气都用酸甜苦辣咸 5 种味道归纳概括，这就有毛病了，因为它阻碍了你对香气的识别和记忆。

香蕉除了甜香，是不是还有点淡淡的奶油香？咖啡除了苦味，是不是还有点太妃糖的甜香？

当你喝酱酒的时候，请不要只相信你的舌尖，而要相信你的鼻子，你的嗅觉。当你能体会到一两样细微的差别，嗅觉就会进入一个全新的世界。

很多时候，我们即使闻出来一两种味道，也很熟悉，但就是表达不出来。这种情况下，往往是记忆掉了链子，我们的大脑中没有对应的香气记忆库。

我们与品酒师的距离，区别只在于他们专注于嗅闻的小时数。研究表明，一般人稍加练习，照样可以像品酒师那样，区分几百上千种香气。

同时多种香气放在面前，才可能出现混淆、模糊的情况，只能正确识别出几种香气——这种现象，被称为“鼻尖现象”。

你的大脑中如果建立了一个香气数据库，香气识别率便可以大大提高了。

一名职业品酒师的进阶旅程，说一千道一万，都是从建立“香气数据库”开始的。

众所周知，品酒师或资深酒鬼，首先要区分不同香型的白酒。浓香、酱香、清香、米香、特香、凤香、豉香、董香、芝麻香、浓酱兼香、老白干、小曲清香……

但这显然不够。在进行嗅觉训练的基础上，只有真酒闻香训练才能真正解决问题。从具有典型香气的某一酒品开始，试着去抓住这个酒品的典型香气……

这时候，你可能会遇到一个小小的瓶颈期，就是会怀疑自己描述得对不对。所以，你可以邀请朋友一起训练，有老师带就更好了。

白酒行业的品酒师、前辈们，有的人并不完全认同葡萄酒中花香、果香的描述方式。但是，对学习的你来说，把你闻到的香气分类、归纳，无疑能极大地提高学习效率。

接下来就是“盲闻”了。盲闻就是盲品的意思，不能看酒标，在不知道是什么酒、什么价格的情况下，去闻和描述香气。

这样，就可以避免一些主观上的影响，抛开外界提前给到的信息，只靠酒的香气本身，闻到什么就写什么，这样可以更加高强度地训练你闻香的能力。

最后，如果确实有对白酒感兴趣的小伙伴，不妨参加品酒师培训。在老师的带领下，会有一个非常集中、专业、高强度的品酒和闻香的训练。而你自己也会非常的认真，因为最后有考试。

从入门到进阶，这是必由之路。

回顾一下主题：酒鬼为什么都该摆脱喝酒、品酒时对舌尖的依赖？

因为“味道”做假很容易，而“香气”虽然也可以，但成本太高。而且，没有人能够骗过一名嗅觉灵敏的品酒师的鼻子。

最后，分享几点关于品酒闻香训练的干货，希望对你有所帮助：

识别香气，并不是品饮美酒，至少不是喝酒的必备技能，但是，很有趣！

专业闻香训练神器——84 香“白酒风味嗅闻瓶”，功能在于帮助进行强化训练，让你记住了一些香气的特征。一套有 84 瓶，也就是 84 种香气。

每天反复不断地闻这些香气，久而久之，就会在大脑中形成各种香气的印记，前提是你能坚持，而且并不傻的话。

然后，当你再去闻白酒的香气，大脑会立刻识别并反射出其中蕴含的各种香气的名称，你的“香气数据库”也就逐步建立起来了。

84 香“白酒风味嗅闻瓶”不需要稀释，打开盖子，直接就着瓶口嗅闻即可。建议一周嗅闻两次；过一个月，一周一次；三个月后，一个月一次。

刚开始的时候，最好只嗅闻小部分风味，再逐渐增多。能和酒样结合起来，效果当然更好。

根据自己的情况，也可以尝试稀释 20 倍左右，在白酒品酒杯里去嗅闻。如果坚持且方法得当，普通人 3 至 6 个月即可以入门，一年左右可全部熟悉掌握。

（2020-6）

品酒与喝酒

我想问大家一个“哲学问题”：品酒与喝酒，究竟有什么不同？

在最近举行的贵州省白酒评委换届培训考试上，有的人回答：品酒是工作，喝酒是生活。有的人则说：品酒是难受，喝酒是享受。

注意，我说的是一个“哲学问题”。这就意味着，它可能是个脑筋急转弯。

答案是：品酒没有下酒菜，而喝酒嘛，当然有下酒菜喽。

这个故事形象且深刻地展现出白酒行业中最专业的群体——白酒评委们，他们对品酒的看法。

听完这个故事，很多白酒从业者哈哈一笑。而我，却为中国白酒把品酒如此职业化、神秘化感到惋惜，甚至觉得有些沉重。

为什么呢？难道品酒与喝酒真的那么壁垒森严吗？在我看来，不应该是这样的。

把品酒看作是工作，这是对自己职业的崇敬感，无可厚非。把品酒视为难受，多半是觉得品酒的条条框框让人不太舒服……

品酒与喝酒有何不同？有没有下酒菜，是二者唯一的区别。

不能像喝酒那样品酒。两三杯酒喝下肚，酒量小一点的，一天就不用工作了。

可以像品酒那样喝酒啊。为什么不呢？品酒与喝酒，只隔着一箸下酒菜的距离。

品酒，应该也能够是日常的、生活化的。我眼中的“生活化品酒”，或者说“品酒式喝酒”，是这般的模样：

不必刻意。江湖之中，随机的口味和惊喜，享受随心的生活。但是，我知道这酒好，好在哪里；这酒差，哪里不行。总之，我能感受到啊。

不必造作。白酒是植根于中国人基因的文化，白酒的品评注定和洋酒、红酒走的不是一条道。“品酒式喝酒”不是用来装格调，只是让你细品生活和酒的味道。

也没标签。吃牛排可以配红酒，红烧猪蹄也一样。茅台拿得上高档聚会，茅台镇酱酒也能配得上“你哥子、我兄弟，你不喝、我怄气”的场合。不给酒贴标签，也不给人贴标签，品味和享受就是标签。

更没标准。好酒有标准，好喝没有。品酒有标准，好恶没有。各酒各味，细品就是生活。于我而言，众香皆妙，独爱酱香，如此而已。

因为“品酒式喝酒”，你才能够“不将就”。哪怕是一滴酒，我们也要感受。中年酒鬼，尤其该对自己好一点。

“品酒式喝酒”，让你更加“真诚地生活”。生活和酒，都没有上好标准。选择喜欢的一种生活方式和一杯酒，真诚而简单地生活，多么美好。

“用心分享”，不正是白酒这个中国人的社交润滑剂的要义嘛。与人分享、用心分享，我们不仅仅是要分享一瓶好酒，更重要的是通过分享与更多人发生更多故事。

……

当消费者喊出“少喝点、喝好点”的时候，意味着白酒消费认知已然升级，消费者需要了解、掌握更多更专业的品鉴知识和技巧。这一点，职业品评师和白酒厂商应该给出解决方案。

洋酒、红酒的品鉴越来越生活化了——生活化的前提，是基本完成了洋酒、红酒的科普。哪怕这个所谓的科普是装出来的。

我们装作很坚强，装得久了就会真的变坚强。我们装着很会品洋酒、红酒，装得久了，就真的变得会品酒了。

可见，让白酒品评回归日常，进一步将其生活化，符合厂、商、消费者三方的共同利益。

那为什么白酒品评还是高居庙堂之上呢？我想，这与人们想当然地认为白酒品鉴就是世俗的，仍有某些厂商要扩大这种信息不对称以谋取利益，还有的消费者认为纯属多余，油腻中年以上对白酒的品鉴认知上成本高、不愿意，等等。

即便回归市场竞争，消费分级以后，消费者的认知也迫切需要白酒的品鉴科普啊。

（2020-9）

Chapter

10

数据之道

酱酒疯涨，“风口上的猪”与你何干

互联网上一直流行一句话：“站在风口上，猪都能飞起来！”

现在，酱酒这个品类、茅台镇这个产区，又站在中国白酒的“风口”上。问题是，谁是酱酒这轮风口上的……那头猪呢？

以下是我和一位茅台镇酒老板的“聊天记录”。前方高能，不适勿怪。

1. 贵州茅台镇的酒，有点像贵州盘县（今盘州市）的煤，都是一门资源型生意。

两个产业不可比？我比的不是产业，是人。像你这样从业 20 年的“老鬼”，有基础，有经验，有套路，每年走着、站着、睡着都能赚个三两百万。

2. 别墅住着，豪车开着，其实挺好。但是，我觉得我们一定要明了：

这不是我们有多厉害，只是我们入行早、有积累，茅台和酱酒赏饭吃而已。

3. 这么说，不是我吃不着葡萄说葡萄酸，也不是忽悠你干什么，只是提示一句：

我们对酱酒、对市场真的不够敬畏。离开了茅台镇和仁怀人，酿不出地道正宗的酱酒。然而，懂酿酒、品评、勾调的老板有多少？在市场上跑过，真有市场经验的老板又有多少？

4. 好像不多。那我们和盘县卖煤有啥区别呢？

酿造上一知半解，市场上套路先行，年入两三百万，那不是你的选择+能力+运气又是什么呢？盘县的土里能挖出煤来，仁怀的水能酿出酱酒来，有什么不一样的呢？

5. 你凭啥想年入千万，甚至还想在茅台镇山头上争把交椅坐坐呢？

梦想总是要有的，万一实现了呢。对！风口在这里不假，你为了这个风口做了什么准备了吗？没有。凭什么让你上风口？凭什么你是那头“猪”？

6. 你的产品比别家更牛吗？牛在哪里呢？

品质是酱酒之根。酱酒是终结一切白酒的最终的味觉信仰。某种意义上讲，正是其他一些香型白酒的“折腾”，反衬和彰显了酱酒品质的“好”。

7. 好，我们不说产品，说价格。

你的价格比别人更便宜？9.9 元包邮吗？你又不愿意做。而且，你非常清楚，其实不是单纯的不愿意，你也想过，但是低价你玩不转，压根儿就 Hold 不住。你比别人贵吗？你敢卖钓鱼台那样的价格吗？能，你凭啥呢？

8. 什么会所、城市合伙人，统统都是团购+招商，换汤不换药，怎么治得好病呢。

酱香之旅、品鉴会、酒道馆，你真的了解背后的底层逻辑吗？你知道人家的几百家酒道馆靠什么盈利和支撑吗？

9. 模式？别扯淡了。

什么先进的模式，对你可能都没有什么作用。一部功能手机，你说装上安卓系统，“老年机”就成了智能手机吗？不能！

10. 你在学习吗？你在思考吗？你有判断吗？

别不爱听。每次和你聊天，你谈的都是一年前甚至三年前的那些信息、那种思维、那点判断。

11. 我们不说短板、长板的事，术业有专攻。

一个中小企业，短板只要不死掉就无所谓。长板，却要拉得足够长才行。

12. 悲观者往往正确，乐观者通常成功。所以，你是酒老板，我是“仁怀酱酒服务员”。

我说对的事情，你不一定要听，甚至不能听。但是，我说不对的事情，你值得考虑考虑。

13. 我没有说服你？成年人都是不可被说服的。这是真理。

要说服，前5分钟就解决问题了，用不着费这么多口舌。作为老板，不需要“被说服”，而是自我驱动。

14. 我给你方案？我可以给你100个方案，但除了拿去吹牛，并没有什么用处。

就像要不要离婚、要不要辞职一样，只有自己才能做决定。战略的问题，只有老板自己才有答案。

15. 不用怀疑，风口究竟在哪里？

中国白酒的风口，就在酱酒。但你要想明白，你的风从哪里来？是自购鼓风机，还是自己爬到风口上去？或者，不做那头猪，而是做一只风口旁的兔子？

储备好粮食，养家糊口，生儿育女。

（2020-8）

酱酒热到底还能热多久

酱酒热是如何形成的？

这是探讨酱酒热最不可能绕过去的一个问题。

首先，我们要搞清楚，“酱酒热”究竟是个事实，还是个观点？

茅台镇夏天气温高达40摄氏度，我说热，你说不热，那究竟热还是不热？这个问题不搞清楚，再聊下去就不是动嘴，只能动手了。

啥叫热呢？热嘛，就是温度高喽。温度高，自然引申为喧闹、热闹、很受人关注或欢迎，等等。

茅台镇夏天气温40摄氏度，相对重庆，不热；相对贵阳，很热。可见，40摄氏度是个事实，热不热，是感受，更是观点。

同理，酱酒近来很喧闹、很热闹、很受人们关注，这是事实。酱酒究竟热不热，是观点。

两个事物可能存在相关性，就得出一个事物是造成另一个事物的原因——这在逻辑上叫错误归因。

某些鼓吹酱酒热的专家，说的其实是：“全球海盗数量减少，全球温度在升高，所以海盗数量的减少造成了气候变化。”

其次，“酱酒热”是如何形成的？

这个问题的逻辑是：很喧闹、很热闹、很受人关注的酱酒，究竟是怎么来的？我的观点有三：

第一，现今眼目下，总之酱酒热起来之前，酱酒是不热的。

往早了说，世人只知有茅台，连酱香是啥都不知道，不热；往近了说，15年前，茅台镇上的酒厂卖浓香酒才是主业，酱香，冷。曾经，清香酒是“热”的；又曾经，浓香酒是“热”的。

今天的酱酒热，只是过去的酱酒不热、其他香型的现在不热所衬托的。

第二，酱酒热是“酱酒伦理”的胜利。

中国酒业协会宋书玉理事长曾经说过，中国白酒产业进入了“长期不缺酒、长期缺好酒的时代，真正的好酒非常少，一直没有突破1%的量”。请问，中国白酒99%是啥酒？

酱酒并不全是那1%。但是，飞天茅台酒肯定是那1%，坚守传统工艺的钓鱼台酒肯定是那1%。

酱酒工艺的坚守、品质的比较优势、消费的选择成本，以及茅台构建的壁垒，茅台及其系列酒的引领，成就了酱酒热。

这是酱酒热的内因——某些人某些品牌某些机构，劝君切莫贪天之功。我多次在公开场合说，酱酒不是热，酱酒只是价值回归。

经济社会的变化，才能带来消费升级。新中国成立之后30年喝清香，改革开放40年喝浓香。消费分级，要喝更好的酒。酱酒，必然成为未来中国白酒的主旋律。

这是酱酒热的外因——偏离了这个外因，可能是错误归因。

那么，问题来了：酱酒热到底热到了什么程度？

大概可能差不多，没有90度，也有80度。总之，热到煮不火巴（pā）肥肉，也可以泡绿茶了。

酱酒很喧闹、很热闹、很受人关注，这个“热法”，不同的人感受到的不一样。

中医上有个说法叫“四肢厥逆”，翻译成白话就是“手脚冰凉”。用到酱酒身上，也大约是这么一个症状。

具体点讲，就是“头热脑不疼”。头部品牌热，比如茅台、习酒、钓鱼台、国台，等等。这些品牌的老板们、领导们，在洗桑拿，脑子不疼。

腰部以下的、四肢的这些品牌，有的在洗温泉，有的在冲凉……冷暖自知就是了。

有识之士、大老板、大资本、大企业家、精英人才，看中了酱酒产业；兄弟省市的酒厂也积极转身，投资布局酱酒，又是为什么呢？

因为他们都感受到了这热度，以为自己搞得定这热度。

消费端，真正已经完全接受酱酒了吗？我看未必。

为什么呢？话分两头说。

一头，先看生产端。

中国酱酒的年产量究竟有多少？行业给出的数量是：2019 年，中国酱酒的实际产量约 30 万千升，产能约 55 万千升。完成销售收入 1350 亿元左右，实现利润约 550 亿元。占中国白酒 21. 3%的销售收入和 42. 7%的利润……

其中，仁怀产区的“大酱酒”产量约为 20 万千升，产能约 45 万千升。

只有 20 万千升？对。因为仁怀市官宣产量中，还应当剔除当地出产的百年糊涂、小糊涂仙等浓香酒的产量。

一头，再来看消费端。

就这么多点酱酒产量，不是江湖上传说的占比中国白酒 3%，更不是 5%。

这么点产量，能够让多少消费者“接触”？说大话，赚不了人民币。至于让多少消费者“接受”，就是更深一个层次的问题了。

2012 年以来的酱酒存量，2018 年以来的酱酒市场增量，让中国一部分消费者比过去更多地“接触”到了酱酒。

传统酱酒的重口味、价格认知和预期，等等，更少的一部分消费者才有条件、有能力“接受”酱酒。

5 年前，河南的一间餐厅，10 桌人喝酒只有 1 桌人喝酱酒。现在，可能有 3 桌人在喝酱酒了。

这“喝酱酒的 3 桌河南人”当中，“接受”“喜爱”“消费”酱酒的，可能只有 30%。

消费端并没有完全接受酱酒。酱酒，只是让一部分人先接受、先喜爱起来了。

因为酱酒热，浑水摸鱼的便多起来了。

改革开放以来，仁怀每隔 10 年便会迎来一轮“酒疯”。当前的酱酒乱象，也不例外。

今年6月，仁怀先后对食用酒精串蒸传统酱酒糟醅取酒冒充传统酱酒的“窜酒”、虚假年份酒等，进行重拳整治——这说明，仁怀产区是爱惜羽毛的，是着眼长远的。

表面上看，整顿给了“贵阳茅台镇”“河南茅台镇”机会，但何尝不是给茅台镇自己机会呢？

市场之手，会给坚守的企业和品牌回报奖赏；消费者，会用人民币投票。

飞天茅台的牛哄哄，衬托了茅台镇核心产区传统酱酒的优秀。假冒伪劣等酱酒乱象，不也衬托了传统酱酒的好嘛。

酱酒乱象，与酱酒繁荣如影随形。甚至可以说，乱象就是繁荣的标配。

都“规范”了，也就完成品牌集聚了，哪里还有小虾小蟹们的机会呢？没有小虾小蟹们的陪伴，又哪里来的大鳄们的光鲜呢？

要问我对经销商有啥建议？简单粗暴三句话：

一是抓紧。过了这个村，就没有那个店。风口总会过去，热起来了，就会冷下去。

二是眼毒。比如“一寡（头，茅台）二巨（头，郎酒、习酒）五（明星，国台、金沙、钓鱼台、珍酒和酣客）”，大有大的优点。

既然洗牌尚未结束，酱酒下半场还没开始，那么，小有小的潜力。

仁怀产区外，潭酒、云门、丹泉，仁怀产区内，夜郎古、金酱、君丰、无忧、黔酒、远明、怀庄……各有千秋。

三是手狠。不是铁手无情，也不是冷血追命，而是要么认钱不认人，要么认人不认钱。

茅台镇山路多、窖坑多，去茅台镇的弯路多、坑更多。

而我，周山荣，愿做“仁怀酱酒的服务员”，成为“中国酱酒的愚公”，用这支笔，为传播中国酱酒文化搞好服务：

让天下热爱酱酒的奋斗者，少走弯路，少踩大坑。

（2020-10）

酱酒这么火，基酒在哪里

在复杂的世界里，做个明白人，不容易。在复杂的酱酒江湖里，做个明白人，尤其不容易。

当我接到马斐“酱酒这么火，基酒在哪里”的话题邀请，在答复他之前，我心想：

酱酒这个江湖里，有的是明白人呐。

某些酱酒企业和品牌鼓吹的那些“牛皮”，明白人是看在眼里的。

今天谈谈我对“酱酒这么火，基酒在哪里”的看法，希望对你有所帮助。

传统酱酒的基酒在哪里

啥是传统酱酒？简单讲，就是采用传统工艺、大曲固态发酵的酱酒，俗称浑沙酒。比如飞天茅台酒。

啥叫“基酒在哪里”？不都在酒库里吗？不一定。

我们先定个标准，那就是参照茅台。贵州茅台酒股份有限公司2019年年度报告中，有一栏叫“产销量情况分析表”。

该表显示，茅台酒截至2019年的“库存量”为241668.35吨。

简单说，就是2019年贵州茅台酒股份有限公司的酒库里，库存着241668.35吨基酒。这个数量，是其次年产量的5倍左右。

传统酱酒所说的基酒，不等于“原酒”。基酒是酒基、底料、主料，而原酒是作为基酒或调味酒使用的酒。

内行到了茅台，都以能去老酒库里喝到一杯老茅台为荣。季克良先生说，老酒库就是茅台的“命根子”。

别一听茅台酒，就想着这么多基酒，得值多少钱啊？这个不重要，重要的是：

对传统酱酒而言，基酒的优劣、多寡，决定现在，决胜未来。

这是为什么呢？因为贵州茅台酒在它的背标中说：

“未添加任何香气、香味物质，从生产、贮存到出厂历经五年以上”（2015版）；

“酱酒这么火，基酒在哪里？采用科学独特的传统工艺精心酿制，历时五年而成”（2020版）……

对于传统酱酒来说，质量的提升很重要的一个要素，就是依赖于酱酒产能和基酒储备，这是质量提升的先决条件：

没有质优量大的基酒，酱酒的“好品质”就只是一句广告词。

基酒质劣量少，横跨三五年的生产周期之后，酱酒的竞争力不过是一句口号。

酱香名酒的基酒啥状况

那么，茅台之外的酱香名酒，它们的基酒啥状况呢？

钓鱼台国宾酒业宣布：年产3000吨，不扩产。

那么，钓鱼台国宾酒业有多少基酒储备呢？官宣称其基酒储备达1.8万吨，是其次年产量的6倍左右。

另一家明确说明基酒储备量的酱酒企业是金沙酒业。目前，金沙酒业年产酱酒1.9万吨，基酒储备达4万吨，是其次年产量的2倍左右。

2020年上半年，国台发布的招股说明书（申报稿）显示，基酒合计产量2019年产季5974.68吨、2018年产季4712.90吨、2017年产季3891.74吨（不包含国台怀酒2019年及以前年度产能）。

根据媒体披露的数据，郎酒目前酱酒产能已达 1.8 万吨；习酒 1.9 万吨技改项目、洪滩 6000 吨项目已建成投产。

郎酒、习酒究竟有多少库存基酒？并没有权威数据。

江湖传言，习酒基酒约 5 万吨，其中 20 世纪 80 年代的老酒较为充裕（习酒战略单品窖藏 1988，得名于 1988 年习酒获奖，且习酒公司的酱酒产量达到 3000 吨，当时全国全行业排名第一）。

“千忆回香谷”，其实就是郎酒的酒库。谷内有 71 个巨型不锈钢储酒罐，最大酒罐储酒 5000 吨，最小酒罐储酒 1000 吨。

据说，全部装满后，其储酒经济价值将高达数千亿元，故名“千忆回香谷”。

酱酒之外其他香型的“基酒”库存，情况又怎样呢？我保证让你大开眼界。

宜宾五粮液股份有限公司 2019 年年度报告显示：2019 年度五粮液生产 168272 吨，销售 165411 吨，库存 15831 吨。

酱酒的基酒这可咋整

2016 年下半年，茅台酒市场复苏；2017 年，“酱香热”渐次引爆。

“酱香热” 4 年来，人们猛然发现：仁怀酱酒的品质同比、环比飞速提升。

这是为什么呢？因为 2013 年白酒行业和酱酒市场进入“深度调整期”，为仁怀储备了质优、量大的基酒。

2012~2016 年酿造出来的酒，当然想卖，但卖不出去啊。部分基酒库存到了 2017 年时再勾调成品酒出售，那品质不提升，都对不起酿酒大师们了。

回看 2011 年以来仁怀酱酒的产量，难免让人细思极恐：

根据 2011~2019 年仁怀市国民经济和社会发展统计公报披露的数据，2019 年，仁怀白酒（统计公报称“饮料酒”，含酱香、浓香，指包装量而非生产量）产量 17.78 万千升；2018 年 21.80 万千升；2017 年 30.46 万千升；2016 年 32.73 万千升；2015 年 32.55 万千升；2014 年 34.20 万千升；

2013 年 31. 08 万千升；2012 年 25. 30 万千升；2011 年 18 万千升；2010 年 13. 55 万千升……

仍以茅台为参照。2019 年茅台酒库存量为 241668. 35 吨，包括当年产量 4. 99 万吨、2018 年产量 4. 97 万吨、2017 年产量 4. 27 万吨、2016 年产量 3. 93 万吨，合计 18. 16 万吨。其余则为老酒，库存高达 6. 01 万吨。

这是一组令消费者欣慰、令同行绝望的数据。

俗话说，家家有本难念的经。山荣说，核心产区个个有本基酒的账。

酱酒这么火，基酒咋个整？这是一个真的够狠的话题。

茅台酒“从生产、贮存到出厂历经五年以上”。酱酒的基酒，理论上需贮存至少 4 年（包含酿造年份在内则为 5 年）。

假如贮存、陈酿的时间不够，怎么办呢？凉拌！

一方面，并不是所有酱酒都能够、都需要做到茅台酒基酒的贮存年份；另一方面，客观而言，消费是分级的、商品是分层的。

更何况，基酒贮存时间不够，酒老板的肚子又不会痛。

但当酱酒的基酒贮备数量、质量，偏离了酱酒的基本规律，后果很严重！后果很严重！后果很严重！

（2020-11）

Chapter 11

认知之道

“五个讲究”决定了一杯酱酒究竟是“鱼翅”还是“粉丝”

不知从何时起，很多酒友都在抱怨，中国白酒市场鱼龙混杂。

这个自封“国酒”，那个自诩“两大酱香”，这个号称“酱酒三强”，那个就夸“酱香正宗”，北方的称“北派酱香”，南边说是“洞藏酱香”，专家站台，明星代言，价格紧追着茅台走，智商税收了一茬又一茬。

想买到一瓶真正的好酱酒，实属不易。那么，怎么办呢?

喝得起茅台酒的人，都是富人。喝得起酱酒的人，都是有钱人。为什么呢?

大家喝酱酒，都是货真价实的有钱人。当然，9.9 元一瓶的“河南茅台镇”“贵阳茅台镇”生产的所谓“酱酒”除外。

人到中年，除了一杯美酒，多半身不由己。面对酒，少喝点，喝好点，就别再去取悦谁谁谁了。

“酱酒五讲”，是“酱酒讲究”的五个方面：

一讲产区认仁怀

为满足国人的口福和出口创汇（当年 1 吨茅台酒，可以换回 40 吨钢铁），政府曾多次想异地建厂，好扩大茅台的产能，结果却总是差强人意。

闻名世界的产区价值试验——茅台酒易地试验的失败，深刻地揭示了产区的价值：离开茅台镇，就酿不出正宗的酱酒。

于是，茅台酒厂与茅台酒易地试验厂切割，这就是“酒中珍品”的珍酒。

中国酱酒，天时地利人和，无可替代；核心产区，离开了茅台镇，便徒有其名而神不在。

中国酱酒产区，分为以下等级：

15.03平方公里，是茅台酒原产地（法定产区）；茅台镇适宜酿造酱酒的地区，是核心产区；仁怀适宜酿造酱酒的地区，是经典产区；赤水河谷适宜酿造酱酒的地区，是黄金产区；其他适宜酿造酱酒的地方，则是一级、二级产区了。

二讲时间需五年

白酒的“年份”问题一直以来都是一个老大难问题，从10年、20年乃至30年、50年，由于缺乏相关的标准，“年份”概念一度沦为了厂商自说自话的数字游戏。

更令人捧腹的是，许多酒厂的厂龄竟然还不及他们出品的年份酒的年代“悠久”。

酱酒装入瓶子里的，显然不仅仅是乙醇和水，还有时间。这就是酱酒的技术价值所在。

选择酱酒，关键看真实的窖藏年份。一瓶酱酒，没有三五年窖藏，就是鱼翅和粉丝的差别。

三讲标准要浑沙

重度酱酒粉丝，都知道酱酒工艺有3种，分别是浑沙、碎沙、翻沙。

但大家可能不知道的是，以食用酒精窜蒸酱酒酒糟取得的酒，又叫“窜酒”，虽然有点“酱味”，但其实不算酱酒，既不被国家标准认可，也不被行业认可。

茅台镇仁怀人口头的“传统酱酒”，其实特指浑沙，即大曲酱酒。

酱酒的“12987”工艺，季克良先生说是中国白酒工艺的活化石。这种酿造方式，不要说是现代工业社会，就是在农业社会也绝对划不来。不是违背经济规律，简直是违背人性。

当初发现并运用这一工艺的人，不是天才，就是疯子。

四讲健康喝好点

酱酒为什么健康？大家的研究可能比我还深。如果你留意，就会发现，现在“富”“贵”人士喝的白酒，几乎都是酱酒。

市场上有些所谓的健康白酒，是通过在酒体中人为添加有益成分来代替的。无论你如何描述，酱酒的天然性就摆在那里。

一瓶好酱香，其中已知的、天然的香味成分达到1400种左右，这就是酱酒的品类价值。

反正要喝酒，为什么不喝一款可能更健康的呢。

五讲稀缺不忽悠

虽然都说“酱酒热”，全中国都能见到、喝到酱酒，但是，酱酒的年产量，长期以来只占中国白酒的2%~3%。

物以稀为贵，这是酱酒的产区地理、工艺特征决定的。某种意义上说，酱酒的经销权是稀缺的，酱酒的品牌选择权也是稀缺的。

稀缺性，是一切高端需求的底牌。

这就是酱酒的品类价值所在。

要喝顶级酱酒，除非自己动手

中国人从来不是为喝酒而喝酒。

大师们喝酒，也跟你我一个样，感情深，一口闷，三五杯下肚，照样面红耳赤。

不喝茅台，喝罗曼尼康帝，它就是享受，更是品位。

我之所以这么说，就是要改变你的“喝酒三观”。

“酒三观”

哪三观？你都没看过世界，哪里来的世界观？

这不是茅台镇人夜郎自大，这是自信！茅台镇酱酒，是世界上最好的蒸馏酒。

价值观，酱酒为什么那么牛？好在哪里，你得知道。

老外用水果酿，咱用粮食酿。中国酒中国人喝了上千年，今天的白酒中国人也喝了几百年，没说不健康。茅台喝出健康来，你还要去质疑。这就是立场不坚定、信心不坚定。

别家新工艺，茅台来真的。酱酒不牛，没有天理！酱酒，中国白酒品质的终极体验。

人生观，就是搞清楚，你是谁，酒是啥。

让我们回到物理属性看酱酒。万事万物，都有底层逻辑。万千美酒，都逃不过物理 PK。只有理化层面，才能真正搞清楚酒是啥。

品评，不管抖音里的专家们怎么讲，不外“一看二闻三尝四定格”4 个步骤。

建起“四步法”

“一看”，用眼睛观看酒的颜色和黏稠度等。

酱酒的颜色应为无色透明或微黄。优质陈年酱酒，酒体黏稠，倒在杯中，酒会沿着酒杯壁慢慢往下蔓延，达到一定高度形成张力，黏稠度和挂杯效果明显。

原因主要是陈年老酒的酒精分子发生聚合，形成了大分子的酒精，分子间的作用力大，整体的表面张力大，而时间短的酱酒的酒精分子没有聚合，还是小分子，分子间的作用力小，整体的表面张力小。

“二闻”，就是将酒杯端到离鼻子 1~2 厘米处自然吸气，手慢慢将酒杯在鼻前晃动，感受酒香扑鼻。

嗅其酱香是否纯正、突出或明显，有无其他的异杂气味等。优质酱酒的气味可以使人身心愉悦，酱香突出，香气中带有如粮食等自然香味。

“三尝”，将酒少量（约 2 毫升）入口，将酒液铺满整个口腔和舌面，用舌尖、舌边、舌根等不同部位感受甜、酸、咸、苦、涩等味道。

然后，咀嚼两下，感受有无“内容”，是否醇厚、圆润，再慢慢咽下。

优质酱酒具有口感醇厚、协调、圆润、绵甜、细腻、味长等特点。

如果说颜色作假太简单，酱酒想要多“黄”就可以多“黄”；口感也是小儿科，你喜欢怎样的口感，对勾兑大师们来说都是小菜一碟。香气比较麻烦，但也并不是绝对没辙。

“四定格”，就是根据前三者色、香、味综合决定该酒的风格（个性特点），综合判断。

比如，酒色浑浊、酱香不明显、有邪杂味的酒，统统不是啥好酒。这在专业上叫偏格（偏离酱酒风格）。

专家们就是通过以上色、香、味、格，最后判定一杯酱酒的质量档次。质量好的酱酒酱香突出、香气舒适，口感协调、醇和、丰满，不会有泥味、臭味等，后味悠长。

更好的酱酒，入口“成团”，具有“大长圆厚勾”的体感。

大，酒入口，酒香舒服饱满。长，从喉咙到胃有一条热热宽宽的线。圆，酒过喉不辣嗓子。厚，咽下酒闭口缓缓用鼻子呼气，香味四溢持久。勾，一杯酒进肚，丹田处温热，感受温热感从丹田往上升的飘升感。

要喝顶级酱酒，真得自己动手

（1）验好酒，要亲自动手

捻酒，黏滑稠润。将食指伸进杯中蘸水，用大拇指和食指搓捻，记住捻水的手感，用纸巾擦干手，同样的方法蘸酒、捻酒，与水、与孬酒对比。好酒的手感，更加黏滑稠润。

搓酒，定有酸香。清洁手后，在手掌心上倒一滴酒，左右手快速搓，直至挥发但不能搓干，立马捧手掌心闻，好酒会有酸香味。

你闻到什么味？劣质香水味吗？恭喜你，中奖了！

（2）找好酒，要亲身感受

闻香，粮曲酒陈。将酒倒入杯中后，鼻子拱进杯口，闻几下，鼻子远离杯口，摇晃杯子两下，再拱进，再闻。窖藏短的好酒，会有粮香、曲香，窖藏越久的酒，酒香的陈味越重。

拉酒线、看酒花、水检法、火检法。专家们说，这些方法不够严谨。是的。但消费者不是专家，所以我推荐你“参照执行”。

比如拉酒线，酒体越老熟，酒分子和水分子抱合得越紧密，酒线拉得越长，酒花越密集均匀，且停留的时间越长。

水检法和火检法是鉴别纯粮酒的方法。通过水或火，将酒内的乙醇分离或挥发后，酒呈乳白色的是纯粮酒。

最后，送给大家一个“一二三四五六”口诀：

一看颜色最简单，太黄绝对要提防。二闻香气要轻松，凡是杂臭有名堂。

三摸酒液很舒服，黏滑稠润不一样。四品慢咂一小口，层次丰富饱满上。
五嘴口感易骗人，不以喜好论输赢。六讲体感和睡眠，大长圆厚勾上瘾。
仁怀山小弯路多，茅台窖池坑更多。都想喝顶级酱酒，除非自己来动手。

不盲从，听真话，喝好酒

喝酱酒的中年人，十有八九都是知道“三好学生”的吧？

“三好学生”，现在的学校好像早就不评了。但在当年，这是学校给予被评选出来的优秀学生的最高荣誉。

三好学生，是指品德好、学习好、身体好。“三好酒厂”呢？是指工艺好、酒厂好、品牌好。

“三好酒厂”有标准

(1) 一看工艺好，只选“12987545”的浑沙

酱酒的酿造，是一连串复杂且微妙的衍化过程，具有酿造周期长、酿造工艺复杂等特点。

不是红缨子糯高粱酿造的，就是好酱酒。工艺上差之毫厘，失之千里。也不是“12987”工艺酿造的，就是传统酱酒。

为什么呢？因为大多数酒厂都没有实力窖藏三五年，没有能力盘勾、调勾、品勾、调味四轮勾调，这都要资金、技术、人才支撑的啊。五斤粮食一斤酒，茅台酒还不鼓励超产。

选择酱酒，核心是要选对工艺。酱酒的酿造工艺可以简单地总结为“12987545”，这一串简单的数字背后，体现出的却是历经千年传承与沉淀的

结晶。

（2）二看酒厂好，只选自有酒厂

茅台镇上究竟有多少家酒厂？我的数据，可供参考：

中国酱酒，仁怀产区外约有酱酒企业100家。仁怀产区内，持有食品生产许可（SC）获证酒厂506家。其中，有白酒生产许可证的350多家，酿酒作坊1700余家。

这还不包括当地大约1.4万家营业执照上写着“白酒销售”的各种公司。

有没有酒厂，对一个酱酒品牌来说，就是有没有“根”。草无根不活，人无根不立，酒无根不好。

有了酒厂，在市场中还能稳健经营，证明了老板的格局、品牌的战略。这样的人，靠谱。这样的品牌，不会混得太差。

（3）三看品牌好，主角只有一个，拒绝傍大款

说起茅台，你想到的一定并不是地名，而是茅台酒，可以说是誉满天下。但是，许多人对茅台酒有误解，以为茅台公司生产的酒叫茅台酒。

其实不然，只有贵州茅台酒股份有限公司出品，产品名称为“贵州茅台酒”的才能简称为茅台酒。而茅台系列酒与众多白酒品牌一样，分好多种系列，每个系列对应的价位也不同，其品质有优有劣。

那些傍茅的酒，理化上，有可能是好酒。基因上，不太可能是什么好酒。茅台是影帝，咱也是主角。连这点自信都没有，能好到哪里去？

“两个理念”有干货

具备了这“三好”，当然就是“三好酒厂”了。你也许又会说了，我就是买点好酱酒自己喝，咱不卖酒，我怎么选酒、买酒呢？

怎么买，从来就不是问题。怎么想，才是问题。所以，“三好学生”之后是“两个理念”。

（1）说实话，现在买得起茅台的人还真不少，但大多是一些事业有成的成功人士或一些有经济实力的收藏人士，茅台酒对他们来说真不是奢侈品。

一般家庭就算有喜事或要事也不一定会买茅台，毕竟价格实在太贵，大

部分普通人可能负担不起。

茅台镇并不只是茅台酒才是好酒，同样的地理环境、酿制工艺，构成了茅台镇传统酱酒同等的质量。坚持匠心，遵循良心，坚守道德，同样会酿出优质美酒。

喝名酒，选茅台。喝好酒，传统酱酒足矣。简单讲，品质至上，只买对的。换个说法，追求性价比。一分钱，一分货，这是亘古不变的法则。

所以，喝酱酒，认钱不认人。俗话说，“钱才认得了货”。

这话说了等于没说，对你选酒、买酒毫无帮助。

这个世界上，绝对没有一种省事的方法，可以让消费者简便地鉴别一杯正宗酱酒。洋酒、红酒、茶叶、玉石……都一样。

（2）我要告诉你的第二个理念是：喝好酒，不盲从。买好酒，听真话。

啥叫不盲从？啥叫听真话？

一不听广告忽悠。广告忽悠，只为收钱。不听广告忽悠，少交智商税。购买产品前，先了解公司背景和产品。

二只听自己身体的。喝好酒，听身体的。你能品味的历史，不是447年，而是舒、朗、松、活、透。体感之外有“眠感”，晚完酒，不头疼，不口干，不找水，一觉到天亮。第二天正常工作不难受，舒、朗、松、活、透。

三听符合常识的。什么酒都要符合常理。学习酒文化常识，身怀辨别酒的本领。

四听官方权威的。中国真正懂酒的专家并不多。中国的体制，某些专家、某些大师，以及比如各省白酒评委那些人，还是可以相信的。

五听人心的。一家酒厂、一个品牌，最可靠的不是话语，而是它实实在在做的事。多看看一个人过去做的事，他身边的朋友多不多，都是些什么人？酒品如人品，说的就是这个理。

“一个窍门”放大招

最后，究竟有没有什么一招制敌的法门呢？有，那就是空杯留香。

空杯留香是酱酒的显著特征之一。虽然不是鉴评酱酒的唯一标准，但确实是专家也好，酒鬼也罢，品鉴酱酒的一个常用的、有效的方法。

喝完酒的空杯子，其味道每隔一段时间都在变化。优质酱酒香气是绵绵不绝的沁人心脾，而劣质酒只剩下水味或不好闻的味道。

具体讲，空杯留香有净香（毫无杂味）、玫瑰花香、焦糖香、烘焙香，等等。留香时间越久，酒越好，品质越好。

为什么呢？因为优质酱酒中聚合了大分子物质的酒精，含有多种芳香气味的酯类，挥发速度慢。而一般酱酒的酒精分子小，具有芳香气味的酯类少，挥发的速度快。

那空杯留香持久究竟多久呢？传统酱酒 48~72 小时没问题（三天三夜）。

不要相信你的嘴，唯有空杯不骗人。空杯留香，是鉴别酱酒的唯一法门。截至目前，大师们暂时还没有找到空杯留香造假的方法。

谁找到了，谁可能获得行业科技一等奖。

（2020-10）

除了茅台，别的酱酒也可以玩老酒吗

老酒崛起，与“市场进化”无关

中国酒业协会发布的《中国老酒市场指数》报告显示：2013 年至 2018 年，茅台、五粮液、汾酒、泸州老窖、剑南春、古井贡等品牌的老酒市场规模持续扩大。

2017 年的市场规模达到 370 亿元，2018 年达到 500 亿元，而这个数字在 2021 年突破 1000 亿元，迎来真正意义上的价值窗口期。然而，真实的老酒究竟是怎样的呢？

（1）老酒竟然无标准

在北上深杭的市面上有这样一群人，每天早早起来就往路边一坐，然后再立个牌子写上“收老酒”。你可能会疑惑，他们这生意是怎么做的？赚的哪门子钱呢？他们赚的，就是老酒无标准而他们有手艺的钱。

消费者嘴里的“老酒”，是民间对老年份白酒的通称。真正的“次新酒”，是指白酒出厂后，被民间买来自然存放，储藏了 5 年到 10 年后，口感和品质大幅提升后的白酒。

2019 年 3 月 1 日，中国酒业协会发布了《白酒年份酒团体标准》。这个标准对年份酒给出了明确的定义：白酒年份酒是以传统白酒（固态法、半固态法）工艺酿造，经贮存三年及以上基酒勾调而成，标注年份为所用主体基酒加权平均酒龄，不直接或间接添加食用酒精及非自身发酵产生的呈色呈香呈味物质，具有本品固有风格特征的白酒。

这个标准，我负责任地讲，主要功能就是用来迎合消费者，而非厂商的。不过，这个标准好歹让老酒有了一个参照系。

(2) 老酒崛起与"市场进化"无关

有人把白酒老酒市场的崛起，与江浙一带的黄酒酿造、存放习俗做横向类比，进而认为这是行业性复兴。

白酒老酒市场兴起的根本原因并非习俗。试想一下，如果白酒能够有法律保障、标准认定、行业公认、消费者信赖的"真年份"，谁还买"老酒"啊？

简单讲，中国白酒老酒市场的崛起，本质上是中国白酒假年份倒逼出来的。随着消费升级，一些消费者有能力、有意愿从"喝好一点"升级到"喝老一点"。但是，中国白酒并不能提供令人信赖的真年份产品。茅台年份酒遭人诟病多年，2019年又被某律师告上法庭，是为例证。

(3) 老酒崛起的"时间窗口"

老酒迎来千亿"时间窗口"，2019年6月29日，阿里拍卖正式上线"老酒集市"……有人开始鼓吹，老酒是产品战略转型升级的必然。

一些名优白酒在主销单品增长乏力、副牌产品普遍不理想的环境下，以及一些机构试图浑水摸鱼，通过打老酒牌再玩概念，再掏消费者腰包，这才是老酒崛起真正的动力。

"老酒"特指成品酒、商品酒，不包括陈年基酒、调味酒。在仁怀、宜宾、泸州等地，陈年基酒是有稳定的交易规模的。但是，这里有一个有趣的现象：规模高达500亿元以上的老酒市场，在仁怀、宜宾、泸州等白酒主产区，竟然并没有形成起码的规模，更谈不上产业链。按说有人的地方就有江湖，有钱的地方就有市场，何况近水楼台先得月的产区呢。

老酒市场有4个种子选手，表面上看，上游生产型企业是主角，但事实上，迄今为止，除茅台的老酒真正市场化以外，其他名优酒的老酒，归根结底是渠道商和平台机构在推动。当然，不排除民间个体收藏爱好者的助力。但是，面对万亿规模的白酒，个体收藏的影响几乎可以忽略不计。

中国白酒的老酒市场，本质上是白酒产品迭代滞后、消费升级对冲、消费者倒逼的结果。

老酒崛起，酱酒的机会在哪里

（1）别着急，慎重行事

参照洋酒的发展规律，中国白酒老酒所谓的行业引领才刚刚起步，其标准、规范还不够完善。

与此同时，名优酒企也积极助推。泸州老窖早在2013年就试图把国窖1573经典装52度成品酒实施年份化定价。这么多年过去了，国窖1573经典装真的年份化了吗？包括五粮液在内，其老酒的推动也是步履蹒跚，至今没有取得突破性进展，更遑论其他品牌了。

老酒的民间收藏市场还只是萌芽，但是，这行的门槛实在是有点高。我曾不止一次与一线名酒企业的技术、市场人员交流，他们对其旗下老酒及其市场的了解、认知乏善可陈，更何况一个普通消费者了。不要说老酒你没法认定，就是次新酒也让你瞬间发蒙。

（2）酱酒可能是老酒崛起的最大受益者

从品牌来看，老酒市场四大名酒是主角，八大名酒勉强挨边，十七大名酒被边缘化，地方名优酒原则上靠边站。这就意味着，所谓的老酒热与99%的白酒企业无关。

从时间来看，老酒特指1997年以前出厂的成品酒。20世纪90年代中后期，满大街的酒精酒。

从香型与工艺来看，老酒市场中酱香是引领者，浓香是追随者，其他香型简直就是陪练。酱香之中，茅台占了99%的份额，郎酒、珍酒、怀酒等老牌名酒，过去也曾跟着玩玩。其他香型的老酒，包括汾酒在内溢价性差了一些。

老酒崛起虽然与99%的酒厂无关，但是阿里拍卖确实说过：茅台之上，唯有老酒。

这一观点，充分体现出老酒在品质表达方面的极致性和市场价值的高端性。

因为茅台老酒的强势引领，因为酱香品类的价值回归，这个莫名其妙的市场，却与茅台镇、与酱酒密切相关。

老酒是酱酒的又一个风口吗

(1) 第一个吃螃蟹的人

国台于2019年推出了“国台10年·年份酱酒”，宣称“中国酒业协会认证的第一批真实年份酒”。这款酒外包装的侧面以表格明确标注了其加权平均酒龄。

加权平均酒龄是什么？这就是国台执行《白酒年份酒团体标准》，在行业率先的尝试。加权平均酒龄就是根据产品原酒的酒龄、占比计算出的产品真实年份。

国台10年·年份酒的主体原酒有三种：酒龄8年原酒占比为48.75%，酒龄12年原酒占比为26.56%，酒龄15年原酒占比为16.85%。

三种原酒的总占比=48.75%+26.56%+16.85%=92.16%；三种原酒加权年份（年）=8×48.75%+12×26.56%+15×16.85%=9.61（年）；该款产品的加权平均酒龄（年）=9.61/（92.16%）=10.4（年）。

也就是国台10年·年份酒甚至超过了10年，但根据标准，需要标注整数，因此国台10年年份酒产品标注年份为10年。

显而易见，很多酒企对于“陈年老酒”和“年份酒”的定义其实是混淆的。而且，“加权平均酒龄”也只是国台的探索。

那么，从第一个吃螃蟹的人，到先知先觉者，再到摘到胜利果实的，会是谁呢？

(2) 玩“泛老酒”的门槛

四川潭酒喊出了“敢标真年份，内行喝潭酒”的口号。

本质上讲，白酒就是酒，是一种社会消费品。要玩年份酒，敢不敢标真年份，也许是消费痛点。酒的存储、收藏等有太多成熟的手段可以照搬。对于老酒的投资属性，茅台酱香系列酒为行业做出了示范。2018年8月3日，茅台酱香酒公司《关于茅台酱香系列酒建议指导零售价格的通知》中，对茅台王子酒、茅台迎宾酒、贵州大曲酒、汉酱酒、仁酒等不同年份的价格都进行了明确。

就像2003年茅台酒在包装标签上标注出厂年份那样，茅台酱香系列酒这一招看似云淡风轻，但注定影响深远。酱酒的投资属性或者说金融属性已经喊了多年，但是，鲜有企业能够像茅台酱香系列酒那样做一些铺垫、引导工作。

文化属性更是老酒王冠，而且比惯常意义上的品牌文化，恐怕还要高不止一两个段位。这才是茅台镇产区和酱酒品类亲近老酒的拦路虎。“两强”（习酒、郎酒）是第一梯队，“五星”（国台、钓鱼台、金沙、珍酒、酣客）也可以跳起来摘桃子，“骨干”（丹泉、潭酒、武陵）、“双十名酒”（金酱、夜郎古、君丰、国威、怀庄……）能不能挨得拢呢？

至于情感层面，我断言，第三梯队以上80%都没有这种意识，更没有做好准备。

（3）拥抱属于酱酒的新风口

老酒市场化向市场老酒化转变是行业的必然趋势。在商业版图、品牌体系、价值输出、文化复兴上，必将改变酱酒。

然而，茅台及其系列酒，以及郎酒、习酒在资源方面具有得天独厚的实力和优势，在老酒运营上他们再次赢得先机。那么，对第三梯队以上的酱酒企业而言，还有可能吗？答案是肯定的。

老酒崛起是酱酒一个历史性发展机遇，是所有酱酒企业共有的资源与财富。只要想要从中分得一杯羹，就得从战略层面实现符合自身的老酒规划。

据老酒圈中人估计，2018年中国白酒老酒的市场规模已达到500亿元，预计到2021年，老酒市场规模将达到1000亿元以上。在不久的将来，酱酒行业老酒战略对抗格局就将形成。

同时，老酒并非只有茅台，其他名优酒照样可以；也并非只有酱香，其他香型白酒也可以。但是，酱香的贮存、收藏、升值价值更大。

（2020-7）

说透酱香年份酒

2020年8月28日，有媒体报道了关于茅台镇年份酒的一些“乱象”，引发关注。

仁怀市和茅台镇相关部门高度重视，立即着手进行当地白酒行业乱象的整治工作。

8月30日，茅台镇政府发布《茅台镇白酒市场专项整顿的通告》。通告强调：

“非中国酒业协会认证的年份酒，一律不得标注年份酒，酒瓶内外包装不得出现有误导消费嫌疑的字样，产品编号数字应在数字前面注明‘编号’二字。”

那么，什么是中国酒业协会认证的年份酒？有什么标准吗？厂商该怎样依法合规生产销售年份酒？消费者该怎样辨别年份酒呢？

无规矩，不成方圆

由于中国白酒没有“真年份”，老酒近年才加速崛起。

本质上，这是白酒产品迭代滞后、消费升级对冲、消费者倒逼的结果，因此，老酒的崛起一度被讥笑嘲讽为“中国白酒的笑话”。

随着国家对产品标签标注管理办法的强化，致使白酒产品也无法明确标注年份。

年份酒产品在消费者心中的地位，受到了一定程度的影响；年份酒产品市场，也呈现出岌岌可危的现状。

早在2006年，白酒年份酒团体标准列入“中国白酒169计划”6个科研项目之一。2019年3月10日，“白酒年份酒”团体标准终于颁布实施。

这个历时13年制定的标准，凝聚了行业多年的心血、汗水和智慧。标准虽然与消费者认知的“年份酒”概念有差距，还存在着一定的改进空间，但好歹有了“依据”。

众所周知，年份酒作为一种记载与品味历史的高品质产品，在白酒行业内已经被推崇多年，具有较高年份的产品，深受消费者的青睐。

由于缺乏规范的标准约束，没有可以参照的年份酒产品执行标准，年份酒产品市场现状较为混乱。

无门槛，不成“年份”

白酒年份酒团体标准虽已颁布实施一年多了，具体工作中出现了对标准文本理解不准确、不到位的现象。

白酒年份酒标准是一个复杂的体系。不仅是产品标准，同时在管理、准入标识的使用、标签的标注等方面，构成了系统的标准体系。

白酒年份酒是一个团体标准。白酒生产企业想要采用这个标准，首先需要达到一个资格，这个资格就是准入门槛。

白酒年份酒生产企业的准入条件包括5个方面：生产资质、生产能力、检测能力、技术人员、生产管理。

这5个方面对年份酒的准入进行了详细的规定。只有达到这些规定的要求，取得年份酒生产的准入资格，企业才可以进行采标。

关于生产资质，其中有一项“加入中国酒业协会大数据诚信体系”尤为重要。因为年份酒最核心的表达是年份的真实性，是企业的诚信。

生产能力方面，近10年，企业每年原酒产量要大于销量的30%以上（按60%酒精度折算），强调企业自主生产原酒及贮存。

无酒厂，敢“入标”吗

白酒年份酒团体标准明确了5个方面的“准入”要求：

（1）生产资质：具有具备不间断酿造历史20年以上（包括20年）。

2000年之后建厂、投产的酒厂，就别打这个主意了好吗？

（2）生产能力：年份酒生产企业年生产原酒5000千升以上，且连续5年没有产品质量事故。

而且，必须拥有年份酒陶坛或酒海贮存库——用不锈钢罐是不行的。3年以上原酒贮存能力3000千升以上——90%以上的白酒及酱酒企业，被这条拦在外面。

（3）检测配备：生产企业必须具备年份酒理化测定所需的设备和设施。

（4）技术人员：生产企业必须具备年份酒感官测定的资格人员。具体啥标准呢？

国家级白酒评委（或高级品酒师）不少于3人，或省级以上白酒评委（或品酒师）不少于5人，并建立年份酒的感官标准和品鉴部门。

（5）生产管理：生产企业必须建立完备的年份酒生产记录管理系统，并建立年份酒从原料到成品全过程的可追溯性生产保证体系。

简单地讲，就是你要能够“证明”你的酒是年份酒。

自愿申报，取信于人

白酒年份酒团体标准并不是强制标准，所以要由企业自愿申报。

你申报或不申报，那是你的自由，并不违法。当然，如果你要取信于市场，申报查定、签封，目前是第三方较有公信力的一种方式。

怎么申报呢？流程是：企业申报，中国白酒年份酒认定委员会审核材料，现场审核样品抽取，资格认定，年份酒认定及管理，现场对年份酒基酒审核签封，样品真实性图谱建立备案，建立年份酒基酒管理档案，生产年份酒申请，产品认定，产量认定，抽样和检测图谱备案，核销备案，年份酒商标授权，复核抽检。

需要注意的是，年份酒的相关认定，由中国白酒年份酒认定委员会组织专家团队进行第三方认定。

从企业的申报到最后的复核抽检，不是简单的企业自主去采标的过程，而是他律和自律相结合的表述，对年份酒客观的一种表述。

打个比方，国台2019年就获得了申请准入。国台当年可以提出对所有基酒进行查定和签封，包括当年和当年之前的，哪怕部分酒未来不用于生产年份酒。

但是，过了取得申请准入的这一年之后，年份酒生产只能申请本年的查定和签封，不能再申请之前年份的。

国台可以申请所有的酒，这些酒也可以不用于生产年份酒，但是没有签封的酒，绝对不允许生产年份酒。

真年份，可以“鉴定”

根据白酒年份酒团体标准，问题的关键在于：

在“年”的表达上，一定是最低酒龄。即产品所有基酒的加权平均酒龄，要大于标注酒龄。

产品标准中，主体基酒占整个酒的至少80%，这80%要在第三方监督核查下进行标签标注。另外20%，可以不予标注。

请注意，千万不要忘了年份酒的起点：必须为传统白酒工艺生产，所有基酒都必须经贮存3年及以上。

“世界上怕就怕‘认真’二字”，别以为在白酒年份上你真的可以以假乱真。

比如，采用气相色谱或气质联用仪测定产品挥发性风味组分指纹图谱，建立风味组分数据库，通过气相色谱指纹图谱验证其酒体风味物质结构的真实性。

比如，采用三维荧光光谱分析方法构建白酒荧光光谱指纹图谱和特征数据库，通过白酒年份酒荧光光谱模式识别其年份的真实性。

在白酒年份酒的真实性测定上，江南大学、中国食品发酵工业研究院等已经有非常成熟的技术手段保障。

敢标真年份，内行喝

2019 年 10 月，在上海举行的中国国际酒业博览会上，国台成了行业第一批真实年份酒。

国台 10 年・年份酱酒在它的酒盒上，居然有该酒各种原酒占比的标识。原酒含量表的下面清晰地写明：产品加权平均酒龄 10 年。

这款酒的主要基酒组成为：酒龄 8 年原酒占比为 48.75%，酒龄 12 年原酒占比为 26.56%，酒龄 15 年原酒占比 16.85%，三种原酒的总占比 = 48.75% + 26.56% + 16.85% = 92.16%；三种原酒加权年份（年）= 8×48.75%+12×26.56%+15×16.85% = 9.61（年）。

所以，国台 10 年・年份酱酒的加权平均酒龄（年）= 9.61/（92.16%）= 10.4（年）。

酒盒的侧面还多了一系列年份酒的特殊密码：在出厂时间及生产许可证、产品标准号下面，标有年份酒准入编号 CNFJ52038218012，产品备案编号 GT201801，年份酒详细信息查询入口（产品溯源）。

按照白酒年份酒团体标准，经注册的商标图案“中国酒业协会白酒年份酒联盟”，也要打在年份酒产品包装正面位置。

（2020-8）

Chapter

12

文化之道

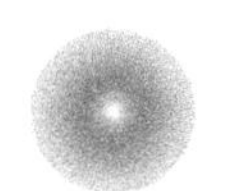

看完茅台镇人吹酒牛皮的套路不准笑、不准转

春暖花开，万物复苏。

虽然疫情还没有过去，但茅台镇又到了“吹牛皮”的季节……

2018年，茅台镇有陈静“替父”卖酒。2020年，茅台镇又有老冯“替老祖宗”卖酒：

一位名叫“冯×涛”、今年“80岁”的茅台镇“本地人”，在线上代表全家发誓：这酒比1500元的名酒还要好喝，没1500元的名酒好喝10倍退款。

这条微信广告在茅台镇上引发热议。作为茅台镇传承人的优秀代表，唐布斯说：“无论肚子再饿，茅台镇的吃相一定要优雅。”

理是这个理，但就是优雅不起来，还有钱赚又有什么关系呢？更何况，茅台镇上大家都吹牛皮，牛皮匠何苦为难牛皮匠呢？

其实何止茅台镇呢，中国也不可一日无牛皮。酿酒、卖酒路上的你，哭过、笑过、牛过、“二”过，不就是为了拿来吹个牛嘛。

周山荣今天给大家准备了“茅台镇人吹酒牛皮套路指南”，希望对你有所帮助。建议先收藏，再转发。

我要吹牛皮了，你有酒吗？

“名门正派”的茅台镇“酒牛皮”

中国酱酒的主产区，国酒茅台的故乡，贵州省最有钱的地方——茅台镇。

无论是民间抑或是官方，“吹牛皮”是这座山区小镇盛行的一种商务活动，更是当地人必备的一项职场技能。

茅台市值万亿，股价千元，营收千亿；茅台的酱香系列酒卖了102亿元；仁怀市GDP跃升到1183亿元，总量、人均雄踞贵州第一……

“各吹各的号，各唱各的调。”官方和名门正派的牛皮，从学术角度来讲，没什么看头，套路极其单一。

“人民群众是创造历史的真正英雄。”茅台镇民间的“牛皮”，有着巨大且广阔的活力，思维广、路子野。

所以，别觉得你已经看透了酱酒的本质，对什么都提不起兴趣，那是因为你还没有听过一个茅台镇人怎样吹牛皮的。

在你去到茅台镇，或者去茅台镇的路上，每一个酒老板、酒经理、酒妹子，每一个饭局、酒局、KTV，随时都有可能上演一场盛大的吹牛皮大赛。

“不甜不要钱”的茅台镇“酒牛皮”

“这酒比1499元的某酒还要好喝。”

一场吹牛皮活动，如果没有这句话作引子，那就等于失去了灵魂。没有这句开头的吹牛皮，就像一杯酱酒没加老酒一样。

不要问为什么，这是宇宙的开端。只要是个人，只要在茅台镇，堪比隔壁少林寺方丈的功夫，永远是决定这场盛大吹牛皮活动成败的关键。

“这酒和1499元一瓶酒的口感有95%的相似”“茅香，就是这种焦煳、烘焙香”……作为一个合格的听众，此处一定得有店家包邮般的耐性等待。因为上面的只是暖场，重点都要留到最后。

“隔壁酒厂的老板，自己喝酒的时候，也喜欢到我这儿拿酒……”“12987工艺，大厂小厂其实一个样，你说能差到哪里去？”

茅台镇人舌灿莲花，每个人都是酿酒大师，为你进行一场又一场，一对一、手把手的“免费”酱酒科普。“你刚才喝这杯，茅味正吧？”

如果你感觉自己已经被震得麻木了，此处不仅不能有掌声，而且千万千万不能有笑声。而是要再咂一口杯中酒，眼神迷茫地看着他。

哪怕杯中酒一股“盐菜味”，哪怕杯中酒就是酒精兑水。

“抢周山荣饭碗”的茅台镇“酒牛皮”

一场优秀的茅台镇人吹牛皮活动，一定要棋逢对手。

因为每一个茅台镇人随时准备着与他人在牛坛之上来一次灵魂之间的碰撞，就像西门吹雪对战叶孤城那样，每一次灵魂之间的碰撞，都是决战紫禁之巅。

在经过酱酒科普、品鉴实操热身之后，一个地道的茅台镇人，必须俯下身子，从茶台下、从皮包里，小心翼翼地掏出一瓶表面都包浆了的酒来。

你别紧张，这酒又不是玉石，不光看得、摸得，还喝得。到这里，那意味着茅台镇人要开始第二阶段吹牛皮活动了。

内容包括但不限于“这杯酒，敢说比某名的年份酒还要好”“看，这就是加了60年老酒的酒”……

说实话，论故事人物形象之饱满，情节之曲折离奇，你光是学这段，都能抢了周山荣吹酒牛皮的饭碗。不，照搬到北京，你还能干掉吴京、陈凯歌。他们导演电影可以，编故事有茅台镇人牛皮吗?

“终结宇宙”的茅台镇“酒牛皮”

这样的牛皮，不仅仅是故事性、知识性的比拼，更是体力的比拼。要自带能够辐射方圆1.99米的气场，要自带杜比环绕音效，要声音够大。

要在张小龙的微信上，要在张一鸣的今日头条上，要在梁汝波的抖音上，还要架条线路，加个喇叭，那就更牛掰了。

就如相声一般，第三人称的牛皮，在茅台镇永远只能算作是正菜的一部分。当你把微信拉到底，当酒杯里的60年老酒已经喝了三五杯，就是时候拿出第一人称的牛皮了——

这是这场盛大的吹牛皮活动中必不可少的重要组成部分。“我家建厂30

多年了，酒库里的老酒还有1000多吨。”“我家有老酒啊！爸在大厂干了几十年，那个时候管理不规范……”

一个牛皮吹下来，跟看好莱坞电影似的，比拼的不仅是智商，还有情商啊。

“首选套餐，768元买2箱送2箱，32元一瓶还包邮哦……”

这个牛皮是宇宙的终结，超越了一切的套路。

“9块9包邮呢。”那是茅台镇吹牛皮的另一个套路。

（2020-3）

茅台镇上如何吹“酒牛皮”，教你四招

“十个把式九个吹，剩下一个还胡嘞。”

“把式”，就是武功。人在江湖漂，吹牛皮是必备的技能。

在茅台镇，这句话有点“打击一大片”，但老祖宗的本意是告诫子孙们，要诚信做人，别吹牛。

这酿酒、卖酒和练功夫的道理都是相通的。你品，你细品。我练成本事，干嘛不吹呢？

你会功夫，常人三九天穿棉袄，你可以穿小褂；别人跑个几百步便气喘吁吁，你打个三五趟拳，气不喘脸不红心不跳；周山荣在街头巷尾遇上混混，自然胆怯心虚，你说不定就冲上前去教训那厮，一顿拳脚相加……

有了超越常人的本事，自然就有吹牛的资本。这并没有什么不好，也没有碍谁的事。

也并不是你会太极，打打拳，舒展舒展筋骨，那有什么可吹的呢？你练拳的时候不发个自拍，那你对不起你的手机。这都是人之常情。

我们说的吹牛皮，不是指这些人。

吹牛，就是说大话，就是夸大其词，就是不实事求是。

如果你以为吹牛皮就这么简单，那就大错特错了。尤其是在茅台镇上酿酒、卖酒、吹酒牛皮，更是大有讲究。

我归纳了一下，茅台镇酒牛皮乃至世界上的牛皮，不外“装”“吹”“绕”“扯”这 4 个套路。下面我逐一拆解给你：

“酒牛皮”第一招：装

人在江湖走，哪能不懂酒？我要不懂酒，茅台任你走。

面对酱酒，每个茅台镇人掏出身份证就是半个专家。面对品酒、喝酒、买酒的你，此时不聊聊色、香、味、格，更待何时？

“对于白酒，我只能分辨出一种香气。”“什么香气？”“酒香。不是有句话说，酒香不怕巷子深吗……”

不管你是真懂还是假懂，总之，你都要不懂装懂。至于你其实是个个体户，或者商贸公司，非要跟客户说“我急着赶回去开董事会”，本质上也是装的一种。

“酒牛皮”第二招：吹

这招就比较厉害了。

你跟马云说，你要跟李天金比划比划，三招之内，你一定把李天金拿下……这就是吹！

作为卖酒人，可以吹的内容多了去了。有人练过几天，不光吹自己有神功盖世，还能隔空打人。但他“隔空打人”的时候，他的徒弟还未及近身，就被他的发气打得倒蹦数步，让众人目瞪口呆。

“这酒比1499元的名酒还要好喝。”这话我信，咋能不信呢。反正你就是觉得“好喝”，我能怎样？

至于出道不过三五年的江湖混混，咋就胆敢挑战少林寺方丈？至于中国武林大会——全国评酒会上，咋没看到你露个脸？那位“隔空打人”的大师，只发功打他自己的徒弟，是绝对不与旁人动手的。这就是答案。

再比如，你说白酒舒筋活血，你说酱酒有益健康，你喝出健康来，都行，我没意见。但是，你说酱酒调节人体微生态，还能防控新冠肺炎……千万不要挑战谁的智商。前不久某教授+老板炮制出来的这条消息，你，不是也转了吗？

那究竟啥是吹呢？就是用语言的方式，把自己不切合实际，并不真实的样子，告诉别人，让别人信以为真。

“酒牛皮”第三招：绕

找周山荣吹牛皮，不，是找周山荣聊天的人，最近挺多的。

只要他开口就说“搭建平台，整合资源……”这些话，我多半站起来就走。不是周山荣架子大不给人面子，是实在有损智商啊。

这样的人，你说他装吗？不，他是压根就没有，装什么装。你说他吹吗？他也不是夸大其词，小都没有，何来夸大。

你说20世纪80年代以前，茅台镇上就没有几家酒厂酿大曲酱香酒，他说他是季克良先生的关门弟子，有合影照片为证。

你说金酱、夜郎古、远明、怀庄的酒有些啥特点，他说他家库房里还有30多年的老酒1500吨……

然后，你跟他说建渠道、做电商，他就要和你聊一聊区块链。

他这是绕，就是从来不针对本质，不直接面对问题。之所以这么做，就是要把你“绕”进去。

可以简单粗暴地下一个结论：那些整天把话说得非常高大上，用很多先进时尚的名词武装嘴巴，就是不谈怎么酿酒、卖酒，更不谈赚了多少钱，分了多少红，以及除了酱酒世上的生意都不叫生意，等等。

这些说法，99%都是绕。

“酒牛皮”第四招：扯

“给世界一瓶‘窜酒’。”你能说“窜酒”不是酒吗？不能。人家也符合国家标准哦。

“弱碱引领大健康，酱酒需要做‘碱’法。”你能说人体酸碱度会维持在一定范围，并不会因为吃所谓碱性或者酸性的食物就使得人体酸碱度失衡吗？

不能。人家还有专利。

“酒是陈的香，酱香老酒真值钱……”你能说人家酒精兑水、串香酒再放三年会变成水吗？不能。人家加了天然色素，还新添了老酒“养”着的。

……

总之，你想要什么酒？你想要什么口感、什么香型，他都做得到。反正他和他的公司，什么都会，总之，他不光举一反三，还来者不拒，他就是酒界“全才”。

扯，就是胡搅蛮缠，就是漫无边际。至于道理，你们凡人理解不了，那是智商超群的人才想的事情。就像前几天我说的，只要你买他的酒，你让他说“饮酒成仙”也是可以的。

然而，要做到不讲道理、纠缠不放，还真是讲究功底的。这个功底，体现在不光要脸皮厚，还得有“说辞”，凡事人家都能跟你扯下去。

“装”“吹”“绕”“扯”，从商业的角度，都是经营信息不对称的手段而已。可以有高低之分，但没必要道德指责——指责也没有用。

所以，做好该做的事。该吹就吹，记得找茅台镇最懂酒文化的人周山荣打草稿，而且牛皮别吹破了。

须知：一方水土养一方人，没人相信茅台镇只养你。

（2020-3）

好酒，该如何正确表达你的“好”

好男人，该如何正确表达你的“好”？

这只是由头，我要谈的话题是：好酒，该如何正确表达你的“好”？

好酒，当然要够年头。于是，“年份随意标”成为一段时间行业公开的秘密。好酒，当然要看起来“好”。于是，过度包装，长毛、发霉包装等手段无所不用其极。

除了随意标注年份、奢华包装，难道就没有别的方法表达白酒的“好”了吗？就像一个好男人，除了别墅豪车“大长腿”，难道就没有别的方式表达男人的“好”了吗？

那究竟怎么办呢？今天，“山荣说酒”谈一谈，好酒，该如何正确表达你的“好”。希望对你有所帮助。

玩概念：过时了吗

大约从20世纪90年代的“广告酒”开始，中国白酒进入了“概念”时代。

这30年间，无论是一线名酒，还是区域品牌，甚至小厂、作坊，一直都在创造概念。比如“封坛”“原浆”“12987”，等等。

无论是利用古人、古迹或是工艺讲故事，本质上，都是在进行概念表达，用概念来传达品质。

这么干，当然短平快——消费者通过产品标签看不出好酒，但是在广告的引导下，在营销传播的暗示下，概念植入了消费者的心智，影响了消费者的行为。

于是，酒被卖出去，营销成功了。

但问题来了，种种概念层出不穷。暂且不论这些概念的真假，即便是真的，消费者怎么记得住那么多的概念呢?

都说消费升级了，消费者要喝品质更好的酒。但是，酒厂和品牌的品质表达和沟通却没有同步升级——“年份随意标”，就是好酒不会、不愿正确表达自己的“好”的结果。

殊不知，概念表达已然谢幕，中国白酒的品质表达早就进入了创新时代。

“榜样”：你跟不上了

时至今日，白酒都没有跳出一个怪圈，那就是向榜样学习。

“向榜样学习”，这是好事啊。前半截是好事，后半截就未必了。

当年，全国浓香酒企业都向泸州老窖学习，老窖办过白酒技术培训班，很多酒企都曾接受过它的技术指导。

茅台更是酱酒的“黄埔军校”。谁敢说它的工艺、技术是自己摸索出来的?

学习的背后就是模仿，模仿的背后，就是想在短期取得利益。反正，白酒这个低门槛的行业，不要求学历，不讲究身材……

模仿，就是拿来主义。茅台的年份酒火了，几乎一夜之间，整个中国白酒遍地都是年份酒。

别人用得，我就用不得?这是偷懒!产品本来就不好，这是以次充好、以假充真。最后，才是确实不知道、不懂得怎么表达自己的“好”。

这理由，那客观，如果拿出卖酒的决心、讲模式的办法来表达品质、说出你的“好”，一切就都不是问题。

仁怀市开始严查年份酒乱象……现在，市场监管、行业规则倒逼着你，得学会表达自己的“好”。

方法：脸皮要厚，能力要够

品质的表达，不外乎以下几个层次：

物理层面：眼睛看到的，你说酱酒“酒体微黄”，那就“你想要多黄它就有多黄”，但不止于此。耳朵听到的，“原浆”“洞藏”之外就没有了吗？鼻子嗅到的，花香、甜香、焙烤香、水果香、青草香，以及陈香、曲香、馊香……是在瓶里放朵干花，让消费者去嗅吗？舌头尝到的，细腻、醇厚、纯正、丰满、持久怎么“说出来”呢？身体感觉到的，除了“不上头、不口干”，还有别的说法吗？

文化层面：茅台是“高品位的生活”，钓鱼台是“和而不同”。你的呢？

二者综合，1+1<2，裂变而成“不是酒的酒”。比如茅台物理属性上是酒，文化属性上是品位、是金融资产，物理+文化>酒。所以，茅台酒不只是一瓶酒。

茅台，你学不会啊。怎么办呢？我也不知道怎么办。以下两点，对你或许有用：

一是要厚脸皮。所谓“年份原浆”，装什么装？装得久了，就会装成真的了嘛。

二是要能力够。都大数据时代了，假的真不了。“脸皮要厚，能力要够”才行啊。

沟通：你不懂我，我不怪你

中国进入了一个新时代，白酒也是。

你曾告诉我，“少喝点，喝好点”。问题是，什么是“好”呢？

我跟你讲品质，你跟我谈国家标准。以浓香酒的国家标准为例，对产品品质、价值的表达，几乎没有任何作用。说白一点，就是消费者通过国家标准看不到浓香酒的品质，看不清品质，不知道品质。

GB/T10781. 1—2006 浓香酒国家标准，5 块钱的酒和 5 万元的酒没有什么区别，都是 GB/T10781. 1 优级。

我跟你讲道理，你跟我耍无赖。我就想喝杯老酒，我出钱啊。但你却说，“你想标多少年就标多少年”。

这些问题的根源，都在于“表达”。表达，就是我说你听。白酒，需要建立与消费者的“沟通”方式。

握十次手，不如喝一次酒。做十次广告，不如到酒厂走一遭。

在仁怀产区，酣客引领了“酱香之旅”模式。“酱香之旅”的过程，就是与消费者建立良好的沟通的过程，就是“看、学、做、品、酿、藏”的过程。

客人来到茅台镇，不仅仅是看，还深度体验了你的原料、工艺，对品质也有了深度的了解。而且，来茅台镇走一遭，终生不忘，比做多少次广告都有效。

酒庄：白酒品质的最佳表达方式

事实上，中国白酒的表达原本就在，只是没有很好地树立起来。

第一个是产区。茅台镇，无疑是中国白酒最成熟、最红火的产区。

第二个就是酒庄。口号喊了这么多年，政府、协会倡导归倡导，酒厂和品牌就是不动真格。只见雷声响，不见雨下来。

产区的表达与沟通，是行业的事。单靠哪一家企业，哪怕它是茅台，可以引领，却不足以支撑一个产区。

酒庄的表达与沟通，核心就是回答什么是好酒，好酒从哪里来。简单地讲，酒庄就是好酒，酒庄就是高品质的酒。但酒庄不是简单地改造酒厂，换汤不换药。

必须先把酒做好，做精，做细，做优，在表达上按照国际的标准要求，与消费者建立沟通方式，通过深度体验，让消费者对酒的原料、工艺做深度了解。

从这个意义上看，白酒的品质表达与沟通要回归，要彰显个性；酒厂和品牌要表达自己的酿造特点，挖掘历史文化。

抓住消费者，抓住消费者的味蕾，抓住消费者精神文化的寄托——一切才有价值。

理想：还没有实现

2014 年以来，仁怀市规划布点打造了 36 个酒庄。

以金酱酒庄等为代表的仁怀酒庄群，成为“中国首个白酒酒庄群”。

7 年过去，酒庄的面目逐步清晰起来，那就是酒庄不仅要满足消费者的口味，还要让消费者享受文化、窖藏、技艺，让每一个环节都产生价值。

这就意味着，酒庄不仅是一个商业模式，一个新的理念，更重要的是满足未来消费者对物质、精神、嗜好 3 个层面的要求。

有人把未来的、理想的酒庄酒概括为“九瓶酒”：天人合一、种酿合一、酒文合一、酿学合一、酒旅合一、酿藏合一、品饮合一、酒养合一、酿销合一。

每个“一”都是一瓶酒。九个理念，产生“九瓶酒”的价值。出一瓶酒，但产生了“九瓶酒”的价值。

九个一，九瓶酒，六个字，“看、学、做、品、酿、藏”，把酒庄文化的内涵准确地表达出来。

酒庄有更高的市场准入、文化体验和产品要求，其知识产权体系，锁定了酒庄酒就是一种好酒的表达方式。

遗憾的是，这么理想的酒庄，迄今还没有出现。

（2020-7）

酿好酱酒，少谈文化

曾经，我自命为“茅台镇最懂酒文化的人”。

之所以这么说，我还是有点底气的：仁怀有 10 万人专职酿酒、卖酒，但有且只有一个人专业研究酒文化。这个人，就是我。

到今天，我已经持续研究酱酒及茅台近 20 年，出版了《茅台酒文化笔记》《人文茅台》《山荣说酒》《聊聊酱酒》等书。

但是，我决定从今往后，不谈、少谈酒文化，认认真真当好“仁怀酱酒的服务员”，做“中国酱酒的愚公”。

为什么呢？我用 12 句话告诉你一个真实的中国酒文化。

1. 中国人喝了几千年的酒，其实没有酒文化。因为“酒文化”作为一个名词并不是古已有之，而是出现于当代。

“酒文化”一词，是由我国著名经济学家于光远先生于 1987 年率先提出来的。他说：“广义的文化，包括酒文化的发展，在一定程度上对我国的经济建设以及人民生活有影响。”

2. 于光远先生提出“酒文化”之前，中国当然也有酒文化，只是那个酒文化与这个酒文化，压根儿就不是一回事。

你想，泱泱大国，怎么轮到经济学家“发明”“酒文化”了呢？说白了，这个酒文化是着眼于经济的酒文化。

3. 中国白酒产业，没有几家企业和品牌配谈“酒文化”。中国酒业协会曾指出：中国白酒产业进入了长期不缺酒、长期缺好酒的时代。真正的好酒非常少，一直没有突破1%的量。

为什么？因为90%以上的中低端白酒其实是酒精酒，是香精、香料加酒精勾兑而成的“化学液体”。喝了这样的酒，必然头痛。然而，头疼就是病，香精就是毒，头疼一次，少活三天。

4. “酒文化”，只是卖酒的幌子而已——但是，它本来不是这样的。

为了让中国老百姓都喝得起酒，政府鼓励采取新工艺、非粮食进行白酒酿造。所以，即便是酒精兑水，到2020年的今天居然也是符合国家标准的。全中国人每年能喝掉一个西湖的白酒，这难道就是中国“酒文化”吗？

5. 不管是喝茅台，还是喝×锅头，人们都习惯于猛喝猛灌。

其实，这是酒厂利益需要在作祟。不管是家人聚餐，还是招待亲朋，人们总是大杯大口，这是酒厂品质需要——小口喝，孬酒的缺陷就像劣质化妆品那样，暴露无遗。如此违背人性的酒文化，我就不相信，它真能传承发展下去。

6. 在厂商那里，白酒既是工业品更是嗜好品，是不可替代、不可或缺，可以满足精神需求的商品。

什么是嗜好呢？就是特殊的爱好。“他没有别的嗜好，就喜欢喝点儿酒。”说白了，就是具有“成瘾性”……

7. 在中国几千年的文明史中，中国特色的酒文化也几乎渗透到政治、经济、文化教育、社会生活和文学艺术等各个领域。

现实的酒文化，其实是“酒桌文化”，是中国酒桌上的劝酒、酗酒等丑陋文化，是酒文化发展过程中形成的畸形陋习。

8. 曾经的酒文化，是“以人为本”的——它让人更好地享受美酒。

现实的酒文化，是“以钱为本”的，就是如何让厂家和商家赚到你的钱。所以才有人说，中国白酒的繁荣，是建立在虚荣和愚昧之上的。

9. 中国白酒，有太多的伦理欠账需要偿还，太多的道德坑需要填补。

于公于私，我都不“该”自揭家丑。但问题的重点也就在这里：这么多的问题摆在那里，不正是酿酒、卖酒人该为之努力的吗？偿还了这些账、填补了这些坑，商业上必有大回报，社会上必有大声誉。

10. 酒品即人品。对喝酒的人来说，这句话说得很正确。

不过，并不是字面理解上的，你喝得多，你人品就好，大错特错。“酒品即人品”真正的含义是，酒精可以削弱人的自控力，随着喝得越来越多，一个人的本性也渐渐展露，没有了控制力，才会看清楚真实的他。

11. 可见，酒文化本身没有错。但是随着时代的发展，越来越多的人，包括酿酒、卖酒人，可能都曲解了酒文化的真正含义。

“酒桌文化”不等于酒文化。酒桌文化，其实是在害人害己。

12. 胡适先生说过，“多研究些问题，少谈些主义！”同理，多酿些好酒，少谈些酒文化吧。

阿里有一句管理土话，叫作“高层不谈文化，基层不谈战略”。张口闭口谈“酒文化”的酒厂和品牌，可能是骗子。这里的“不谈”，是说酒厂在酒文化上不要夸夸其谈，做到两个“不说”：一是要以身作则，让消费者知道你的好；二是要体现在产品上、设计上、传播上……

须知，“酒文化”是以人为本的。我以为，这才是酿酒、卖酒人真正需要弘扬、传承、发扬的酒文化。

酿好酱酒，少谈文化，这便是本文的中心思想。

（2020-8）

Chapter

13

礼仪之道

茅台镇卖酒人都这样喝酒

酒量怎么样？能喝多少？——这是混在茅台镇的终极问题。

当“茅台镇”和“喝酒”相遇时，所谓“酒文化”就露出了锋芒。

被这锋芒刺伤的卖酒人不在少数，“不爱喝酒”与“不得不喝”成了茅台镇酒民的普遍焦虑。

今天推出“茅台镇卖酒人都这样喝酒”，是男生版的酒桌应对清单。

1. 不喝酒的人，照样卖酒。你必须认识到：能喝酒，只是卖酒的加分项。这就好像小学期末考试的附加题，卖酒的能喝酒，会得 10 分的附加分。你不会喝酒，考个 95 分就可以了，别为了冲击一个 110 分，结果正卷没检查，得了 80 多分。

2. 能喝酒，不一定会卖酒。能喝酒的人多了去了，但能卖酒的人却很少。这是为什么呢？因为你可能产生了一个错觉：只有能喝酒，才能更好地卖酒。其实，更好地卖酒的人，往往不是自己有多能喝，而是他能够让客户多喝，让消费者多喝，这才是王道。

3. 酒量练不出来，这是基因决定的。都 21 世纪了，你要相信科学。不要相信“多醉几回，酒量就上去了”的鬼话。不可否认，酒量可以训练，通过“多醉几回”，原来喝 3 两的，也许可以提升到半斤，但不可能提升到 8 两。真喝 8 两，可能会要了你的小命。

4. 能喝酒，其实什么都不算。想通过喝酒，通过把客户喝醉拿下大单，多半是幼稚病犯了。因为，客户是拿真金白银“买酒”，而不是拿几十万上百万来“喝酒”的。所以，把客户喝醉拿下的大单，未必是喝酒本身发挥了决定性的作用。

5. 记住：功夫在酒外。你酒量大，能把客户陪到位、陪高兴，这是好事。但是，这不是你拓展业务的全部。酒量大，更要发挥自身优势，把陪客户喝酒喝出水平、喝出艺术来。否则酒量再大，也只是个酒篓子而已。

6. 做事不要怕套路，套路一点都不俗。无论你酒量大小，准备一些喝酒的套路，包括但不限于酒桌上的说辞、攻略、技巧，确实是必要的，有助于展示你的诚意、能力，促进成交。砸破别人精心准备的套路，那就是这个砸场的人不懂事，而不是精心准备套路的不懂事。

7. 喝酒总战力，是这一顿所有喝酒的人喝到80%醉需要的酒量，可以折53°白酒标准量计算。提前计算喝酒总战力，不是让你带多少酒去接待客人，而是你要谋划你将要喝多少酒。不要打没把握的人生之仗，不是吗？

8. 那些不及格的借口。你可以扯你近期有“造人计划”，甚至说身体不适或者宗教信仰，但是，千万不要说以下理由，因为这确实是不及格的借口。比如，你说你在减肥、你酒精过敏，等等。大多数爱喝酒的人无法理解酒精过敏的痛苦，他们只是希望你忍着喝点。

9. 和同事朋友喝酒，更讲究。你的同事朋友里，如果有喝得又急又猛、要酒喝、耍酒疯、逼着你喝酒的人，很可能他已经有了酒精依赖。陪着他喝你一定会输，如果有这样的家伙，就不要喝酒。如果实在想喝点小酒开心一下，就根本不要叫这样的人。

10. 卖酒的人喝酒，更应该注意的要点。绝对不要灌酒，绝对不要劝有病或年老的人喝酒，绝对不要让同桌的人酒后开车。如果是跟你聚会后他出了意外，你们所有喝酒的人都要赔偿（许多地方都有类似的判例），而且会留下一辈子的遗憾。

11. 你可以坚决不喝吗？有人会觉得，酒桌上坚决不喝酒会得罪领导、客户。如果你是一个干活儿的好手，那领导还要用你；如果你产品好价格好，客户也不会因为你不喝酒，就放弃这单生意。那样的话，他又去哪儿买酒呢？

12. 喝酒“速效救心丸”：与其花心思钻研怎么喝酒，不如聚焦于自己的本职工作，比如懂一点工艺，深入浅出地说清楚酱酒的酿造；比如引领客户感受、体验酱酒的“喝法”，等等。当你在卖酒的路上有了自己的“一招鲜”，你即便不喝酒，也能把酒卖出去。

中年男人喝酒的二十一种心态

半夜，老友突来信息：出来喝酒？答曰：不见首都人（老友长期在北京厮混）。

随后觉得有些尴尬，回了个表情，再解释说：明儿要开会，已经睡了。

躺在床上，却睡不着了。人到三十几，杯中有枸杞。面对喝酒，原来我的心态已然大变。那么，都有些啥变化呢？

快来看看这些中年男人喝酒的心态，你或你的“客户”都有几个吧。

1. 突然觉得，喝酒这事自己不如从前了。不像年轻的时候，红、白、啤、洋啥都来，就喜欢喝白酒了。不像当年，脑袋一热就冲上去，逮住别人来“小钢炮”，就喜欢浅醉微醺了。

2. 以前喝酒，总是觉得意犹未尽，白的，红的、黄的一通乱饮。如今更喜欢细品白酒的醇香。再找不到当年那种感觉了。一餐当中喝了白酒，就绝对不会喝其他种类的酒。

3. 不敢连着天天喝了。不愿、不敢也不会再串酒局了。

4. 头发白了，瞌睡少了。喝酒的次数多了，酒量或真或假的下降了。未必是真不能喝，是越来越明白了身体、家庭的重要。

5. 现在喝酒，主动换小杯了。那时喝酒，一般都是用大杯的，清香、浓香无所谓。现在只喝酱香了。但内心不觉得自己老了，而是自己不再逞强了。

6. 更喜欢在家里喝酒了。在外面喝酒，家人担心，自己也觉得照看不了家人。就喜欢享受三五好友之间的慢品细酌。

7. 没事的时候，也喜欢喝两杯了。哪怕是一个人喝，并不觉得孤独，更不觉得郁闷。

8. 更喜欢在安静的环境下喝酒。哪怕是商务、政务接待，也会选择在安静的环境下，更方便谈事情。越来越不喜欢闹腾。

9. 只喝 2 两，一到晚上 10 点，就着急着回家。

10. 越喝量越少了，而且尽可能越喝越好。诡异的是，现在喝酒，很少吃菜了。

11. 喝酒场合越来越少，酒品越来越高。以前喝酒，场景是“喷”、是“怼”。现在喝酒，情景是“品”、是“悟”。

12. 除了至交好友，你绝不会在其他人面前多喝。时间，是最有力的证明，他们才是你值得信任的伙伴。

13. 以前是什么酒局都会参加，而现在你知道什么酒局不用去，什么酒局必须去；和谁不用喝太多，和谁必须“一醉方休”。

14. 喝酒时不再说自己吃药了。遇到不相干的人给自己敬酒，会说随意喝，然后舔一舔酒杯放到那，自己没面子无所谓，对方有没有面子也无所谓。

15. 圈子由小变大，又由大变小。有三两个臭味相投的兄弟，虽然是酒肉朋友，但却保持着距离美，不为利用，就为有事没事时，喝个小酒，彼此喷喷。

16. 以前的你，总是以为自己还能喝。现在的你，经过酒局的摸爬滚打，已经深知自己的酒量，所以在喝酒的时候更加有克制力了。你知道，这并不是什么丢人的事。有时甚至就是简单地不想喝、不想多喝。

17. 喝酒时一般不说话，而是听着别人吹牛，自己坐那先吃。听到自己感兴趣的就喷两句，自己不感兴趣的就继续吃，但不再吃撑得走不动。

18. 不再喜欢夜生活，喝完酒不再去唱歌，即便去也不会再当麦霸，坐那喝着矿泉水，听着跑得找不着的调，虽然很难忍受，但也会鼓掌。坐一会看表，九十点钟就赶紧开溜回家。

19. 现在喝酒，喜欢小范围吹牛皮。想当年，喝了酒，就喜欢聚众吹牛皮呀。

20. 现在，有人给倒酒了。过去，都是咱给别人倒酒哇。

21. 过去，酒桌上遇到动心的妹子总是喜欢装深沉。现在明白，本色出演就好。

（2020-4）

Chapter

14

美学之道

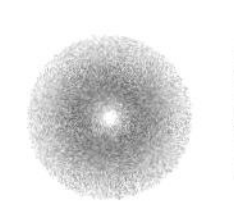

酱酒之美

该如何形容酱酒的美？

“一杯你开胃，二杯你肾不亏，三杯五杯下了肚，保证你的小脸儿呀，白里透着红，红里透着黑……” 这，绝对不是酱酒的美。

我的好朋友贺博士，被这个问题困扰好久了，百思不得其解。

一天，他专门跟我说：“你有水平鼓捣一篇关于酱香美学的有价值的文章——更正一下，免得被误会成你以前的文章没水平。”

这明显是激将法呀。好吧，我从了他。

美女端着半杯红酒，一个人摇啊摇，一晚上就过去了，什么事都没有发生。

但是，杯里的酒，却没有了。

这是西方的电影里常见的场景。在中国，如果谁倒了杯酒，一个人这么摇，就摇到外婆桥去了——这厮有病吧？有病得治。

对国人来说，白酒是群体性的消费品。所以，如果说红酒卖的是情调，那么，白酒卖的、喝的就是面子。谁喝白酒，绝不是为了喝乙醇+水。一杯白酒，是为了表达对对方的态度、尊重。

喝红酒，你是为了自己喝的，想喝就喝。喝白酒，怎么喝、喝什么，是酒桌上的主宾决定的，酒是为他匹配的。

可见，白酒是社交性很强的产品，更多的需求来自表达与沟通。喝白酒的本质，其实是传情达意，喝的是感觉、面子、身份。

白酒之中，酱酒工艺更传统，口感更生僻，价格更高昂。所以，酱酒的饮用之美在于：

喝酱酒，更有面子。

酱酒饮用之美第一步：酒器之美

酱酒就是我的情人。

但是，我偏不说它的身材，更不说和它的亲密关系……

直奔主题，咱来说说“饮用之美”。“美食不如美器”，美女不如美酒。说到饮酒，就不妨先说一说饮酒器具。

中国人盛酒的器具类型很多，比如壶、尊、卮、斛、觥等等，很多酒器，你可能连名字都不认识。

但是，人们对饮酒的器具仍然很讲究。有人以茶盅喝白酒，有人用碗喝白酒，还有人拿盆喝白酒……但是，茅台人却拿 8 毫升的小杯喝酱酒。

你不是说你消费升级了吗？那就更应该讲究一下酒具的精致、高雅、合适。

酱酒，小杯喝。既适合少量、多次饮用的习惯，更适合相互劝酒。斟酒分酒以小号玻璃分酒器为宜，从来不用酒瓶直接倒，显示出你的友好与殷勤，烘托出良好的氛围……

喝酱酒，有面子。

酱酒饮用之美第二步：饮食之美

茅台酒含有的香味素多达 70 余种，这些物质中有不少是人体健康所必需的。

但是，毕竟是烈酒。所以，喝酱酒，配菜很讲究。

赤水河是美酒河，沿岸生态良好，中下游盛产竹笋。当地百姓靠山吃山，靠水吃水，将竹笋做出了若干名堂，炒、烧、煨、炖……不一而足。竹笋味甘、性微寒，归胃、肺经，以春笋、冬笋为上品。

饮酒要补充维生素 B，竹笋恰恰富含维生素 B。“茅台香酿酽如油，三五呼朋买小舟。”竹笋下酒，不辱酱香。

此外，酱酒菜肴还有赤水河鱼、鲁班鸡爪爪、合马羊肉，等等。

喝酱酒，有面子。

酱酒饮用之美第三步：品鉴之美

喝白酒，讲究先闻其香，再咂其味，后品其格。

这些，你都知道。

所以，茅台人总结出“抿、咂、呵”法门。

还有好事者，又搞出“三三三”的窍门：品三口，评三杯，喝三次。

换句话说，小杯细品三口，三口以后便适应酱香；小杯豪饮三杯，三杯以后就会觉得酒不错；酱香连喝三次，酱酒粉丝就此诞生。

当然还有更专业的“九礼六式”，其中品酒六式包括净心式、举杯式、闻香式、尝酒式、空杯式、定格式。

是不是很有仪式感？是不是酱酒就该这样喝？

是的，白酒就是“色”“香”“味”“格”而已，但是，酱酒的喝法，就是和别的酒，不一样。

喝酱酒，有面子。

酱酒饮用之美第四步：情调之美

“有事没得？走，我们克（去）喝个单碗儿。”

“要得，走嘛。”

上面这两句对话，走出赤水河，可能没几个人能听懂。其实，“喝单碗儿”就是喝酒。所谓“单碗儿”，是指盛酒的碗。一个碗盛二三两白酒。很早以前说一个“单碗儿”，就是指二两酒，后来“喝单碗儿”便泛指喝酒。

说这个段子，是想告诉你：你喝其他白酒，我管不着。但是，喝酱香，你喝的不是酒，是场景，是情调，是人生，是情怀。

喝酱酒，讲究对象。志趣，投缘，才值得。喝酱酒，讲究环境。安静，新鲜，明亮，否则就是暴殄天物。喝酱酒，讲究季节，冬饮尤佳……

喝酱酒，有面子。

酱酒品尝之四关

白酒，顾名思义，特点在于清醇的白。

多数香型的白酒，都以无色、清亮为上。但是，酱香偏不。

优质酱酒，一般是微黄色的。不了解酱酒的人，看到酱酒的微黄甚至很好奇。

通过酱酒的颜色，可以判断酱酒醇厚度和酒龄。挂杯好，表明酒体醇厚，微量香味成分丰富；色泽微黄，这里头大有名堂。

酱酒的主体香味成分，是通过美拉德反应产生的。至今为止，酱酒的主体香成分还没有研究清楚。但是，公认美拉德反应与酱酒主体香的产生密切相关。美拉德反应在酸性环境下一般生成 1. 2 烯醇化有色产物。

酱酒的颜色有点黄，是因为贮存时间长了变黄，是酱酒的一种正常现象。一般情况下，酱香老酒的色泽会泛黄，口感柔和、醇厚。

酱酒，色泽微黄透明、无悬浮物、无沉淀，符合中国人做人做事清清白白、干干净净、淳朴善良的作风。

在水的外形下面，隐藏着一个丰富的火一样炽烈的内涵。

酱酒品尝之美第一关：色美。

酒香，不只是闻一闻而已。

酒香，其实决定了酒的细腻度和多样性。

酱酒，在香上确实更胜一筹。上好的酱酒，香气中带有如粮食、果实、花朵等自然香味。从酱酒风味来看，酱酒的香气分为原料的香气，如粮香、曲香、高粱香；发酵香，如酱香、焦香、芝麻香、糟香、果香、花香、坚果香；陈酿香，如陈香、油脂香。

一瓶好酱酒，我们能体会到开瓶时的飘香，斟酒时的溢香，入口时的醇香，落口时的回香，空杯时的留香。各香层层推进，层层绽放，使品尝者无不产生一种精神愉悦之美感。

品尝一杯酱香，喝下的便是四季轮回。

酱酒品尝之美第二关：香美。

举凡好酒，酸甜苦辣涩，五味俱全。

白酒中，米香型酱酒有“蜜雅的醇净”之美，浓香型酱酒有“热带水果的甜润”之美，清香型酱酒应有“清新的醇和自然”之美，兼香型酱酒有“雅致的恰当”之美，芝麻香型酱酒有“清雅的美妙的坚果”之美，等等。

那么，酱酒呢？它有独特的“醇厚酸爽”之美。

“醇厚”，意思是纯正、浓厚。“浓厚”好理解，如果说绿茶寡淡的话，那么，酱香就如同普洱。纯正是个啥呢？就是纯粹得不掺杂其他成分，干净，但不止于干净。

“酸爽”，不是说酱酒偏酸，而是说品尝一杯大曲酱酒，它将带给你一种类似销魂、舒爽或出乎意料的感觉。爽到什么地步呢？爽到难以想象，爽到让你真心醉了，爽到让你服了无语了。

酱酒品尝之美第三关：味美。

酱香，是个气质型美女。

它不是靠外表美丽和妩媚来吸引人，而是靠内在的气质、涵养、修为，来达到使别人欣赏、赞美。

如果说，“蜜香、醇香”是米香型白酒的气质，“窖香、粮香、糟香、绵甜”是浓香型白酒的涵养，“花香、甜幽”则是清香型白酒的气质，那么，酱酒呢？

“曲香、酱香、花香、坚果香、酸爽”，也许是对酱酒风格较为感性的描述。

那种嚼不尽的美，韵味无穷，令品尝者由知觉体验，瞬间产生自由联想，进而迸发顿悟，酒与人的默契，在物质与心灵之间尽情翱翔，驰骋想象。

酱酒这样的好东西，有时候还不能被一部分人所认可，完全在情理之中。“女人不是因为美丽而可爱，是因为可爱而美丽。”

气质型美酒，需要时间感受，需要耐心等待，才能品味它的内在气质。

酱酒品尝之美第四关：气质（风格）美。

酱香太美，酒鬼莫来

“酱酒一抬，喝出面子来。”

酒在古代有三种功能：

人与神的沟通（第一是“酒以祭天”）。

“茅台”是“茅草台”的简称，而茅草台是濮僚人的祭祀圣地。灵茅通神，古已有之。

人与人的沟通（第二是“酒以成礼”），都是通过酒来表达。

无酒不成席、无酒不成礼，礼仪的核心是要有酒，重大礼仪是用酒来表达的，所以，商务接待也用酒来表达，是一种礼貌。当然，茅台酒、酱酒更是你商务宴请的首选。

人和自己的沟通（第三点“酒以入药”）也是通过酒，喝了酒之后，更容易找回自我。

酒在古代、在粮食稀缺的环境下，酒是一种奢侈品，不是人人都可以享受的。以茅台酒为代表的酱酒，更是礼仪和表达的象征。且不说茅台酒在中国政治、经济、外交上的特殊作用，从古至今，酱香就是稀缺品、奢侈品。

《茅台酒厂志》记载：“1862 年至 1915 年……茅台酒的价格比较昂贵，每公斤卖价 2 钱 4 分银子，比普通高粱酒每公斤 4 分银子高 5~6 倍。所以消费对象主要是富商大贾和达官贵人。”

可以说，和其他香型白酒相比，酱酒更能体现消费升级。

请记住：“酱酒一抬，喝出面子来。”

酱酒“五不俱全”

各种香型白酒都形成了自己的消费风格。比如，清香型白酒，香雅味轻，结缘文人墨客，有高雅脱俗之韵，酒中之“雅士”。又比如，浓香型白酒，绵甜醇厚，香韵袅绕，热烈喜庆，酒中之“知己”。

而酱酒，酱香馥郁，厚重大气，经常出没于商场、礼场等重要场合，酒道以“尊”，以“礼”，为酒中之“君子”。

余秋雨说君子有 9 个方面的特征，我觉得有些道理：“君子怀德、君子之德风、君子成人之美、君子周而不比、君子坦荡荡、君子中庸、君子有礼、君子不器和君子知耻。”

这 9 种品质，在酱酒身上不妨简化为三个层面：

对国家和民族而言，君子是心怀“天下兴亡，匹夫有责”担当精神的勇士。所以，茅台酒厂的企业精神叫作“爱我茅台，为国争光”。这句话，无论过去现在还是将来，中国白酒行业是没有其他人敢说的。

对社会和他人而言，君子有着推己及人、立己达人的悲天悯人的胸怀。为什么“酱酒热”，因为酱酒始终恪守传统，坚持做最好的自己。仅以品质而言，大曲酱酒可以说“好得没有上限”！

对个人而言，君子是严于律己、修身养性、崇德弘毅的模范。众所周知，酱酒“五不俱全”，即不刺鼻、不辣喉、不烧心、不上头、不口干。

还可以加上一“不”，即饮后感受“不难受”。好酒“打脚不打头”，“醉得斯文醒得快，清新舒适又安全”。这才是良心好酒哇。

酱酒太美，酒鬼莫来

中国人喝白酒，讲求文化饮酒、艺术品酒、健康喝酒。

好酒怡情，美酒成礼，酱酒养生。这就是为什么喝酒就要喝好酒，喝健康酒的根本原因。

喝酱香，更健康。喝酱香，更有面。喝酱香，更享受。

酱酒，更讲求境界、神韵。酱酒第一境界：恬淡人生，知足常乐。第二境界：以酒抒怀，以酒言志。第三境界：体味生活真意——“喝出幸福来”。第四境界：饮出时代责任感。入世且须三杯酒，当肩负责任与使命——“爱酒不愧天”。

庄子说：“天地有大美而不言。”天地不言语，它只是独自美丽着，而一个人能否沐浴在天地万物中，感受到美无处不在，这关乎他的内心。

——这是酱酒的神韵之美。

酱酒真美，小白走开。酱酒太美，酒鬼莫来。

酱酒酿造之美

酱酒酿造之美：酿酒如同种庄稼

你知道的，中国白酒早就工业化了。

中国人，每年酿造白酒1000多万吨，相当于一个西湖。贵州茅台镇，每年生产酱酒约30万吨，只相当于一个小二型水库。于是，酒精勾兑、原料农药残留、塑化剂……层出不穷。你真的相信自己喝到的，是一杯安全放心的美酒吗？

在一切讲求效率、减少成本而尽力获得利益最大化的时代，茅台镇偏偏食古不化，“三小工艺”坚持了数百年。

“小气酿造”：酱酒是小农经济的产物，谁一旦偷工减料，劣质酱酒酸涩、苦辣等“重口味”，就会张牙舞爪地显现出来；小坛贮存：一个陶坛，储酒1000斤，且需历时1800天；小量勾调：百种单体酒，分型定级，大师悉心勾调……

有的人，在传承中迷失了方向。有的人，在传统中选择了坚守。茅台人说，酿酒如同种庄稼。

酱酒酿造之美：学不会的秘密

酒基好，酒才好。每甑酒醅要扬 140 竹篼，每一篼，要完成全部的眼鼻腿手腰等一系列 16 个步骤。每人每天重复近 500 次，每天高温翻重达 2 吨以上。茅台人，从不偷工减料。

万两黄金易得，好曲一两难求。女工们进入 40℃ 的曲仓内翻曲，每天工作 5 个小时，翻曲 1400 块、15 吨；每年高温作业近 200 多个小时、翻曲 200 余吨，蒸发汗水近 100 升——一切只为酱酒的酿造，提供最传统的发酵动力。

陈酿，是酱酒的控制性生产工序。你喝到的每一口酱酒，至少已经历经 3 年以上的时光。因此，“贮足陈酿，不卖新酒”，比拼的与其说是资金实力，不如说是匠心和良心。

勾调，则是舌尖上的舞蹈！日常因不断雕琢产品，让消费者体验功夫酱香，品酒师原本淡红色的舌苔因反复评酒，被灼烧成黄色，甚至变成黑色……

酱香酿造，其实不过“笨、慢、小”这三个字而已。人们知道，却做不到。

酱酒酿造之美：一滴酒的守候

一杯酒，你与我的距离。

不是每一杯酒，都像这杯酒，一味笨笨地、傻傻地等待。

我是老祖宗手艺的见证。我的主人，年复一年，在时间里反复推敲，才能成为一滴琼浆。像农民那样春种秋收，端午踩曲，重阳下沙。只有这样，我才是我。

我是活着的非物质文化遗产。虽然显得不合时宜，但传统已经做得足够好了，真的有必要挑战它吗？窖藏的时间，是我的年龄；古董般苛刻，是我的德性；有益健康，是我的品格；生来稀缺，是我的骄傲。

做好自己。你需要的话，总是会在不经意的时候出现。世界很大，而我的世界，有你就好。

这杯酒，还在等待，等待有你的未来。

酱酒酿造之美：一个人的解读

酱酒的酿造技艺，阐释着茅台人民的智慧之美。

比如“12987”工艺，是全世界最复杂的蒸馏酒酿造工艺。这样的酿造方式，不要说是现代工业社会，就是在慢节奏的农业社会也划不来。所以，当初总结出并运用这套工艺的人，不是疯子，就是天才。

据测算，一瓶普通大曲酱香酒，从投料到出厂需要经过 30 道工序 165 个工艺环节，平均每批大曲酱香酒就有 8158 人参与了直接制造和质量控制。

坚守传统，不止需要勇气。“酿酒赖华王，曲药黑白黄。乱石泥巴窖，堆积补短长。发酵温度高，贮酒时间长。物多口味细，空杯隔夜香。取酒留一点，代代味一样!”这首酱香歌诀，虽然直白，但没有 10 年以上的积淀，却难以领悟掌握。

千百年来，茅台镇人因地制宜，创造了酱酒。“天地同酿”的和谐观，是中国传统辩证的思维方式，是中华民族的传统审美根基，已深深地植根于酱酒生产工艺之中。

喝酱酒的都是最懂美的人

酒包装，不需要美

很多酒业集团董事长、总裁，偏偏像个个体户，一谈包装，就试图把很多东西都叠加到产品上去。

在山荣看来，对多数中小酒厂来说，与其叫着“品牌文化”，不如换着“品牌说法”，也许更实在、更有效。

至于你的审美，其实与消费者无关。

包装设计，其实不服务于审美，也不服务于你要抒发什么。它是服务于竞争的目的，服务于信息的竞争、沟通的竞争。

信息竞争，就是要把你的“竞品”干下去。沟通竞争，就是要趴下去，再抬头和消费者说话。好吗？

白酒美学，你该知道

消费者除了在酒质上精益求精之外，对于作为商品的白酒产品的外包装也分外重视，由此，白酒美学的概念得以发展。

似乎白酒的外包装和瓶型设计，成为白酒美学唯一的体现之处。这不符合实际，也不利于白酒的发展与推广。

白酒美学零散、不成系统，单纯以瓶型包装为美的状态已经被打破，正在形成一股注重白酒美学的风暴。

白酒美学，正在朝向两极发展——要么向着工业化、标准化的方向发展，以简洁、低成本为美；要么向着线条繁复、意象丰富的传统美学方向发展。

包装设计，缺一种传承

白酒包装设计师，即便是迎合酒老板的设计师，也只是将酒老板所需要的感觉设计出来，就事论事，缺乏一种系列化的传承。

比如，有些酒厂的产品，不同年代的产品有不同的风格，不同系列的也有不同的风格。这样的结果就是，企业注重单一产品所呈现出来的美感，但是却不注重它与其他系列产品、如同它兄弟姐妹般的产品的关联，甚至于出现前一款产品的包装采用明清瓷器风格，而后一款则跨度很大，直接采用现代玻璃制品。

产品设计风格的不一致，还只是多数中小酒厂的“小毛病”。“大毛病”在于：酒老板们缺乏整体美学观念。比如，生产出古典陶瓷瓶酒的企业，厂房外观却很现代化；主打“生态自然酿酒”的酒厂，厂区却丝毫看不到一丝自然风情，相反污水横流，储酒钢罐林立……

酱酒美学，以人为本

所以，体系化的酱酒美学，才有利于白酒发展。

这个过程，应该逐步贯彻于酱酒发展之中，进而形成一种内与外结合、质与美结合的景象。

人是万物之灵，有了人，才有了人对世界的意象与体验，才有了美和美学。

酿酒领域，只有酿酒人才能洞悉人与酒、人与自然的相克相生、相互依附的关系。

在消费领域，也只有人才能够品鉴美酒，并因美酒而升华人类自身。

视觉效果上，以现代审美艺术观，采用极简的构图手法，呈现出中国白酒美学的现代品位；包材上，选用可循环可降解的材料传递环保理念，细节上，无论瓶体手感、舒适度，还是瓶口的出酒量，体现出以消费者体验为原点的设计初衷。

不是“喝酒”，而是“看酒”

葡萄酒酒庄的产生，往往与西方某个传统酿酒家族相连——在这个家族的背后，传统式样的城堡式庄园，传统的酿酒技艺、器具，与葡萄酒相配的各种酒器，整体形成了一幅画卷，也形成了一个难以割裂的美学体系。

也就是说，在这个美学体系之中，环境、人、产品之间都有着关联，这种关联通过美学通过视觉特征传达出来，最后就是一种成体系化的美学图景。

白酒行业不缺乏技法传承，但是工业化时代的特征明显，尚未进入个性化、内涵化的时代。这也是阻碍中国白酒美学成体系化的一个重要因素。

美学的体系化可以达致消费者的美好想象——消费者在品酒的同时，观其形、品其味，所想象出来的酿酒图景与画面与中国白酒崇尚自然的实景相符，用视觉冲击带给消费者以美感。这就是体系化的意义，也是体系化的效果。

白酒早已经摆脱了单纯功能性需求阶段，向着更高的精神需求层面进发。

酱酒的美，着急不得

酱酒中“美学”到底是什么？

在如今的酱酒圈子，做品牌太久，跑市场太累。很多人玩起了“小众酱香”，开口闭口装模作样谈起了“美学”。

喝酱酒、学酱酒、卖酱酒，让我们的品位更好、气质更雅。酱酒之美，吸引了越来越多的人来到茅台镇，追逐酱香时代。

然而，酱酒之美不仅仅是视觉上的表象，而是有内核的，由内而外渗透出来的。如果只是为了美而美，很容易流于表面。

先把酿造酱酒、品评酱酒学明白了，工艺和历史文化掌握了，再来谈论美，也不迟。

贵州茅台镇不缺高级，但缺高级感

你这个包装，看起来没有规模感。

前两年，有的酒老板找我帮忙看看他的酒包装，我经常这样说。

啥叫规模感呢？说白了，就是要让消费者觉得，他掏钱买的这瓶酒，是上规模的大厂生产的。

一瓶酱酒动辄几百块，谁也不愿花钱买“小厂”产品、买山寨产品，对吧？

这一点，茅台镇酱酒品牌多数不及格。

旧的问题还没有解决，新的问题又来了——人们开始谈包装的“高级感”。

高级感并不是个什么新词汇。时尚圈总是热衷于讨论“高级感”，它似乎成了对一个人褒奖的最高程度。有时候夸一个人漂亮、好看，都不如说他有高级感来得更受用。

所以，如果你的产品自带“高级感”，会不会也让消费者更受用呢？

有的人，很可能非常讨厌“高级感”这个词。

但是，你细细一想，有些人、有的产品，却非得用“高级感”才能配得上。

你可能要问，那啥是高级感呢？

“高级感”这个词，听起来有些装，想起来很抽象，干起来却很难被具体化地描述和定义。但是，它永存于我们的生活片刻。

文末有彩蛋，请你往下看。

一切过于浓厚的可爱、甜美、性感气质，都容易与高级感无缘。

这个标准，对美女来讲绝对管用。同理，对白酒而言何尝不是如此呢。

一切过于花哨的、繁复的产品包装，故作姿态、用力过猛，必然与高级感无缘——有一种例外，比如你天生就是贵族。就像酱酒中的钓鱼台那样，那是血统决定的，没办法的事。

所以，如果非要让一款产品尤其是酱酒具有“高级感”，就是要它有种“遗世独立”的感觉。而且，只有看似漫不经心，实则处处精致得体，才是高级的代名词。

那种“不费力就赢很大”的感觉，令越来越多人心向往之。

其实，高级感并非遥不可及，而是可以靠后天慢慢养成的。

或者说，人也好，物也罢，所谓“高级感”其实都是悉心经营自己的结果。

油腻大叔本没有兴趣谈论高级感或时尚，但是，我原本就不是谈论时尚本身啊。

所以，我们回到“高级感”的源头——人本身来看一看，所谓的高级感，不过是从风格、款式、颜色、材质开始的一种“经营”而已。

比如，很多时候人们往往认为，想穿得高大上，一定要大牌新款、潮流元素加身。其实，这样一不小心就会用力过猛。真正有效的办法是反其道而行：由简入繁，从最基本的简约舒适开始，更容易穿出高级感。

你比如，那些国际名模，或者法国时尚圈的美女，多半穿的都是经典款衣服，简约不花哨，却足够优雅。

只有自己穿得舒服，姿态好看了，才会美得自然。

这与其是说穿着，不如说是自信。可见，所谓高级，也可以说成“赢在云淡风轻”。

又比如，穿衣服讲究点的人，都知道“身上颜色不超过三种”的法则，但是，一旦去设计自己的产品，往往就不由自主地受到外界的干扰了。

比如，穿着坚持简约的颜色，难如登天。比如，纯色套装穿多少年都不会过时，相对单一的颜色，从产品来讲是不是更容易形成视觉锤呢？

"衣品"更看材质。因为好的材质不仅让你穿着舒适，还能在外观上提升气质。比如一件丝质衬衫，必然比人造化纤面料更能凸显女人味。

把话说开吧，高级感也是"装"出来的。但是，"装"也有技巧，而且要"装"得足够久，"装"得浑然一体。

回到酱酒本身吧。你拿茅台酒股份公司的子品牌，与技开、保健等公司的主品牌做比较，有没有留意到一个事实：

且不论一个是小姐身，一个是丫鬟命，更重要的是，后者材质上的粗劣，触感上的粗糙，注定了一些产品，最终上不了台面。

（2020-1）

所谓高级感

没有必要讨好所有人

这个世界，简洁的、冷淡的风格，更为友好也更受推崇一些。

道理说简单也简单：简单，其实远比复杂更复杂。能够真正驾驭得好，看起来是简洁大气而非朴实简陋，绝非易事。

这么说是基于一个前提：不管你愿不愿意承认，中国 14 亿人口，只有 5000 万人喝过茅台酒，只有 1 亿人喝得起酱酒。其他 13 亿人，对不起，暂时不是目标客户，请他们再等一等。

这就是说，酱酒是个小众产品。既然小众，就没有必要讨好所有人。

所以，在你的酱酒的包装设计过程中，要把那些可有可无的东西，哪怕一点点，都要统统取下来。

你需要十分努力，才能毫不费力

有句话说，你必须要十分努力，才能看起来毫不费力。

可见，所有的“简略”或“高级感”，其实都是“十分努力”，而不是真的漫不经心。以穿衣为例，其实就是要在举手投足间，自然而然流露出时髦自信来。

或者说，你的酱酒的包装设计，客观上要向高级感靠拢，主观上你却想都不要想。因为“十分努力”，其实就是把自己尽可能地隐藏起来，不喜欢引人注意，也不喜欢被人看出有一点点刻意打扮过的痕迹。

就像你即便真的努力挑选了半个小时的衣服，最终穿出门的，却永远是最中规中矩、最不隆重的那一套。

平凡的是你，“不凡”的是你的产品。

品位需要足够的审美训练

生活中，那些品位和财富兼备的人，可以穿得随意、舒适，但是，多半不会花里胡哨，否则，99%是暴发户的标配。

换句话说，二、三、四、五线酱酒产品（品牌），绝大多数还处于暴发户阶段，要跃升到“品位和财富兼备”的中产或精英，不仅需要时间，也不只需要钱，还需要足够的审美训练。

比如，白酒包装常用红色，洋河偏偏来了一个“蓝色”，还叫嚷“经典”，于是，中国白酒之中，“蓝色”便似乎被洋河独占了。

又比如，青花郎（青）、习酒窖藏1988（黑），包括茅台镇隔壁的潭酒（紫），都已经占据了自己的视觉锤。

酱酒包装常用红色和黄色之间的那种颜色，俗称酱色。茅台镇们已经用习惯了。

低调而有设计感

通过穿衣服，你要把自己打扮成一个什么样的人？看起来空洞张扬，还是内敛随性？一般来讲，前者显得肤浅，后者的高级意味更足。

所谓高级感，其实就是不卖弄、不喧嚣、低调却仍有存在感的那种……感觉。所以，你应该像穿衣服那样审视你的包装：

尽量不要太夸张，低调而有设计感才是高级感的关键。比如酣客标版。

全身上下，不要有过多元素，最多只能有一个重点。比如金沙摘要。

普通人在生活中如果化一个大浓妆，且不说化得不好，不如不化，就算妆容再完整再精致，也会显得太用力了。

我只能说，克制是美德，留白是技巧，体现在妆容上、体现在酱酒包装上，也是一样。

所以，兄弟如手足，包装……如衣服。

你可以不性感，但是不能没有质感

衣服不要有线头、不要起球，显得质感糟糕；干净的、有光泽的健康头发很加分；笑起来有一口整齐的、白净的牙齿……

高级感，就是依靠细节一点一点搭建出来的。

拿酒瓶来说，十有九个卖酒人，不管他是自主开发新品，还是 OEM 一款，反正都想“开个模”。其实，在你的九流审美指导下、三流设计师鼓捣出来的所谓的“瓶型”，只会让你的产品“品牌”感大打折扣。

即使你的包装设计还算有品、酒瓶也还独具特色，如果一拧瓶盖，握感差，甚至拧不开，马上又露了怯。你跟我说，你这酒媲美飞天，价值 1000 元，你信吗？反正我不信。

朋友的一款产品，酒体不差。据说在北京卖得不错，价格还贼贵（为避广告嫌疑，此处略去产品名称）。

在我看来，细节做到位是一个重要的议价筹码，比上不足，比下绰绰有余——它让买它的人，觉得高级，甚至认为，花 600 元买一坛茅台镇酱酒，值!

问我“茅台外包装上有金黑白红绿五种色了诶”的朋友，你咋不看看洋河、看看青花郎、看看潭酒是几个色呢?

所谓高级感，说到底，无非就是提高你的审美与品位，比别人更讲究一点。

（2020-1）

Chapter

15

工匠之道

写给初入卖酒行当的侄儿的一封信

这是我写给初入卖酒行当的侄儿的一封信。

为什么要写信呢？因为我的专业是说酒。但我深知，成年人是说服不了的。一旦谁试图说服谁，最后往往不欢而散。哪怕我是他亲叔叔，也不会有例外。

为什么写了还要发出来呢？因为我侄儿进入一家酒厂工作不到一个月，就辞职走人了。他的情形在中国卖酒这个江湖上，应该有普遍性。作为“仁怀酱酒的服务员”，我想我有必要把这封信分享给更多的人。

以下是正文。

小超：

听说你辞职了？你的领导、我的朋友，跟我发了信息说没有留住你、没有照顾好你，向我表示歉意。

我犹豫了10秒以上，才回复道：感谢！

我立马又想到，那我要不要找你聊聊呢？18年前，我和今天的你一样，在空气中都弥漫着人民币味道的茅台镇厮混。

如果，我是说如果，当时有一个长辈像我今天这样唠叨一下，而我也能听得进去的话，大概率讲，我会混得比现在更好些。

但我转念一想，不对！当年并不是没有人提醒、告诫、指点过我，只是，统统、全部、一点都没有听进去。

这不是打脸吗？说好的混得比现在更好一些呢。“懂得那么多道理，依然过不好这一生。”说的大概就是这个意思吧。知易行难啊！

你的爷爷，是个农民。虽然当过几天村支书，创办了碧泉窖酒厂，但距离“官”“富”，还有你和你老板、我和市长那么遥远的距离。所以，我不是官二代、你不是官三代。

为什么说这个呢？因为我觉得非常有必要严肃认真地提醒你、告诉你一个事实：我们不是官二代，也不是富二代。

你可能会说，是啊！当然是啊。问题的重点是：认知到“我们不是官二代，也不是富二代”这个事实，很容易；但要践行这个认知，却难如登天。

人生在世，你，就是你自认为的那样。

究竟是啥样呢？我也不知道。我从来没有问过你的理想、你的目标。但每个人在家庭、在公司、在社会，都有一个“角色”。

这个“角色”还有两张面孔，一张面孔，是“应该的角色”，比如我想做“中国酱酒的愚公”，你也许想做钓鱼台丁远怀那样的老板。

一张面孔，是“能做的角色”，比如我要成为“仁怀酱酒的服务员”，你也许想通过卖酒年入三五十万元……

“应该的角色”，叫理想。“能做的角色”，叫现实。现实里的我，是个以酒文化为业的周山荣；现实里的你，是当兵退伍、结婚生子、职场打拼、学着卖酒的小白。

角色不清，是人生不如意的根源。

今天早上，我等驾驶员来家里接我去办公室。平时我都是步行上班的。因为有个挺重的物件要拿到办公室去，我早上才给他发了信息。然后，8 点半了，驾驶员还在路上；9 点了，我走路到办公室了，他还没有到……可能他堵车了吧。

其间，我打了两次电话。到了办公室，该干嘛干嘛。人嘛，都有各种情况。比如，他可能真堵车了。比如，你又跳槽了。

但有情况又怎样呢？这世上，包括你爹、你妈，不欠你的。作为领导，我要顾及驾驶员脆弱的玻璃心吗？作为老板，他要考虑你的感受吗？

作为社会人，要把脑洞和精力用在项目的理解上。别给自己加那么多的“内心戏”，领导和老板不是你的观众。

要表演，回家去面对墙壁，而不是妻儿父母；要哭，也别回家哭，去找块坟地……妻儿父母，不是你的观众；坟地嘛，你自便。

人在江湖走，哪能不受气？放下你的玻璃心吧，换一个钢的回来。只有强大的心力，遇到挫折的时候才能帮你不断地渡过难关。

遇到问题，你就躲，这叫懒惰；遇到不如意，你就委屈，这叫无能。

今年网上流行一个词，叫“苟且红利”。意思是，虽然看起来所有人都在做事，但是其中有大量的苟且者。你只要稍微比他们往前一点点，就能享受到的那个红利，就是苟且红利。

这话你可能理解不了。换个词吧，勤奋。唯有勤奋，才是你自我拯救的法宝。

勤奋，不只是别人不做你愿做、别人不加班你加班，还要再加三个字：“不要脸”。你稍微留意一下就会发现，“不要脸”的人其实很多。

任正非说过，“面子是给狗吃的，没本事的人才处处在乎面子”。请问，你算老几？

“不要脸”还不够，还要“不着急”“不害怕”。“不着急”的意思，就是对不是官二代、不是富二代的我们，35 岁乃至 40 岁前买不起房子、买不起车，不丢人，不买车，就坐公交嘛。

非要一成首付贷款买房，建设银行、工商银行热烈欢迎你。买了房，学习的钱从哪儿来呢？

非要省吃俭用、压爹榨妈买台车，然后就开 3 公里去上班，接客户又跟同事换宝马，我就想问你，你脑子进水了吗？

至于“不害怕”，你啥都没有，你怕啥？

最后，也是最重要的一点：没有谁的成功是老天白给的。所以，千万千万不要看不起你的老板。他之所以是你的老板，一定有比你能干的地方。大多数情况下，这种能干的地方正是值得你学习的地方。

如果可能，抓紧跟对老板并且“死跟”下去。

我痴长你几岁。时至今日，除了血缘关系和长辈权威赋予的责任，我的收入、我的成就，并不具有教训你的势能。

以上这些，是我现在的认知和启发，分享给你。

你爱听不听。就到这吧。

（2020-10）

在贵州茅台镇做个工匠也挺好

赚钱困难的时候才有真正的工匠精神

最近，一家酒厂的老板找到我，邀请我去他的酒厂参观。理由是：

我们真的采用茅台镇传统工艺。

这确实激发了我的好奇。茅台镇上，哪家酒厂敢说它“真的采用茅台镇传统工艺”？于是我问他：怎么个传统法呢？

他便介绍了一大堆他们在酿造操作上的不同和讲究。

对类似的说法、吹法、打法，内心深处其实我是持怀疑态度的。为什么呢？因为我不相信在赚钱容易的时候，一家酒厂能够静下心来，在酿造工艺上恪守所谓的传统。

市场向好，赚钱容易的时候的最佳策略：两个字，“扩张”；一个字，“抢”。工匠精神？别和我开玩笑了。

把“工匠精神”写到宣传文案里可以，但别真的犯傻做什么工匠精神。因为工匠精神意味着用 10 分的努力，换取 1 分的改进。我们在打架呢，你绣花？

那为什么美国、德国、日本有工匠精神？之前我没有想过这个问题，直到读到中国著名的私人商业顾问刘润先生的文章。他提出：

“赚钱困难的时候，才有真正的工匠精神。”

我恍然大悟。对啊，如果中国像美国、德国、日本那样，市场已经没有增量可言，这个时候怎么办？

只有用真正的“工匠精神”，做好产品，从对手那里抢夺存量市场份额。

后疫情时代的中国白酒，已然就到了这个时候。具体到酱酒，虽然还有品类红利可以瓜分，但你细想一下：这个红利，其实只属于大中酒厂和品牌，与虾米级酒厂无关。

这个时候，茅台镇就必须且只有把企业发展的动力，从外生转向内求。

茅台镇酱酒处处都是手艺吗

这段时间，茅台镇各大小酒厂的车间里，蒸汽弥漫，酒香扑鼻。

酿酒工人们热火朝天地上甑、摊晾、打糟、拌曲……在各个工序环节，酿酒工人都需要相互协作，才能把那一道工序真正做到位。

没有对比，就没有伤害。

同样的操作，外人看，都是大同小异；内行看，有时何止是失之千里呢，遑论对标茅台老大哥了。

回到源头，无须炫技。茅台镇酿酒，就是、就得“笨”“慢”“小”。

笨功夫——必须在特定地理环境酿造，必须采用特定原料和容器；来得慢——酱香一年一个生产周期，陈酿3~5年，有人说这是世界上最长的食品生产加工周期；极小气——作为小农经济的产物，谁一旦偷工减料，缺陷必然暴露无遗……

尽管如此，“笨”“慢”“小”的技艺特征并没有能够庇护茅台镇酿酒工。时至今日，他们被人视而不见、遗忘甚或被不屑的“下里巴人”……

“山荣说酒”一度为之感到惋惜。

但转念一想，在酿酒工人普遍缺乏职业荣誉感的当下，所谓“手艺”，本就是一厢情愿；所谓“工匠精神”，本就是自欺欺人。

手艺人的技艺，体现于各种器物和某些动作细节。这些人手上的技艺，就是酱酒工艺的“活化石”。日本著名民艺理论家柳宗悦说：

“能够称为‘匠人’的人，必然精于某种技艺，但真正把匠人做出区分的，乃是他是否对自己做的事情抱有持之以恒的热情。”

从这个意义上讲，茅台镇数以万计的酿酒工人之中，有多少人能够迈得过这道坎呢？

茅台镇酱酒，处处都是手艺。手艺如赤水河水，经年长流，涨满两岸，滋养着整个产区。

做个工匠也挺好

短期拼“营销”，中期拼“模式”，长期拼“产品”。

这是企业发展的规律。回望过去的40年，茅台镇的财富法则从未改变。

很多企业、品牌都曾经无限风光。它们要么靠风口，要么靠营销，但是时间一拉长，它们就倒下了。还记得“××上品”吗？这就是最典型的例子。

那些挟资本之力来到茅台镇的，比如“×银”能不能拼到“产品”阶段，还是个未知数；我甚至怀疑它会在拼“模式”、拼“资本”的阶段就倒地不起。

这样的事故，茅台镇上的人已经见得太多了。

企业的成功，刚开始往往需要借势，要站在风口上。但是到了一定阶段就得靠模式，模式必须是最先进、最符合时代潮流的。然而，一个企业要想长远发展，必须得提供过硬的产品或服务，否则一定玩不下去。

究竟什么是匠心？一个产品，从0到99%那部分可以靠时间和精力完成，这些也都是钱可以买到的。但是，从99%到99.9%乃至99.99%的那部分，却取决于一个人的热爱和心态。这，才是“匠心”。

茅台老大哥在酿造上那些看似无用、多余的“废动作”，就是“匠心”。飞天茅台酒，则是中国白酒“匠心”的极致作品。

茅台镇核心产区的酱酒上半场即将结束，下半场开始之前，必然会崛起一批有匠心的酒厂，以及一大批善于创造、踏踏实实做事的人。它们不仅将引领了整个产区，更将引领了最积极向上的价值观。

所以，老板们要不要坚守“匠心”，“山荣说酒”就不操心了。但对茅台镇上数以万计的酿酒工，我想说：

不要去争大师、当老板了，做个工匠也挺好。

（2020-4）

“211”“双一流”毕业生在茅台当工人，出路前途在哪里

贵州茅台发布的招工简章瞬间刷屏。

2020年4月，茅台面向“211”或“双一流”高校毕业生招聘170名制酒、制曲工，其中男123人，女47人。

“山荣说酒”（srsj-2016）这篇干货，送给中意茅台、打算报考的小伙伴们。

揭秘：“211”“双一流”毕业生进茅台究竟干些啥

俗话说：“世上三般苦，打铁酿酒磨豆腐。”茅台这一轮招聘的170名制酒、制曲工，干的究竟是什么工作呢？

新兵入伍“魔鬼训练”3个月，在茅台酒厂做烤酒工、制曲人，却必须经历至少6个月的“炼狱涅槃”。

真相，是这样的吗？

制酒工，茅台当地俗称“烤酒的”“铲糟子的”；制曲工，女性居多，美其名曰“踩曲姑娘”……

也就是说，你是“211”或“双一流”毕业生，进了茅台酒厂，照样和初高中毕业的员工子女（内招）、征地安置人员一起烤酒、制曲。

一年之中，至少有6个月需忍耐40℃高温，凌晨3点起床，要强压住睡意，起早贪黑酿酒，这便是茅台酿酒人的作息时间。

“烤个酒，铲酒糟，都要‘211’或‘双一流’毕业吗？”看到招工简章，你有没有这样一闪念？

对家在茅台、仁怀，或者专业与酿酒相关的外地小伙伴来说，对茅台酒厂、对酿酒并不陌生。但并不是你想象的那样，茅台看上去很传统，酿酒就是铲酒糟。

首先，茅台对人才多样性的要求非常高。白酒拥有跨度很长的产业链，从原料生产、酿酒、仓储物流、研发设计、市场营销、用户运营、销售、客服以及公司的行政、财务等，涵盖了农业、工业、服务业三大产业。特别是对白酒一哥茅台来说，更是比互联网行业涉及的工作种类都要多。

其次，随着移动互联网技术的普及、白酒国际化的步伐加快，茅台出现了很多很新、很前沿的工作。简单粗暴直接地讲，100多年前，茅台镇农民酿造的茅台酒香飘美国旧金山，但是，2020年却不能再靠茅台农民，让茅台酒走进“一带一路”、走向世界。而“211”或“双一流”高校毕业生哪怕是铲酒糟，相信你的智商吧，你的“铲法”注定不一样。

再次，白酒是一个高利润率的行业，而且，未来5~10年之内，白酒、酱酒特别是茅台的盈利水平，也必然高于大多数行业。

这也意味着，进入茅台酒厂的小伙伴，收入肯定是跑赢平均线的。

干货：“211”“双一流”毕业生在茅台当工人，出路前途在哪里

白酒这个行业，尤其是茅台，只要是高端人才，茅台都能为你开出一个满意的薪酬待遇。

但是，进入茅台酒厂当工人，哪怕你是“211”或“双一流”高校毕业生，你的晋升路径将是怎样的呢？我们先来看一组数据：

《贵州茅台酒股份有限公司2021年年度报告》披露：2021年茅台共有在

册员工29971人。在各类别人员构成中，以生产人员为最多，达24868人，占职工总数的82.9%。销售人员1056人，约占3.5%；技术人员450人，约占2%。

这一人员构成表明，茅台是一家以生产为导向的企业，且属于传统的劳动密集型企业。

与五粮液、洋河等名酒企业相比，五粮液的人员构成中，技术人员比例远高于茅台，其他构成则与茅台相似。而洋河股份的销售人员、技术人员，无论是规模还是占比都远高于茅台。

2021年，茅台的研究生及以上学历者304人，仅占员工总数的1%。不得不说，这是一个非常微小的比例。员工中本科学历者7269人，占24%；大学专科4001人，占13.3%。

可见，在茅台这样技术实力雄厚的国企，高学历、高层次人才的数量明显不足。这与茅台属于生产导向型企业的属性一致，在遵循传统酿造技术的茅台，机械化程度极低，整个生产流程几乎都用纯手工或半机械化生产，占用劳动力较多。

同时，茅台在发展的过程中，很大一部分被征地农民进入企业，普遍存在学历较低的情况。但换个角度看，这一轮招聘对“211”或“双一流”高校毕业生来说，何尝不是就业的机会、人生的抉择呢。

季克良先生，他是茅台前董事长、酿酒大师、茅台酒魂，他也是茅台历史上第一个大学生。茅台历史上第二个、第三个大学生呢？据说，一个是副总经理，一个是子公司一把手……在茅台当工人的出路和前途，就在这里。

你，看到了吗？

观点：我给报考茅台小伙伴的几点建议

第一，根据既往经验，茅台的考试往往不按套路出牌——有时候题目回到初高中的会考，有时候又相当于“考研”……所以，准备充分一点，总是没错的。

仁怀满大街的茅台招工“辅导班”，对员工子女（内招）也许有些作用，对“211”或“双一流”毕业的你来说，你觉得它真的能辅导、能“帮”你吗？

第二，制酒工、制曲工毕竟都是体力活，所以，茅台招工笔试合格后还要进行体能测试。体能测试项目为男子1000米跑、女子800米跑，成绩4分30秒以内判定为合格。

江湖上有各种应试“秘诀”，我并不否认它的存在。但是，作为茅台镇最懂酒文化的人，我负责任地讲，你还是老老实实操练操练吧。

第三，了解白酒相关的知识，包括历史、发展、趋势、工艺，等等。对应届毕业生来讲，无论进入哪一个行业，该领域的专业知识都是必须要掌握的。

第四，在茅台这样的国企，“温水煮青蛙”常有。所以，希望你能够树立强烈的个人愿望并始终坚持。就是说，除了铲酒糟、踩曲以外，要给自己一个明确的方向和目标，并且始终坚持为这个目标奋斗。

第五，做正确的事情，不要轻易放弃。工作中，有很多事情我们做正确了99次，结果也不会改变，直到我们完成了第100次。所以，当我们在做一件正确的事情时，不要过多地在意当下的结果，只要一直坚持做，最终你期望的目标一定可以实现。

最后，祝你考试顺利，如愿以偿。

（2020-4）

茅台镇酱酒的“天”变了

喂，开年会啦！

这段时间，周山荣应邀观摩了几家酒业公司的年会。会上，我就《迎接属于你的春天》这个主题，吹了或长或短的牛皮。

这段时间，大家都忙。我把讲稿拆分成几个部分，逐一推送。这个“年终讲”，希望对你有所帮助。

老板，请别跟我谈理想，我要谈钱

每一粒熬过冬天的种子，都有一个关于春天的梦想。

这句话，曾经有点流行。但对茅台镇酿酒、卖酒的小朋友们来说，可能完全无感，大家早已被酱酒老板们历练成了“老油条”：

老板，请别跟我谈理想，我要谈钱。

那好，我们不谈理想，只谈钱。但在谈钱之前，因为老板给你发了钱，所以先来谈谈老板，再谈钱。

其实，做老板也不容易啊。比如年会，无论什么时候、在哪里开，大家都有不同的意见。老板成了罪人，员工不领情，家人没感情。

朋友开了个门店卖酒。每次过去，他都在门口喝茶。他老婆、他小姨妹、他兄弟，都在忙着招呼客人，忙着送货……他老丈人实在看不下去，多次在我面前埋怨，全家都忙，只有他还晒太阳，生意没做大，脾气倒大了。

昨天晚上，朋友圈里看到一个视频：半夜时分，车间里人来人往，还在包酒。话外音响起：我卖个酒，我容易吗？

我朋友开店卖酒当老板，承担了风险，家人和员工承担了辛苦。他店门口晒太阳，心累；家人和员工忙，身累。半夜包酒，好歹有酒可卖，一手交钱，一手交货，在老板的平台上做这样的买卖，谁不干，谁是憨包。

所以说，老板有老板的难处，员工有员工的难处。

各级领导和公司老板都想让你更有钱

仁怀市区的早餐，从 8 元涨到了 10 元；仁怀的房价，也从 5000 元涨到了 8000 元。人过三十几，稳起就稳起，再一个不小心，二宝也哇哇哇哭喊着来了……

是的，你把希望寄托在这份工作上，希望通过酿酒、卖酒获取成功的人生，希望通过酿酒、卖酒攒下买房子的钱，希望通过酿酒、卖酒养父母育孩子……

你没有觉察到一个事实是，老板的义务并不是给你发工资，而是让你赚钱，甚至致富。为社会提供更多的工作岗位是远远不够的，只有帮助员工致富，顺便完成自己的使命，才是一个老板应有的野心和格局。

只有各级领导和公司老板，还在操劳。这说明了什么？说明他们都想让你、让我，更有钱。

酱酒的“天”也变了

据说，中国所有的产业，几乎都供大于求，最少三倍，最多百倍。仁怀白酒的产量，2012 年是 25 万吨，现在有增无减。当年仁怀的 6 万多口窖池，现在究竟有多少在喂鱼？又有多少在养猪？

我们过早地迎来了低敏感时代。当年，我有第一个手机的时候，一天打了 30 个电话，告诉亲戚朋友我也有手机了。

你今天拿了50万元奖金，买了台宝马，你会开回老家，来回转10圈，逢人就打招呼吗？一个星期以后，你真的还兴奋得起来吗？这就叫低敏感。

“70后”“80后”已然是中年，激发不起欲望；“90后”“00后”就不知道啥叫欲望。对酒二代来讲，我不接上一代的班，既不会没饭吃，也不会没钱花，更不会饿死。

对穷二代而言，我就不当老板、不当官、不发财，碗里有饭，手机有电，也就行了。这就是低欲望。

这与酱酒变天有何关系？别着急。

然而，你还是你

你可能会说，你想消费，就是消费不起、不敢消费啊。对呀，这也是“低消费”，总之就是不花钱呗。

再比如，我们鄙视熟悉，喜新厌旧常态化。你烤了一年酒，干了半年库管，就说自己疲了，想换新的岗位。行政跟着老板屁股撵，没意思；后勤一个月三五千元钱，啥时候能买房？

现在，你可能就在想，春节后要不要换家酒厂？在你看来，换个工作，比换女朋友容易多了。

一年下来，你跑赢了通货膨胀了吗？白酒热，酱酒牛，但大佬们瓜分了红利，你跑赢你的队友了吗？

2019年，可能是过去10年里最差的一年，也可能是未来10年里最好的一年。这话，其实是对老板们说的。

对你而言：你，还是你。

（2020-1）

茅台镇就是个“农贸市场”

茅台镇就是个“农贸市场”

哥（姐）就好好卖酒，我就不信翻不了身。

仁怀有10万人酿酒、卖酒。据不完全统计，管理人员20428人、制曲工6281人、勾调师（工）1034人、白酒酿造工41054人、包装工9971人、设计师（工）812人、销售人员35690人、后勤服务等其他人员13425人。

13万人之众，按照8：2的黄金法则，80%的人也就是混口饭吃，剩下的20%之中，又只有20%的人能够在血肉横飞的厮杀中脱颖而出。

这条路，早就是一片红海。毫不夸张地讲，绝对比你当年高考的竞争还要激烈。

但是，2019年，白酒价格普遍上涨，酱酒热起来。

茅台飞天了！茅台酱香系列酒轻松过百亿。习酒2019年也干了80亿，其中窖藏40亿，单品哦。郎酒也差不多，“中国两大酱香白酒”这个位子，不是白占的。

就是隔壁潭酒，打法也上了道。“敢标真年份，内行喝潭酒”，你以为人家烧钱玩呀。金沙的摘要酒，广告都打到茅台机场了。

茅台镇上，国台、钓鱼台一骑绝尘，“双十名酒”（指贵州十大名酒、遵义十大名酒、中国酒都十大质量奖获奖品牌）企业成长虽快，但还不能代表，更不足以支撑茅台镇。要做酱香风口上的那头猪，你必须在工艺、环境、品牌、品质、文化上有所建树。否则，风和猪，都只属于巨头习酒、郎酒，明星“珍金两台”等，与你无关。

难道你就一点机会都没有了吗？

其实，茅台镇就是个“农贸市场”，而且专卖猪肉。今年的猪肉比往年贵了一些。天天跟着屠夫混，你手上偏偏没油水，你是怪屠夫呢，还是怪猪？

茅台镇就是个“山头”

其他香型、其他产区，上半场已经结束。茅台镇酱酒，下半场才刚开始。所以，某种程度上讲，公司的机会，就是你的机会。

为什么这样讲？因为——茅台镇就是个山头。

茅台镇这个山头，就像梁山那样有108将，谁能够挤进去，在忠义堂有把交椅，谁就能够“大碗喝酒，大块吃肉”，还能“大秤分金银”。

先谈公司。以基酒、以酒庄等纬度为例，浓香基酒的最大品牌是谁呢？是高洲。高洲酒业年产浓香基酒10万吨，论产量，抵得上二分之一个仁怀。

酱香的基酒品牌呢，是×威吗？它是干了基酒这件事，但是，×威既没有占位，也没有能够梳理发展战略。所以，不能把它放到高洲那个层面去比较。

那么问题来了，如果谁能够在当前和未来的时间段内，在酒庄，或者在基酒这些纬度占好位，干实事，那么，它就能够在茅台镇这个山头的108把交椅中，夺得一席之地。

鹏彦为茅台、劲酒的基酒代工量，2019年达到了2万吨，在基酒代工上傍上了茅台、劲酒这两个大款，并且率先进行“有名的酒厂，无名的酒水”占位，“基酒品牌化”已经抢得了先机。

再说个人。公司的机会，就是你的机会。你可以学林冲，独当一面。也可以学李逵，跟定大哥。

我们都在等待奇迹发生

刚才说的，是在茅台镇就是个山头厮混、入门级的攻略。

但是，你可能会说，进入不了排名靠前的酒厂，你说的这些都是扯淡。

是的，酱酒“头部集中”明显，“品牌矩阵”正在形成。白酒和酱酒的头部，都是茅台。酱酒的头部呢？是郎酒、是习酒，还有一个茅台酱香系列酒。它们，成了茅台这个顶级头部之下的肩部、腰部。而珍酒、金沙、国台、钓鱼台等“珍金两台”，基本上把酱酒“上半身”都抢完了。

整个白酒行业，前 20 强拿走了 90%的利润。酱酒也是这样，茅台、郎酒、习酒、“珍金两台”，以及赤水河产区之外的丹泉、云门，等等，瓜分了酱香酒 90%的利润。你和我，不过是在这 10%里头厮杀而已。

“强者恒强”，已成定局。小虾米的机会，必然越来越少。这个时候，跟随其实是效率最高的策略——把话说直白点，拿老板的钱，练自己的手。如果“狗屎运”来了，奇迹发生，再创自己的业。

归根结底：梁山排座次，挤也挤进去。跟着大哥走，吃喝啥都有。

（2020-1）

“三无”和“三有”

茅台镇的“三无”

全世界只有一个茅台镇。全世界只有这个地方，才出产地道的酱酒……

这些话，酿酒、卖酒的小朋友们，说得比我顺溜多了。我要说的是，我把茅台镇酱酒归纳为“三无”“三有”。

我先把茅台镇这个“三无”产品说道说道，你看是不是这个理：

只要不是憨包，都可以酿酒，也可以卖酒。这和卖保险、卖房子不同，既不要求多高的学历，更不考核数学、物理。虽然酱酒很神秘，但我爷爷的爷爷的爷爷，就是这么干的。博士能干，文盲也能干。

这叫无门槛。

OPPO和苹果，消费体验是可比的。格力和美的，技术指标是可量化的。郎酒和飞天茅台、和金酱、和夜郎古、和黔台，怎么比？国台和钓鱼台，怎么量化？酱酒是一个高信息壁垒、低信任的行业，某种程度上讲，比较是个伪命题。

这就是无比较。

千言万语，千方百计，千辛万苦，就是要让消费者把酒喝到肚子里去。这才是卖酒的王道。喝都喝了，怎么售后？

这就叫无售后。

茅台镇的“三有”

天时、地利、人和，茅台镇酱酒在中国白酒中遗世独立，成了“三好学生”。

它好在哪里呢？就好在它有“三有”：

从仁怀市区三号区到六转盘，短短3公里的城市道路上，你就可以完成一瓶酱酒的组合，以及所有工序。这件事情在上海、深圳，30公里内你也干不成。我可以跟你赌一瓶飞天茅台酒。

不要觉得这一切很正常。西南的很多县区市，把吃奶的劲儿都使出来了，奋斗拼搏了一二十年，就是无法构建一个产业链，无法培育一个生态圈。但是，仁怀可以。

这是有基础。

离开仁怀，掏出身份证，每个仁怀人、每个茅台镇人都是酱酒专家，更是销售代表。身在贵州习水，你去跟重庆人说，你老家有栋木材房子，还有三亩地，请他来度假吧。

我并没有鄙视其他县区市的意思。“天赐酱香酒”，站在小老百姓的角度，具体就体现在，它赋能了生长在这块土地上的几乎每一个人。

这是有条件。

只要人类不灭亡，就要喝酒。因为酒和盐一样，既是必需品，还是嗜好品。盐只满足身体，酒却满足精神。

人类还要喝酒，我们和我们的子孙就还要说酒话、吃酒饭、发酒财。不管5G还是AI，都不会影响我们酿酒、卖酒。

这就叫有未来！

“三无”“三有”的应对之道

统计学上有一个有趣的结果：

一个行业，如果是无门槛，或者低门槛，因为它的竞争基数大，所以竞争一定就会很充分。

在酱酒这个“无门槛”的行业，因为“无比较”，所以必须“高信息壁垒，低信任”。这是它的一体两面。

虽然“无售后”，但是，为了在这片红海中找碗饭吃，你就得逼迫自己，不光要有售后，还要比所有人都做得更好。唯其如此，你才能提高成功率。

那些有巨大的资源禀赋的国家、地区，经济往往反而不行。有个名词叫“资源的诅咒”。刚才我还在说“三有”呀，是的，是我说的。跟你打个比方：

仁怀的核心资源就是酱酒，除了这个啥都不挣钱，整个仁怀不是酿酒，就是卖酒。那别的产业就发展不起来，其他行业的人也走了，工厂也走了，整个社会网络就会变得单调。单调的网络，就是衰落的网络。这叫产业挤出效应。

“资源诅咒”“产业挤出”问题，有机会再谈。至于资源富集后形成的“条件”能不能为你所用，那就看个人的本事了。毕竟，富如迪拜也有穷人。

从做买卖、做生意到做企业的进阶之路

茅台镇做酱酒的，分为做企业、做生意和做买卖三类。

做买卖，就是两件事：一是卖什么，二是怎么卖。当然卖酒，但是，卖酒也是可以细分的。怎么卖？那是你的问题。

对茅台镇做买卖的人来说，只管把一亩三分地耕耘妥当，不去做前两类的梦，没有分庭抗礼的妄念，本分地倚天治酒，既能养家糊口，还能发家致富。

我的朋友老江说，“这是社会成本较低，而效率可观的制度设计和社会分工的结果，属于生态圈的良性结构”。

做生意呢，分为三种人，一种是“收钱的”。简单讲，就是“收进来的，就是我的”，这是正常人；二是“藏钱的”，就是只赚不花的，茅台镇上的隐形富豪，成千上万；三是“花钱的”，会赚钱，还会花钱的人，都不是普通人。只有这样的人，也才有可能成为做企业的人。

做企业，并不以资产多少为衡量标准。有的人，即便资产过亿也是个做生意的。啥叫做企业？很简单：不再只做钱的工作，而专注于做人的工作的老板，就是做企业的。

从做买卖、做生意到做企业，是茅台镇酿酒、卖酒人的进阶之路。有的人，停留在第一级；有的人，早晚会跃升到第二级；整个行业 1000 多家酒厂，其中只有 20%的人去做企业。

（2020-1）

在贵州茅台镇，他是怎么成为你的老板的

贵州赤水旅游业发达，“旅游民工”景区里抬个滑竿，也能有碗饭吃。贵州盘县煤炭资源丰富，如果家里没矿，那做个“煤矿民工”，也是人生选择。

在“三无”“三有”的茅台镇，做个“酒民工”其实挺好。问题是，如何成为一名优秀的酒民工呢？

万通老板冯仑说过，人要“学先进，傍大款，走正道”。我觉得，这是茅台镇酒民工的“职场指南”。

“学先进”是为了自己成为先进；“傍大款”是为了结交好企业、自己成为大款；“走正道”是为了避免走弯路，铸造永续经营的坚实基础。倒着来讲：

不能量化的“走正道”，不值得走

走正道，谁都这么说，这个社会上，也没有谁让你去走歪道。“正道”不量化、不明确，其实和歪道也差不多。你觉得“窜酒”不好，老板让你烤“窜酒”你不干。这样的“正道”是没有意义的。“正道”也可以量化，标准就是“五不”：

一不怨天尤人。茅台有句谚语，叫“不会撑船怪河弯，不会犁牛怪枷

担”。毕竟你老板不欠你的，不要动不动怪这怪那。

二不自暴自弃。学历不行，能力不行，改变的机会，除了当年，就是现在。

三不后悔。你又不是小孩子，18 岁后自己做的决定，后悔个啥，后悔有啥用。

四不堕落。现在这个社会，你要怎么堕落，你爹都管不着你，何况你老板呢。所以，慎行。

五不愤恨谁。一旦愤慨谁，你看谁都是方脑壳。

刘强东说得对，所有失败最终都是人不行。少喝点鸡汤，多熬熬骨头汤。总之一句话，不要偷奸耍滑，不要投机取巧。

寄生也是生存之道

三个词、六个字：寄生，再生，共生。

寄生，初中生物讲过。酱酒有 5 个过程、30 道工序、165 个工艺环节，随便把哪个环节做到极致，你就能有碗饭吃。哪怕是你拴丝带比别人快，也有人更愿意找你干活。

拴丝带拴得好了，你能当包装班长，甚至自己拉山头、带队伍，带上 100 人，各个酒厂当工头。跟老板讨价还价，这就是再生。

大多数有点学历的小朋友，是不愿干拴丝带寄生这样的事情的。茅台镇上跟老板讨价还价的工头，多数是低学历的中年人。这些事，早晚得有人接班。谁能够把它整合起来，照样是一门不小的生意。

到这个时候，你就再生了。再生了，你就不再是“打工仔”，而是为你自己打工。

光再生，还不行。就像你的老板，开了公司，有了酒厂也不行，他还必须要与这个行业共生。紧密互利，融入生态。

人也是动物。动物有圈养、有野生、有放养。大多数人其实喜欢圈养，因为圈养有人定点给你喂食，有人定点给你关起来。野生呢，就是弱肉强食、物竞天择。这就意味着，人在心灵上要有强大的力量，肉体上要有强大的体魄。

关于“傍大款”

“傍大款”在这里不是贬义词，指的是与比自己优秀的人合作，找比自己有实力的企业合作。

“搞不懂，跟着走”“认真跟着走，一生不迷茫”，在跟老大、傍大款的过程中，让自己也成为大款。

微软刚开始创业的时候，就跟 IBM 合作，这是“傍大款”；富士康与苹果公司合作，也是“傍大款”。

当然，这既是一种合作，更是一种彼此赋能。思路有了，但谁是“大款”呢?

对企业来讲，就是傍资本，傍市场。作为酱酒企业，不傍茅台是傻瓜。

鹏彦傍茅台，成了茅台镇“富士康”，今年基酒代工 2 万吨；金酱傍资本，演绎了“金酱传奇”，持续增长；夜郎古傍市场，行业标杆日渐巩固。

对员工来讲，就是傍老板。你的老板，就是距离你最近的最优秀的人。

不要怕他不带你玩，你只要天天追着老板走，老板一般不会慢待、薄待学生。和像汪老板、余老板这样优秀的人同行，你不干成点事，你不成功，是不是说不过去呢?

给自己找准对标

给自己找准个对标，不断学习、超越。那么，白酒行业究竟谁是先进呢?

对企业来讲，远学郎酒，近学酣客。郎酒有狼性，习酒我们学不了。酣客呢，就是茅台镇的一条鲶鱼。向鲶鱼学习，向跳皮匠看齐，基本上都是对的。

对个人来讲，就学老板，老板就是老师。“读万卷书，行万里路，高人点悟，自觉自悟。”在我们小烂村，大概率讲，村支书就是最牛的人。你认识谁不重要，取决于你是谁。老板批评你，就是点悟你。老板点悟了你，你就是不能“自觉自悟”，那你要么怪屠夫，要么怪猪肉……

怎么学先进呢？跟着屠夫混，在农贸市场的猪肉摊上进进出出，油水的诱惑太多。所以，首先要“心正方向明”。今天想进厂，明天想去深圳，不把底层逻辑打通，永远无法“走正道”。再牛的青春，也经不起你这么折腾。

在这个基础上，就是“变态专业化”。什么叫变态？不好量化。它的反面是“正常”。满街大学生，全厂尽是从业10年以上的老油条，正常的专业化，已经没有竞争力了。就像酱酒笨、慢、小那样，这个世界最粗暴的真理就是：你比别人更勤奋。

他是怎么成为你的老板的

因为学先进最扯淡的，就是有选择地学习，还美其名曰只学习人家好的一面。我问你，人家是先进你是后进，你如何可以知道人家的东西哪些是好的哪些是坏的呢？你是不是觉得，你老板有时候就是个傻瓜呢？

那你有想过吗，他怎么偏偏成了老板呢？如果以这样的思维方式，你学到的注定都是和你一样的东西，那些你没有的、你现在不理解的先进东西，你一点都学不到。你老板还是你老板，而你注定被抛弃。

请喝下“山荣说酒”炖的几碗骨头汤

这个时代，根本没有怀才不遇。遇和才一样，本身就是一种能力。哪里有离开了遇的才呢？遇，也是一种能力。才，就是遇。遇，就是才。

完成比完美更重要。先像了，再可能成为。营销先要营造。营造是书面语，大白话就是装。

你是谁不重要，别人眼中你是谁才重要。当然，老板眼中你是谁，很重要。

让我们成为别人眼中被需要的那个人。比不看好你更悲哀的是根本没人看你。

员工有两种，一种是被老板关注的员工，一种是不被老板关注的员工。

每一粒熬过冬天的种子，都有一个关于春天的梦想。做好准备，迎接属于你的春天。

（2020-1）

Chapter

16

酒史之道

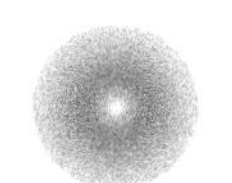

你一定不知道古人有多么爱酒

有酒湑我，无酒酤我

老板请客，他却说：

“你有酒赶紧把酒滤了端上来，没酒，那就赶紧去买啊。”

见过客人这么跟主人说话的吗？见过员工这么跟老板说话的吗？

没有？这不怪你。这是很久很久以前的事了。

很久是多久？答案是2500年。这个场景，始见于《诗经·小雅·伐木》。“有酒湑我，无酒酤我。”白纸黑字地写着，被中国人传抄了2500多年。

科普一下，当年的酒和今天的米酒差不多，酿好后还有糟渣。所以，要“湑”了喝。“湑”就是沉淀、过滤的意思。

宋人有酤者，升概甚平

1吨茅台酒有多少瓶？2000瓶。错！

1吨2000斤，但茅台酒并不论斤卖。你买到的茅台酒，其实是500毫升。所以，1吨茅台酒有多少瓶，正确答案是2124瓶。

茅台人的这个做法，其实2000多年前的战国时期就有了。一个叫韩非子的人写书，记载说：“宋人有酤者，升概甚平。”

翻译成白话："战国时的宋国，有人卖酒，分量很足。"升概是装酒的器具，其实是量器。升概甚平，就是酒提子量酒量得很平，分量很足，没有缺斤少两。

而且，这家人对客人还很有礼貌，所酿的酒又极味美，便在门口挂了一块布片，上书："山荣说酒，客官有请。"

"山荣说酒，客官有请"是我胡扯的。但中国最早的广告，肯定也是中国最早的酒广告，始于2000多年前的这家人，是货真价实的。

谁能喝石酒

据说，古人能喝酒的，多的要喝1石以上。

1石是多少呢？汉代1石=2市斗，1市斗=13.5斤，1石=27斤。

27斤，喝水不行，喝酒却可以。如今，一场喝下3打36瓶啤酒的人，街头并不鲜见。

何况，汉代的酒，酒精度还没有现在的啤酒高。

唐代以后，历史上很少遇到这样的牛人了。难道是没有这样大酒量的人了吗？不是的。只是隋唐时的1石，比汉代的1石大了许多。

大了多少？唐代的1石，大约相当于今天的118斤。难怪唐朝以后，再无动辄喝1石酒的人了。

天醉

史书上说，纣王在位时，每天都喝得烂醉。不要说上班，连几月几日都忘了。问侍从，侍从也都说不知道。

于是，纣王派人去问箕子。箕子对他的手下说："身为一国之主，连同一国的人都忘记了日子，国家就危在旦夕了。一国的人都不知道，只有我知道，我也就危险了。"

于是，箕子也装醉，推说自己也不知道今天是几月几日。

所以，明朝的冯梦龙说，天子昏庸无道，长夜狂醉，可称为“天醉”。连天都喝醉了，那箕子又何必独醒呢？

碧筒杯

北魏时齐州（今济南）太守郑公悫，每年夏天，嫌气候炎热，便跑到济南北面的林子里。

在他的园林里，郑公悫和朋友们纳凉避暑，吃饭喝酒。

酒菜都端上了，却不见开席。只见郑太守派人取来新鲜的大莲叶，放在平时摆砚台的木架子上，并在莲叶里倒了3升酒。

这个架势，比如今流行的“小钢炮”威猛多了。客人顿时警觉，心想今天怕是要喝醉。

只见，郑太守从头上拔下绾定发髻和帽子的铁针，从莲柄捅进去，然后把莲柄弯曲成大象鼻子的样子，含在嘴里，一阵猛吸。太守吸完，宾客轮流吸。据说，那天太守和客人都喝翻了，玩嗨了。

郑公悫的这个发明，江湖上取了个响亮的名号，叫作“碧筒杯”。

至于滋味怎么样，宋代的著名吃货苏轼写道：“碧筒时作象鼻弯，白酒微带荷心苦。”明代杨慎也写过：“酒味杂莲气，香冷胜于冰。”可见用从泉水里生长出来的荷叶喝酒，不仅雅致非凡，而且味道也实在是美妙。

如此看来，喝酒也需要想象力。

历史上疯狂喝酒的那些人

陶渊明，他的名字可以说家喻户晓。一篇《桃花源记》激起了多少人对田园生活的向往，一篇《归去来兮辞》激起了多少人对官场的厌恶。都知他高风亮节，出淤泥而不染，也都知他不为五斗米折腰。

但是，你可能不知道，陶渊明是一个疯狂的酒仙。

古人爱酒的故事

酒和官场的故事，从古至今都纠缠不清。

陶渊明素厌官场，尤不喜与官场中人打交道，但一次酒瘾上来，也顾不上了，与有酒的官场中人坐下一同饮酒。

阮籍，就是魏晋时那个著名的酒疯子。他听说步兵营有人善于酿酒，厨房里美酒很多，于是，他就请求调去任营长。也不管这官是升是降，是实是闲。

比起阮籍来，唐代的王绩更牛掰。王绩因为爱喝酒，便请求去当大乐丞。

大乐丞，大概相当于今天歌舞团团长或者乐队队长。国家祭祀的时候，负责奏乐。所以，大乐丞是一个几乎是个闲职。

关于王绩和酒，有必要多说几句。王绩爱酒，他常常是乘着牛车，途经酒店，闻香下车，开怀畅饮，数日不归。经常醉酒，醉了便随便倒地，醒后复饮。

王绩还钻研酿酒。他立祠祭祀酒祖杜康，尊杜康为酒师。而且，他还写下《酒经》《酒谱》各一卷。

屠苏酒的起源

史书上记载说，腊八这天，王莽把椒酒献给汉平帝。古人认为，这就是屠苏酒的起源。

宋代诗人王安石的《元日》诗："爆竹声中一岁除，春风送暖入屠苏。"说的就是正月初一，人们在家中要饮屠苏酒，以避瘟疫。

李时珍《本草纲目》中收录有屠苏酒的配方，内有蜀椒、桔梗、大黄等中药，所以，屠苏酒是一种药酒。

"王莽献椒酒"，这种椒酒，是比屠苏酒更早的一种药酒。

刘邦斩蛇起义

汉高祖刘邦年轻的时候就喜欢喝酒。

当时他在泗水当村长，入不敷出，经常找王媪、武负赊酒喝。古人据此认为，赊酒的名称就是从这时出现的。

刘邦的这个锅，一背就背了2000多年。

一次，刘邦往骊山押送劳工。押送途中的夜里，他喝得酒气冲天，当晚抄小路通过了湖沼地带后，派往前面探路的人回来报告说："前方有条大蛇挡住了去路，我们还是回去吧。"

刘邦醉意浓浓，走路都有些摇晃，但是也拔剑霸气地说："好汉行路，有什么可害怕的！"于是上前将大蛇斩为两段。这就是刘邦斩蛇起义的故事。

雷人的下酒菜

有个叫卞彬的人也喜欢喝酒，他的过人之处在于，喝酒的时候把酒壶、酒瓢也喝了。

这是怎么回事呢？史书上说："以瓠壶、瓠勺、杬皮为肴。"

瓠壶是一种装酒的大腹容器，估计和葫芦类似。瓠勺，说白了就是舀酒的瓢。杬皮呢，据说是一种乔木的皮，煎汁可贮藏和腌制水果、蛋类。但是，卞彬喝酒，以瓠壶、瓠勺、杬皮做下酒菜。

够雷人吧？

酒鬼的境界

一月 29 天醉，胜过世人 29 天醒

绍兴，地灵人杰，出了很多牛人。比如西施，比如鲁迅。但我说这个，你可能没有听说过。

他叫孔觊。年轻的时候，孔觊就正直有气节，但性情急躁，酗酒任性。

绍兴产美酒。孔觊每次喝醉，总是整天不醒。对同事难免欺凌轻慢。而且，孔觊不愿意讨好那些有权有势的人物。那些人对孔觊，却又怕又恨。

孔觊不置办产业，家里经常很贫困。有钱无钱，回家过年。孔觊毫不在意。后来，孔觊办公的时候，手下的人都很畏惧他。他不叫上前，就不敢上前；他不让离开，他们就不敢离开。

孔觊虽然喝酒的日子居多，但是，他清楚自己是干啥的。他酒醒的时候处理政事，从来不曾耽误。所以，当地老百姓说："他一月 29 天醉，胜过世人 29 天醒。"

后来，宋世祖孝武皇帝刘骏发现了他。但是，即便孝武皇帝每次想见他，都得先派人看他究竟酒醒了没有。

酒鬼的至高境界

有个叫郑泉的酒鬼，嗜酒如命。在他看来，完美的人生应该是这样的：

“愿得美酒满五百斛船，以四时甘脆置两头，反覆没饮之，惫即住而啖肴膳。酒有斗升减，随即益之，不亦快乎。”

郑泉的人生理想，就是能够得到500船美酒，并把一年四季的甘脆果蔬放在船的两头，喝了船尾喝船头，就这样把自己淹没在酒里，喝累了就停下，停下来吃佳肴，吃完再喝酒。酒哪怕只减斗升，随时添加就好。这是何等的快事啊。

酒徒不可怕，可怕的是废物。郑泉嗜酒，却博学多才，被孙权征召为官。后来，他代表孙权到白帝城与刘备讲和，借着醉酒撕下刘备的面具，点出刘备称霸的野心。

郑泉可以敞开窗户说亮话，不怕刘备尴尬。如果发生什么不愉快，郑泉可以睡一觉后去道歉，对不住啊，我先前喝醉了。郑泉的“醉话”让刘备十分惭愧，最终答应了东吴提出的停战协定。

郑泉临终，对前来看望他的酒友说：“一定要把我葬在陶器工场旁边。百年之后尸身化成泥土，或许有幸被取材做成酒壶。实在是没有比这更能令我高兴的事了。”

名士风流学不来

大雅，必有大俗。这两个从来就是天生的一对。

阮咸，这家伙像阮籍那样，也十分好酒。有一次，他和族人聚会，竟然以一口大盆子盛酒，然后大家围坐在一起，相向对饮。

可能是在野地里，或者说相当于野炊的缘故吧，正喝得高兴的时候，一群猪也跑过来喝酒。阮咸这厮，便跟着那群猪一同喝酒。

怎么戒酒才有范儿

我有故事，你却戒酒了

来说说古人戒酒的故事吧。

司马睿，东晋开国皇帝。他生性节俭，但却嗜酒如命。

后来，司马睿经历了一番征战，即将渡过长江，成就一番事业。王茂弘与他是老朋友，痛哭流涕地劝告他不要嗜酒。司马睿很感动。但他想了想，让人端来一杯酒，一口喝下，把杯子倒放在桌子上。

从此，司马睿就不再喝酒了。

陶渊明好酒，这是大家都知道的。但陶渊明的曾祖父陶侃喝酒却非常克制。每次喝得正高兴，他已是尽兴量满。人们问他为什么，他回答说："小时候喝酒，经常失礼。逝去的双亲好像就看着我，所以不敢多喝啊。"

如此看来，干大事的人，都是能够控制自己的。

戒酒从来不是件容易的事情

《宋书》里说吏部侍郎王悦喜欢喝酒，逢酒辄醉，有时甚至长达半月之久。

但是，每次醒来，王悦便又后悔了，只得立马端正严肃起来。堂哥王泰于是对王悦说："酒虽悦性，亦所以伤生。"

"酒虽悦性，亦所以伤生"，古有例证，今有教训。大凡饮酒可分为两大类：

一类是高雅之饮，像李白、杜甫等大师级人物，虽然喝的多，但不误事。

二类是狂喝滥饮，像纣王、子反之流，不仅误事、误国，甚至丢了性命。

中国酒没有原罪

《酒诰》，是中国第一篇禁酒令。

这件公文，其实是周公平定武庚管蔡之乱后，封康叔于殷都旧地妹乡对卫国君臣颁布禁酒令的诰辞。诰文充分体现了周公宽以治民、严以治吏以及怀柔殷遗、尊重民俗的治理智慧，是一篇不可多得的上古政学经典。

《酒诰》有言："文王诰教小子有正有事，无彝酒。越庶国饮惟祀，德将无醉。惟曰我民迪小子，惟土物爱，厥心臧，聪听祖考之彝训，越小大德，小子惟一。"

意思是，文王告诫各地各级官员以及朝中各位大臣与他们的子弟，平时不许无故饮酒，只在祭祀之后可饮，但也要端庄稳重，不可醉酒失态。文王还说，我们的民众要教育子孙后辈，不要把土地出产的粮食轻易浪费了。

这样教育子孙，就会激励他们热爱劳动，同情农夫，心地就会变得善良；教育他们善于听取长辈们深邃的人生见解及其丰富的生活经验，并且要求他们把重大品行操守与日常生活小节兼顾统一起来，不要以为酒德有失无关大节，酗酒乱性照样有失人品。

酒鬼怎么找工作

郦食其，开封人。穷困潦倒，穿衣吃饭都成了问题，不得已，他在县城里当了一名里监门（相当于地保）。

刘邦率军路过开封。郦食其前去求见，说可以帮助列邦成就大业。

门卫通报进去，刘邦问，这是什么人呀？门卫回答说，看他穿得像个读书人。刘邦素来对读书人有种偏见，于是拒绝了。

门卫照实说了，郦食其两眼一瞪：

“你再告诉刘邦，我是高阳酒徒，不是什么读书人。”

刘邦得知，高喊：“快把客人请进来！”

这便是郦食其求职的故事，“高阳酒徒”的典故便源于此。

等我以后富贵了，再还你的酒钱

潘璋，山东冠县人。潘璋天性放荡，喜欢喝酒。

年轻时家中贫穷，潘璋只好赊账打酒喝。债主上门讨债，这厮竟然说：

“等我以后富贵了，再还你的酒钱。”

如果你以为他忽悠债主、吹牛皮，那你就错了。因为后来潘璋跟随大老板孙权东征西讨，作战十分勇猛，不断升迁。特别是在合肥之战、追擒关羽、夷陵之战中，潘璋还多次立下战功。

有其父必有其子

孔文举，就是孔融。你小时候一定听说过他小时候的故事——“孔融让梨”。

孔融有两个儿子，大的6岁，小的5岁。

有一次，孔融白天睡觉，小儿子就到床头偷酒来喝。

大儿子对他说：“喝酒为什么不先行礼呢？”

小的回答说：“偷来的，哪能行礼呢。”

喝酒的套路

盖宽饶，曾经做过司马。

同僚许伯乔迁新居，朝中官员都去道贺，盖宽饶却没去。许伯专门请他，他才去。他从西边的台阶登上许伯家厅堂，被安排在面朝东的特殊尊贵的座位上。

许伯亲自为他斟酒，说：“因为您后来。”盖宽饶说：“不要给我多斟酒，我是个容易借酒发狂的人。”

这时，丞相魏侯笑着说：“次公清醒的时候也敢发狂，为什么一定要酒呢？”

在座的人都看着盖宽饶，对他十分谦敬。

关于白酒，这个“悬案”你不得不知

李白也喝白酒乎

白酒一词，在历史上很早就出现了。

“白酒新熟山中归，黄鸡啄黍秋正肥。”李白说的这个“白酒”，我敢打赌，与今天的“白酒”肯定不是一个概念。

现代把高粱、玉米、甘薯等粮食，或某些果品发酵蒸馏制成的酒，通称白酒。现代人口头说的“白酒”，也是从这个意义而言的。特点就是无色透明、酒精含量高。

水浒好汉喝“白酒”“解渴”

宋代的水浒好汉们，喝“白酒”竟然能“解渴”。开玩笑吗？

其实，那时的“白酒”只是用大米酿造的非蒸馏酒，之所以叫“白酒”是因为酿酒时全用白曲，成品酒的颜色是全白的。

这种“白酒”，用炭火烧烤，通过高温把酒液里的微生物杀死，把成品酒烧出浓浓的煳香味，延长了保存期，则又称作“烧酒”。但这不是蒸馏酒，因为只是高温灭菌，并没有经过蒸馏提纯的步骤。

水浒好汉们所喝的酒，即使是“白酒”，也不过是带点酒精的甜饮料而已。

中国葡萄酒的由来

早在先秦时期，葡萄酒的酿造技术就已经在西域一带传播。史书上说："大宛在匈奴西南，在汉正西，去汉可万里。其俗土著，耕田，田稻麦。有蒲陶酒。"

公元前138年，张骞奉命出使西域，看到"大宛左右以蒲陶为酒，富人藏酒至万余石，久者至数十岁不败。俗耆酒，马耆目宿"。对当时的西域人而言，葡萄酒是生活中必不可少的东西。

而在张骞开辟丝绸之路后，葡萄酒和它的酿造技术也随之被带进了中原。中原人种植葡萄的面积开始扩大，葡萄酒的酿造业也就渐渐出现。很快，葡萄酒便以它独特的色泽和滋味，在中原开辟了市场。

到了东汉时期，葡萄酒便开始出现在一些达官贵人的宴席上。这时，葡萄酒还显得比较珍贵，《三国志·明帝纪》中的一段注，记载着汉灵帝时期，伯郎向常侍张让行贿，"以蒲桃酒一斛遗让，即拜凉州刺史"。

一斛，大概相当于60公斤。仅仅120斤的葡萄酒，就可以得到凉州刺史，足可见当时的葡萄酒有多么珍贵。以至于后来苏轼十分感叹地说："将军百战竟不侯，伯良一斛得凉州。"

喝酒喝出花样来

“陈三更”“窦半夜”

人们把三更半夜才睡觉的人，称之为“夜猫子”。“三更半夜”，是夜已经很深了或时间已经很晚了的意思。

在宋代，“三更半夜”一词却是源于两个人，一个是“陈三更”陈仪，一个是“窦半夜”窦俨。他俩都是宋太宗时的大名人。

陈仪、窦俨、胡旦、赵昌言4人，都是一时俊杰，志趣相投。他们常常在赵昌言的家里喝酒，每天晚上都要喝醉，直到打更的人来到马车旁叫喊，还不散去。陈仪用马鞭指着打更人说：“金吾不禁夜，玉漏莫相催。”从此，人们把陈仪、窦俨称作“陈三更”“窦半夜”。

古人的一更相当于现在的19点到21点；二更是21点到23点；三更是23点到凌晨1点。三更为子时，正是半夜时分，也是夜间最为寒冷的时候。

“三更半夜”能成为人们的一个常用俗语，还不得不提宋朝的夜生活。宋朝的夜生活对比前朝各代而言，是相当自由和开放。夜市闹到“三更半夜”在唐朝是根本行不通，因为在唐朝，城市生活是实行宵禁的。

醉死，呜呼哀哉

墓志，就是在墓里刻有死者生平事迹的石刻，也指墓碑上的文字。

唐朝的傅奕，有一次喝醉了酒，躺了好几天，忽然坐起来，为自己做了一段墓志：“傅奕，青山白云人也。因醉死，呜呼哀哉！”写完后就死了。

傅奕是河南安阳人。精于天文历数，生前多次上奏废除佛教，但没有成功。他生性豪达，所以才有“吾其死矣”的说法。

《幼学琼林》中有记载：挽歌始于田横，墓志创于傅奕。

宁无饭勿无酒

李元忠，北魏赵郡柏人，擅长医术。

后李元忠走上仕途，唯喝酒的嗜好怎么也改变不了。不管走到哪里，李元忠都得带着酒壶。

有的官员和李元忠说：“你官做到这么大，就少喝酒吧。”

李元忠说：“我宁可没有饭吃，也不能没酒喝。”

后来，马常听说了李元忠宁无饭勿无酒的事，就把李元忠请来，想看看李元忠到底能喝多少酒。他叫人搬来三坛子酒，对李元忠说：“你要是能把这三坛子酒全喝了，我就保举你当太常卿。”

李元忠一听就乐了，有酒喝还能升官，这好事到哪里找去啊。

李元忠点头应承，叫着：“快倒酒，馋死我了。”

三坛子酒被李元忠全喝光了，把四周的人都看傻了，我的妈呀，这哪是喝酒啊，就像喝凉水一样啊！马常也没食言，果然推荐李元忠当了太常卿。

因酒为官，这也算是奇谈吧。有人说，如果李元忠不去做官，一定是一个好医生。也有人反对，说李元忠不去做官，在历史上想留名太难了。但当官之后总是喝酒，还有多少时间为老百姓办事？所以，李元忠政绩方面的历史记载很少。

Chapter

17

滋味之道

茅台镇的正确打开方式

跟着美酒去旅行，是一件非常美妙的事情。

就算不是白酒专家，也有许多人会抱着观光或学习的心态，前往贵州茅台镇参观。

作为中国酱酒的原产地、主产区，茅台镇具有极大的观光吸引力。每年前往茅台镇的观光客人数据说高达数百万人。

为了让难得的茅台镇之旅更具意义，我想在此分享一些心得。

首先是“一不小心就会做的行为”：“所有菜，都太辣了。”“难道只能住民宿吗？”“茅台镇，感觉好遥远啊。”“好吧，就去你家酒厂看看。”……

旅行的方式全凭个人喜好。我并不否定上述说法，只是如果不小心你这么想、这么认为，可能就没办法充分享受茅台镇酱酒之旅了。

1727年，茅台镇从四川划归贵州管辖。当地的饮食、习俗，与其说是贵州的，毋宁说是四川的更贴切。“怕不辣”的当地菜，堪称特色。

因为一瓶酒，茅台镇产值逾千亿。如此傲骄的经济实力，各式酒店自然应有尽有。

茅台机场早与数十座城市通航。前往茅台镇，如同你前往国内任何二、三线城市那么便捷。

茅台镇上满大街的“黄牛”，他们总是试图把任何一个外地人都请到自己的酒厂去，这没毛病。但你如果完全听信他们的话，可能就会影响你接下来的酱酒之旅了。

终于要前往酒厂了。此时最重要的是欣赏车窗外沿途的风景，把一路上的湖光山色铭刻在记忆里。这是加深酱酒了解的第一步。

在不同的季节前往参观，还有机会欣赏到满山坡的红高粱，或者院墙边的三角梅，以及或清澈或赤红的赤水河……

试着向负责开车的当地人丢出连环炮般的问题吧：

“这是哪里啊？”“那是什么东西啊？”……也别忘了掏出手机、相机拍摄大量的照片。

就这样一路到达酒厂。

先在向导的带领下参观酒厂。当地人喜欢用“12987”这组数据来概括茅台镇酱酒的工艺特点：

传统工艺的酱酒，都讲究一年一个生产周期、两次投料、9次蒸煮、8次发酵、7次取酒。

然而，你要知道，并不是所有的酱酒都会采用这种工艺，比如碎沙、翻沙酒。采用这种工艺的酒，也并不等于就是大曲酱酒，更不等于茅台酒。

亲眼看到酱酒是怎么酿造的，远远不够，你还可以参观一下酒厂的制曲——与世界上所有其他烈性酒、葡萄酒不同，白酒是以自然培养的大曲作为糖化发酵剂的。“粮是酒之肉，曲是酒之骨，水是酒之血”并非虚言。

至于贮存、勾兑，分别对应你所熟知的老酒，那是一家酒厂的底气，以及这个行业的大师们，那是每家酒厂的核心竞争力所在。

至于包装嘛，虽然茅台酒至今是手工包装的，但这个环节完全可以自动化的。

看了这些，记得放眼瞧瞧窗外酒厂周围的景象，特别是窗外的赤水河。了解酒厂的环境、历史，当地的习惯、风俗，就等于是深入了解了茅台镇酱酒。

参观完酒厂之后，便转往当地人会造访的餐厅，品尝当地菜与刚才访问的酒厂所酿造的酱酒，亲身体验酱酒与菜肴共谱出的美好滋味……

酱酒虽好，可不要贪杯哦。如果你“喝饱”了酱酒，只听了一些关于酱酒酿造方式的演讲，这与你上网查询，也就没有什么两样了。

如果还没有忘记带点伴手礼，那就买点酱酒吧。用当地人的话说：“茅台镇酱酒，再否（pǐ，坏、恶）都有七成。”

（2020-7）

“唱”不出来的酒都不是好品牌

2003年，春暖花开时节。

我在成都街头，上蹿下跳卖酒。挤进八一宾馆，从一楼到五楼，春糖的展厅中，过道旁，房间里，都飘出同一个声音：

“神秘的赤水河哟，静静在流淌，风情万种，一路芬芳……”

这首歌，名叫《赤水情》。这一幕，是因为当年的春糖、仁怀酒企的电视宣传片，不约而同选择《赤水情》作为背景音乐。

一年一度的成都春糖，这一幕大概持续四五年之久。后来，又突然销声匿迹。

有人考证并且煞有介事地说，是因为《赤水情》被赤水市列为市歌。热爱赤水河的酱酒人，觉得不能再为赤水市作嫁衣，再次不约而同地放弃了《赤水情》。

前几天，陈月海在公众号推送他的得意之作《花开的池塘》，我在转发朋友圈时写道：

音乐和酒，都是人类社交最重要的解决方案之一。

既然音乐是社交解决方案，那么，音乐就有两个属性：

功能属性。对我这个五音不全，除了《国歌》再不能完整地唱一支歌的人来说，就是“好听”。当然，每个人心目中的“好听”不一样，也因此，每个人都有自己心目中“最好听的歌”。

价值属性。音乐是社交标签。唱《国歌》，象征和宣示一个国家的力量；播《赤水情》，寓意和表达仁怀酒行业对赤水河的崇拜。可见，音乐的场景，本质是人与人的链接方式。不同的社交，需要不同的链接方式，需要给音乐赋予不同的价值标签。

所以，不同的地方和不同的人，就有不同的音乐。

这些，我都知道。我想说的是，一支歌成功与否的重要标准是“传唱”；传唱的量化指标是“当你……（情绪或社交场景）你会唱（听）哪支歌”？

2018 年 10 月，“酒歌”在仁怀刷了一下屏。

10 月 17 日晚，首届中国酒都酒歌大赛在仁怀市茅台镇举行，决出“酒都歌王”，还发布了中国酱酒节会歌《为丰收去拼搏》。

4 月初，仁怀市文联、仁怀市酒业协会、仁怀市音乐家协会等单位，联合主办了仁怀市酒文化歌曲征集创作评选活动比赛，评委会从近百首词曲作品中评选出 24 首。第二届中国酱香酒节组委会对优秀作品进行了提升编配制作，作为酒歌大赛参赛曲目。

用我刚才阐述的观点，“酒歌”是什么歌呢？是酿酒的歌，是喝酒的歌，是醉酒的歌，这么说，也对，也不对。

在这里，在仁怀，“酒歌”其实成了酒与人的连接方式，是情绪、情谊、情趣的表达。

所以，我们决定把“酒歌”汇编成册。一来立此成照，究竟有用没用，时间才知道。二来替你着想，“当你需要的时候，你可以翻一翻《酒歌——首届中国酒都酒歌大赛获奖作品集》”。

感谢所有关心、支持和参与到首届中国酒都酒歌大赛中来的每一个人，我们就不一一点名道谢了。音乐是世界的语言。我们这份情谊，想必你懂的。

哪怕它不尽如人意，毕竟我们正在努力，我们试图以音乐连接你、我、他，以音乐连接仁怀、酱香和世界。

（2019-1）

酒桌上没有台词，你让演员怎么演

宴请时，国人惯常的说法是“请您吃个便饭”。

“便饭”通常“不便”。无论是星级酒店里的高档宴席，还是街头巷尾的居家宴请，总不忘“来几个下酒菜”哦。

既然是宴席，酒一定是要喝的。既然要喝酒，那就一定得有下酒菜。

在波尔多、勃艮第，据说你只要点杯酒喝，配菜就自动送上来了。在法国的一些高档餐厅，葡萄酒才是“中心”。甚至由侍酒师根据酒的不同，来决定吃什么菜。

只是据说，我没有亲眼见。我亲眼见到的，是国人喝茅台或五粮液，菜肴并没有任何显著的不同。

宴席之上，“吃顿便饭”的潜台词已转换为“喝个酒呗”。菜自然不那么重要，酒才是重点了。

酒桌上的各式菜肴，或丰或俭。一上桌，主人、客人一番客套后，不约而同拿酒作引子，打开话题。

哪怕是满汉全席，哪怕主人精心安排了好几道“硬菜”，大家多半是不会拿菜说事的，那都是宴席开始之前的事情。

酒才是餐桌、也是宴席的中心。这是毋庸置疑的。啰嗦这么一通，说明的也不过是这么一个浅显的共识。

这是资深酒鬼的默契。

那么问题就来了，白酒成为餐桌的中心、成为社交的工具后，餐桌成员怎么“表演”呢？

我想不外物理、精神两个层面。物理层面，就是酒本身的品质、工艺、环境等。精神层面，不外文化、品牌。

在好几次喝五粮液的宴席上，一帮土豪男人说起白酒都滔滔不绝，但具体到五粮液本身，无论品质、工艺还是环境，说来说去就那么几句话，老套得不行。

这样的情况，在茅台、在酱酒为主角的宴席上，情形完全不同。聊到品质，从品评到陈年，每个人好像都是专家；聊到工艺，人人都能拿“12987”侃得唾沫横飞……

在这里，我并没有拿五粮液和茅台做任何对比的想法，而是我感觉到：在国人的消费场景和文化中，白酒作为餐桌的中心，物理层面谁给消费者准备了话术？精神层面谁给消费者准备了道具呢？

我把问题复杂化了。简单点讲，酒是食品，更是消费者、是餐桌上的“道具”。道具有了，没有台词，你让演员怎么演？

一瓶酒营销的高下、包装的优劣，从这个角度来讲，立马就会有不同的感受。

而所谓的品牌，恐怕也不过是把这些细节做到位了而已。

物理层面，从品质、工艺到环境入手，以酒水为载体，落地为话术。谁的说法更深入人心，谁能让消费者记住，甚至成为消费者的“台词”，那么，谁就更胜一筹。

比如，酱酒的适口性及其“品三口，饮三杯，喝三次”等，本质上讲，就是为消费者准备的台词。

精神层面，从文化、品牌入手，以包装为载体，落地为故事、为道具。谁的故事更为消费者所接受，甚至让消费者觉得是不可或缺的“道具”，那么，谁就更得人心。

（2020-5）

茅台鸡尾酒，看完你才懂

波多黎各有冰镇果汁朗姆酒，新加坡有新加坡司令鸡尾酒。

由于“玛格丽特”这个充满魅力的鸡尾酒名，龙舌兰酒逐渐为大众所熟知，并大为流行。

而茅台希望，以茅台酒为基础，配有猕猴桃泥、柑橘果汁、薄荷叶、麦卢卡蜂蜜、柠檬汁和苏打水的“茅台鸡尾酒”走出国门，受到老外的认可和喜爱。

茅台这个想法早就被践行：柠檬汁、龙舌兰酒、君度橙酒与冰块放入搅拌机调和后倒入杯中，以水沾湿杯缘再沾上盐，然后就着杯口喝。这就是所谓的“玛格丽特”。

这款鸡尾酒，由1949年洛杉矶的调酒师调制，“玛格丽特”——是他因狩猎意外身亡的初恋情人的名字。

这款后劲十足的鸡尾酒，因为这个凄美的爱情故事，被更多人所熟知……

有一种说法，鸡尾酒起源于美国独立战争时期。

那时，“茅台村地滨河，善酿酒，土人名其酒为‘茅台春’”，已然被记录下来。

美军战士帕特里克意外战死，1779年，他年轻的遗孀佩姬开设了酒馆，亲手调制各种酒，并以低价供应给士兵饮用，以提高他们的士气。

一天，佩姬潜入反对独立的王党派人士家中，偷出对方珍爱的带有美丽尾羽的公鸡给宰了。吃完后，士兵们才发现搅拌酒的棒子，竟装着他们熟知的那只公鸡的尾羽。士兵们惊觉，自己吃下了王党派的公鸡。

以公鸡肉为佳肴再搭配上混合调制的酒，令士兵们振奋不已。换句话说，鸡尾酒是独立战争时鼓舞战士们英勇作战的酒。

这个故事，又与美利坚合众国的诞生关联，听起来是不是很酷？

我不知道，“茅台鸡尾酒”是否真像茅台说的那样，成了欧美当地的招牌鸡尾酒。

山荣主观猜想，这事目前来看，茅台八成有些一厢情愿。

20 世纪，美国站上了世界的中心。随着运输系统的发达，人们可以轻松获得世界各地不同种类的酒。于是，美国发展出了鸡尾酒的饮酒文化，进而普及至全世界。

鸡尾酒如同“水果拼盘”，可以并存各国文化。这是只有移民之国美国才可以发展出的饮酒方式。

说穿了，鸡尾酒就是一种“酒的料理”，让嬉戏娱乐融入酒文化中。

20 世纪中叶，茅台引领了中国白酒的“勾兑”。这个勾兑，虽然没有“美式鸡尾酒”那么开放、那么杂糅，但好歹也是“用不同轮次、不同年代、不同口感的酒调和在一起，使之达到预期的口感”。

某种意义上讲，这算不算“中式鸡尾酒”呢？或者说，大师勾调的茅台酒，就是“中式鸡尾酒”呢？

鸡尾酒一般以威士忌、金酒、伏特加等酒精浓度高的酒为基底——偏偏没有白酒。

美国是开放的，世界是包容的。随着文化茅台·多彩贵州“一带一路”行的推进，茅台鸡尾酒走进了更多老外的视野中。

白酒“走出去”，文化要先行。当茅台遇上鸡尾酒，首先是一种“喝法”，其次才是一种“文化输出”。那么，炫酷的“茅台鸡尾酒”能承担起茅台国际化的重任吗？

鸡尾酒的厉害之处在于，不同的酒文化通过鸡尾酒的交集，延伸出新的酒世界。事物总有两面性。这种象征全球化的饮酒方式，虽衍生出了更多丰富的酒精饮料，却也让细细啜饮之陈香的饮酒方式随之萎靡。

我的建议是：不做则已，要做，就得在鸡尾酒上下点功夫。

否则，很可能搞成 20 世纪 90 年代出品的那款“茅台威士忌”，不中不西，不了了之。

（2019-6）

我就是喜欢清淡、柔和的酱酒

作为一个普洱小白，打着“跨界”的旗号，我去了一趟勐海。

当时就想，要不拿普洱和酱酒杂糅说事？回来以后，却不知从何下手了。

临返程时，喝了朋友一泡刮风寨古树茶，印象深刻。

喝那泡刮风寨古树茶时，朋友的“茶礼”很隆重，极尽科普、演示之能事。

我扪心自问，我真的不知真假，也无从判断优劣。但三泡之内，我便感受到了它的野性。香气很足，滋味确实浓烈，口感也还细腻。

刮风寨古树茶，于普洱是传统的、优质的吧？就像茅台镇产区的酱酒，不管你喜欢不喜欢，它都是行业标杆式的存在。

但是，无论是在葡萄酒还是白酒又或者茶叶之中，至少在顶级层面，“可口好喝”一直不是个太正面的形容词。

葡萄酒世界华人圈子里教父级人物林裕森先生说过：“就好比好莱坞的商业片，通俗易懂，符合大众口味，娱乐性高，却鲜少得到影评家的青睐。”

对骨灰级茶客而言，复杂多变永远比简单易饮来得重要，坚实耐久也一定比顺口好喝更有价值。有人把老班章古树茶比喻成中国男人中的康巴汉子……

仔细想想，无论是茶，还是葡萄酒，或者是白酒，竟然都是如此。

受国际风潮影响，越来越多葡萄酒走向颜色深黑赤浓、口感厚实艰涩的风格，甚至因过度人为操控而失去生命与灵魂。

白酒更是如此。最近几年，不只是老酒、次新酒开始“抬头”，就是普通酱酒，也愈来愈强调自己与茅台的近似之处。

然而，如果不是经受过训练和暗示，大多数人都不会喜欢喝那些“重口味”的刮风寨古树茶或者老派酱酒的。

就像许多经典的艺术电影，不是都常让人昏昏欲睡嘛。

“我还是更喜欢口感柔和、更偏甜一点的酱酒……”朋友向我咨询，他还没有说完，我便感受到他内心的忐忑和不安。

他也许觉得，清纯、清爽、轻淡、柔和、柔醇的酱酒，实在是一点也不高雅，而且过于通俗了，完全没有传统、没有艺术价值。

其实，像玫瑰香气泡酒等，就是酒精度很低、大多带有甜味，也都有些气泡，就像是葡萄酒版的碳酸饮料——这样的酒，在葡萄酒领域受到越来越多人的喜欢。

普洱茶里，我记得五正熟茶“柒克”，走的其实也是这样的“轻薄”调性。一次冲泡一袋，免洗，可以用茶杯直接冲泡。

酱酒呢？试想一下，跟平时喝江小白、特曲的朋友们聚会，带上茅台或者国台、钓鱼台，其实对他们反而是一种折磨。

也许我太主观了。我想说的意思是：那些“轻薄”的、“偏甜”的、不太具有陈年价值的酒，在某些时刻照样带给人乐趣和享受。

我参加过 WSET 学习。有的葡萄酒资深人士，其实也是皱着眉头品尝浓涩的红酒。如果只是为了附庸风雅，那么勉强自己喝这些酒的代价，除了昂贵的价格，还有充满痛苦的体验。

不妨让自己轻松一点，忘掉品评，忘掉专家意见，忘掉风雅，偶尔喝一些通俗的、柔和的酱酒，喝一些轻薄的、简单的普洱茶，其实挺好。

不必一味追求名牌、名山头的光环，只需将它当成饮料，回到真实日常，回到美味自身，你会发现，轻与淡也有其不凡的价值。

（2020-5）

在成为亿万富翁之前你该喝什么酒

有人旧闻新发：

1070 万元！这 2 瓶茅台酒，刷新茅台酒拍卖成交最高价。

一瓶是“汉帝茅台”，2011 年以 890 万元的价格成交；一瓶是 1935 年的赖茅酒，当年以 1070 万元的价格成交。

后者一举成为中国白酒拍卖历史上的标王，登顶“中国白酒之王”。

曾经，酱酒只有茅台酒；后来，酱酒可以分为两种：茅台酒和茅台镇酒；现在好像也多了几种：赤水河产区酒、其他产区酒……

面对陈年茅台、老班章古树茶、库克香槟这样的顶级好物，除了暗自感叹，也只能梦想自已有一天可以成为亿万富翁。

但成为亿万富翁之前，你总得喝酒吧，那喝什么酒呢？

自从去了老班章，我敢断言：家里那堆“老班章”古树茶，只有包装上印着的“老班章”三个字是真的。

所以，与其喝芳村茶商或勐海茶人嘴里的“老班章”，不如喝湄潭绿茶，或者去勐海街上转一圈，找茶农买 300 元左右一公斤的古树茶，压饼拿回家。

然后，一饼送人，一饼留着，一饼打开，来人就泡上一泡：勐海买来的古树茶，来一泡？

在你成为亿万富翁之前，你要记得：

不要买电视购物里 9.9 元一瓶还包邮的茅台镇酒，也不能买某平台上号称口感与茅台酒近似度达98.2%、100多元6瓶装的飞天酱酒。重要的是，你要明了：

茅台镇上，也有工薪阶层买得起的“300元左右一公斤的古树茶”。不止于国台、钓鱼台，比如300~500元、500毫升一瓶的“酣客”“初心”……茅台、郎酒、习酒有100款以上的产品，都比它来得昂贵。

如果你的收入跟我一样微薄，那么，我们可以不必再关注茅台陈年酒、生肖酒以及老班章古树茶的价格了。

（2020-5）

茶农与酒老板的核心竞争力

因为一片树叶，今天的老班章村民，据说年入百万很是稀松平常。

在进入老班章的颠簸的乡村公路上，我留意到，勐海县城的房产广告贴得到处都是；农村信用社直接开到了老班章村口……

深山里的老班章，过去注定是寂寞的、平静的，是中国最不起眼的那种乡村。

毕竟山头阻挡，森林覆盖，交通不便，物产单一，又没什么矿藏和名人，100多户人家的小山村，犹如一座香火不旺的庙宇，被充分遗忘是合情合理的。

但今天，一切都鸟枪换炮了。

如果要在酒行业找一个类似茶行业老班章这样的地方，还真有且只有茅台镇。90年前，今天茅台镇的建制也是个村（茅台镇1930年建镇）。

两地同属农产品加工，但白酒显然更加高度专业化分工了。从原料种植到销售之间的无数过程，都发展出专业的学科与部门。

无论是酒厂还是酒商，为了让管理更加精益求精，管理者都尽可能聘任专业的人才来负责各项工作。

老班章99号的主人高小平，在接待我们时虽穿着拖鞋，皮肤黝黑，双手也脏兮兮的，但出手阔绰。老班章茶农高小平，只是现代商业流水线上的一环。别急，就像勃艮第的葡萄农自己经营酒庄那样，老班章99号茶农高小平也经营着自己的茶庄。

不是每个年份都能酿成完美无瑕的葡萄酒，也正因为这份不完美，让葡萄农酿出的葡萄酒，显得更具人性——高小平的茶农身份于他的茶庄，想必也是如此。

如同茅台镇上的酿酒人那样，过去的几百年里，他们无疑都是行业最底层的角色。

仅仅数十年前，茶农的主业是农业，酿酒人从事的则是“世上三般苦，打铁烤酒磨豆腐”的辛苦职业。而勃艮第的葡萄农，他们的葡萄和葡萄酒也只能卖给酒商，并不直接在市场上出售。

20 世纪 20 年代，连年萧条使得勃艮第葡萄园和酒价大跌，自产自销的葡萄农的葡萄酒走向历史舞台。

那么，老班章茶农、茅台镇酒老板的舞台在哪里呢?

“酒庄装瓶”意外地在欧洲葡萄酒业中留存下来，并且葡萄的品位喜好常因社会阶级而异——分属不同阶层的庄主酿成的葡萄酒，也常带着不同的阶级滋味。

高小平，开始和那些出身尊贵的葡萄酒历史名庄、茅台镇酒厂那样，成为带着光环的“明星”。

这并不会改变分工与合作。而且，守好茶树，酿好酒，才是老班章和茅台镇人的本分，甚至是核心竞争力。

（2020-5）

借葡萄酒醒酒器，喝陈年茅台酒

在喝陈年白酒前先开瓶让酒醒一下，已经是许多人的标准动作和仪式。

如果是喝价格不菲的陈年茅台还会更讲究一点，将酒倒入醒酒瓶中，让酒醒得彻底一点。

问题不在于陈年白酒或茅台酒，是不是都要醒过才会好喝呢？要醒多久呢？

这些一直都争论不休的话题，随着醒酒“仪式”的逐渐普及开来，不再需要探讨。

但问题在于，喝陈年茅台拿什么醒酒器醒酒呢？

在回答这个问题之前，有一个事实需要澄清：

白酒其实并没有醒酒的传统。这个传统，特指像喝黄酒需要“温酒”那样，是由来已久的。

在我所能读到的历史文献中，没有见到过白酒包括茅台酒强调、指导醒酒的记录。

一个证据就是，“醒酒”这个词在红酒流行之前，对中国人来说一直是指人在醉酒过后的“解酒”。

也就是说，白酒醒酒其实是晚近才“习得”的。怎么习得的呢？说白了，就是跟红酒学的。

所以，白酒醒酒“习俗”形成的时间，最早不会早于20世纪90年代。

短短20多年，国人学会了“醒酒”。醒酒的手法、时间、温度，都形成了一系列的规矩和套路。

以茅台酒为例，醒酒的手法讲究“杯壁下流”（这也是模仿红酒的一个佐证吧），因为茅台酒酒精度较高，不像葡萄酒那么娇气，倒出后静置即可，并不需要特别去摇晃。

醒酒的时间、温度，人们也总结出了详尽的指南。

尽管我已经足够留意，但迄今还是没有看到、听到过白酒专用的醒酒器。

连网上购物平台，搜索白酒醒酒器罗列出来的商品，要么是白酒分酒器，要么是白酒酒杯。

人们喝陈年茅台酒的时候，多半是要装模作样醒醒酒的。当主人高喊服务员：帮我找个醒酒器……葡萄酒醒酒器过来。

那么“高大上”的场景，因为一只醒酒器，顿时便有几分土气了。

我们还是老老实实地向红酒学习吧。

喝葡萄酒时，不同味道的葡萄酒需要不同形状的醒酒器。比如高单宁、酒体饱满的葡萄酒，要用肚子与底座宽而大的醒酒器（与氧气接触的面积大）。酒体中等的葡萄酒，要用肚子小或者中型的醒酒器……

葡萄酒醒酒器，虽然设计感十足，价格不菲，但真的适合白酒醒酒吗？

喝白酒常见的100毫升分酒器容量太小，敞口，一般不合适做醒酒器来用。

我理想的白酒醒酒器，要玻璃材质、圆腹直口，便于饮用前观色、闻香；容量以1000毫升左右为宜，每次倒入不多于一半的量；可以带盖子，若有未喝完的，直接把醒酒器盖上保存。

至于器型，我还没有想好。总之，一定是专门为白酒量身打造的。

我猜想，在茅台迈出第一步、为消费者提供专用醒酒器前，“帮我找个醒酒器……葡萄酒醒酒器过来”的尴尬，还将持续下去。

（2020-5）

关于“色泽”

不可否认，人类早已沦为优先以视觉思考的动物。

你想喝到颜色深浓艳紫的葡萄酒，但是，要让葡萄酒自然呈现深浓艳紫实在是件麻烦的事情。

于是，人们就发现了“百万紫”和“超级红”这样的红酒加色剂。

紫北塞葡萄，据说就是“百万紫”的原料之一。注意，它本身就是葡萄。

因为它不仅皮色深黑，连汁都是深红色，可以萃取出很多色素，而且风味粗犷还有铁锈味，价格还超便宜，是理想的天然加色剂原料。

越来越多的新奇技术和添加物被发现、发明出来后，关于酒的颜色，眼见为实就不再具有太多意义了。

在白酒品评上，人们习惯用视觉、嗅觉和味觉三个阶段的感官，来感受和评价一杯白酒。味觉品尝似乎是最关键的一环。

但是，酒的味道却最容易被酒的颜色、香气所误导。

于是，讲究“色泽微黄”的酱酒，颜色便越来越黄了。

“百万紫”并非葡萄酒的专利，所以，酱酒也有自己专属的添色剂——大曲。

以小麦为原料制成的糖化发酵剂大曲，成品外观一般有黑、白、黄褐色三种。小麦自带的色素、大曲发酵时产生的色素，是天然的酱酒加色剂。

用纱布裹一块大曲，丢在不够年头、并未自然黄的酱酒基酒里，只需要半天时间，成吨的酱酒就会变得色泽金黄起来。

这样的加色方法算是比较环保、也很安全的。稍做过滤处理，相关的理化指标也完全符合国家标准的规定。但是，并非所有白酒、酱酒都以大曲来增色……

如果你给我倒上一杯“发黄”的酱酒，除非我清楚它的来源，确定它是货真价实的酱香陈年老酒，否则我是不敢喝的。

茅台酒的色泽，按照技术标准的界定是“无色或微黄”。酱酒的国家标准，也标注为“无色或微黄”的感官指标，并没有看到有写着“发黄”或“较黄”。

平时喝飞天茅台酒，如果用标配的玻璃小酒杯，肉眼看去一般是“清亮透明”的。如果是瓶贮陈酿 10 年、加上出厂前的 5 年、真实年份达 15 年的茅台酒，倒在玻璃小酒杯里，色泽也只是“微黄”而已。

15 年茅台酒也只是“微黄”，意思就是倒在玻璃小酒杯里，你不留意的话是感受不到它的黄的。只有倒在大一些的酒杯，比如标准白酒品酒杯，或者更大一些的玻璃容器，如葡萄酒醒酒器里，它的黄才会比较显眼。

拿茅台酒作参照，你就会发现，一般出厂前年份就没有达到 5 年的酱酒，是一点也不“黄”的。

如果真实年份稍长，那么，请对标飞天茅台酒的色泽。普通非陈年酱酒包括茅台酒，色泽绝对不会“很黄”，更不可能黄得发红。

红酒的颜色，为什么非要那般深黑透紫？酱酒的颜色，为什么要那么黄、那么黄呢？

（2020-5）

名酒的道具竟然是这个

吃喝是人生大事。独饮与共饮，意义确实大不相同。

但酒的喝法，其实是由酒杯决定的。在我的老家小烂村，去到酿酒的人家，就是顺手拿只茶杯倒酒给你喝的。

这样的喝法，未必粗俗了些。而且，如今早就不是缺酒喝的当年了。

把酒倒标准品酒杯里喝，确实可以更精确地感受酒香的变化，但喝酒的乐趣并不仅仅在于迷人的香气和口感。

第一次在宴席上见到汾酒的竹节杯，十分好奇。那么隆重的场合，我也没有忍住，在开席前就把竹节杯拿在手里把玩。

待到宴席开始，“反正一杯，举一反三，颠三倒四，七上八下”的竹节杯“酒令”，一下子令我这个“酒跑跑”也跟着主人如醉如痴起来。

竹节杯，据说汾酒申请了专利，只为汾酒一家所有。因为竹节杯创意的设计，产生了很多有趣的喝法。

竹节杯解决了“玩法”。而飞天茅台酒标配的玻璃酒杯，讲究的却是“品位”。

离开茅台镇后，真正拿茅台酒杯喝酒的人可能不到10%。倒满酒也才8毫升的茅台酒杯，在那些推崇多喝、喝嗨的场合，并不适合中国人的饮酒习俗。

如果不倒满，那只酒杯容量就只有5毫升左右了。对很多习惯了大口喝酒的人来说，拿茅台酒杯喝酒简直就是抿一口而已，未必过瘾的。

但是，打开一瓶茅台酒，席散人去之时，两只不值钱的玻璃小酒杯，却通常会被收藏起来。而喝酒的人之中，也知道飞天茅台酒配有两只小酒杯。

茅台酒从来没有说过“小杯喝，更讲究”，这话是茅台旗下的白金酒，当年请葛优打的广告。飞天茅台酒那两只小酒杯，却潜移默化地暗示了你。

讲究，不就是品位吗？

因为人在茅台镇，因为研究酒，不仅有机会免费喝到种种好酒，更有机会见到各家酒厂的各种酒具。

最常见的酒具，自然就是酒杯了。器型不外标准品酒杯式、茅台酒杯等几种，材质既有玻璃的，也有陶瓷的。

这些酒杯的正面，几乎都印着大大的品牌标识，生怕别人看不见。器型也是照搬照抄茅台或其他名酒，基本上谈不上什么工业设计。

当然也有例外，比如这几年来酱酒行业的新星酣客，就有一整套的喝酒器具。你想到的，他有，比如我说的酒杯。你没想到的，他也有，比如什么“握杯”。

很早的时候，我得到了一只酣客的酒杯。后来和酣客的人在一起，才知道那只酒杯名叫“碰杯”。倒满酒 2.8 钱，杯壁够厚，怎么碰都可以。酣客粉丝，甚至讲究“碰撞出鹅卵石撞击的清脆之音”。

器型上，还有“内圆外方”，寓意天圆地方，相逢天地间，杯酒暖人心……从酣客碰杯的杯口中望下，可清晰看到杯中的“酣客公社”。总之各种讲究。

酣客还有一个“握杯”，顾名思义，酒杯可以一把握在手里。在我看来，“握”是真的，“温酒”就不一定了。这个世界上，早就没有了关羽，也没有华雄……酣客的官宣是：

有握杯，国人饮酒习惯就有了一个标尺，盲目地喝和无节制地喝就有了界限，酣客握杯应运而生。

握杯标准容量是 50 毫升，也就是约 1 两，健康饮酒的界限就是体重的千分之一，亚洲人的平均量就是一人一天一两为宜。

就像茅台酒杯那样，你拿不拿酣客握杯去喝酒，其实并不重要。重要的是，有故事、有情怀、有讲究。

（2020-5）

挑选一点酒存起来
是一个中年男人会生活的体现

“仁怀人洗澡，缺水，吃饭，绝不缺酒。茅台镇上、仁怀城里很多人家里的酒，洗澡都够了。”

这是前几年我跟外地朋友介绍仁怀常用的“话术”之一。

当年仁怀缺水，我本人就有用矿泉水洗漱半个月的记录。但是，仁怀很多家庭里的酒，没有300斤也有180斤，洗个澡自然不在话下。

这是酱酒的原产地、主产区特有的景象，完全不具有可复制性。

在大多数人的生活里，“买酒”也是常态。从家里捎酒出去喝，似乎反倒是例外。毕竟祖国的天南地北，买酒实在太容易。需要喝的时候再买，也很方便。

如果中国酒鬼家里都常备一点白酒，生活将平添许多乐趣呀。我这么想。

于是我又想：家里常备一点白酒，也不用太多，只要备一两箱精挑细选的酱酒，距离随时有美酒相伴的美好生活，也就不会太遥远了。

那么问题来了，该挑选哪些酒作为家中常备的酱酒呢？茅台酒吗？

家中常备茅台酒，等于赤裸裸地炫富，不在讨论之列。中国的中产人数为全球之冠，高达1.39亿人。

我的建议很简单，秘诀就在于“认识你自己”——这句希腊德尔菲神殿中的铭文，虽然让世人穷尽一生不得其解，却可以是选酒时最简单的首要原则。

什么样的人喝什么样的酒，就像对音乐或穿着的喜好是很个人的事一样。喝酒当然也应该如此。

无论价位、名气、品牌怎样，白酒就是白酒，是一种嗜好性的饮料。只要你非富非贵，挑选一点酒存起来，是一个中年男人会生活、对自己好一点的体现啊。

无论你偶尔还是经常在家吃饭，能倒上一杯酱香美酒，在一天的忙碌、劳累之后喝上一杯，哪怕是再简单的家常菜，都可以瞬间升级为美好的幸福感受。

或者和朋友小酌，微醺之际的感觉就像初恋，是慵懒、是悸动、是飘飘然，是爱情最开始、最美好的阶段：

一切朦朦胧胧，稍有风吹草动就足以让人心潮涌动。

总之，一切都刚刚好。

可见，最适合家常的白酒，都是以简单、醇和为上的平实的白酒。这就如同人的个性，随和的人更容易相处。

味道比较适饮的酒，因为风格简单自然，上得了厅堂，下得了厨房，适合大多数老百姓的“场合”；撸得了串，就得了海鲜，适宜绝大多数“家常”。

这里说的家常，对应的是“口粮酒”。芸芸众生，都是饮食男女；饮食男女，不过“日常生活”啊。

这样的酒，价格实惠，更重要的是比较常见。既然“家常”了，那么上述酒款最好能占你的“存货”一半以上。想喝的时候就随便开一瓶，既不会担心招待不了朋友，更不用心疼钱包……

比如，前段时间和李红博士在一起，喝到一款贵州茅台镇的“无名酒”，价格适宜可以接受，关键是让我晕乎乎、飘飘然、暖洋洋，进而小心肝悸动起来……

除了家常的小幸福，偶尔也需要一瓶酒香愉悦、口感“安逸”、有点儿年份的酱酒。平凡如我，总得享受一下超出家常之外的美好吧。

所以，如果刚好遇到了这样的酒，就买几瓶放着吧。

切记，任何可能让你舍不得打开来喝的酒，可以买进家门，但绝对、绝对、绝对不要存起来。

（2020-5）

当下最值得挑选的酒

一向以“高端”面孔示人的酱酒，价格并没有高到令人止步的地步。

不必说网上 9.9 元一瓶的酱酒，那样的酒恐怕连酒精是不是真的，都值得怀疑。

但是，最便宜的酱香，在茅台镇上不到 20 元就可以买到。最贵的，当然标杆是飞天茅台，目前市售 2300 元一瓶，据说近期有望涨到 3000 元……

这样高的价差确实惊人，难怪有人会问我：越贵的酱酒，真的越好喝吗？

看似简单的问题往往最难回答。在酒的世界里，美味价值与金钱价格之间的距离是远是近，要看你自己追求什么。

对于热衷附庸风雅的人来说，自然是越贵的越好。就像喝普洱、喝红酒那样，要靠酱酒来彰显财富地位的人，应该也是。

但事实上，昂贵的酱酒跟定制服装一样，重点不在于好或不好，而是要有独特性，而且稀有。至于是否越贵就越美味，从来就不是重点。当然，如果专业品酒师、独立酒评人的评价高一些，则更好。

价钱更贵的酒，理论上、概率上评价好、得分高。但中国改革开放 40 多年了，酿的、卖的、喝的都完成了市场化转身。是不是因为高价而得好评，我也很难判断。

比如，曾经红火一时的某购物平台，宣称“给世界一瓶好酒”。但在茅台镇上、茅台集团内，却是你倒贴钱别人也不会喝的酒。

不断有人拿飞天茅台算账。而且，有人得出的结论竟然是：飞天茅台的酿造成本，不过 20 元一斤酒而已。

这样的思维，纯属胡扯。

说他胡扯，是因为一个正常人的思维，不会这么去算账。这个世界，包括空气、水都在被定价。

早在 2008 年，也有人拿波尔多五大酒庄说事，认为他们生产一瓶顶级葡萄酒的成本，只有 10 至 12 欧元。而这些酒庄的预售价却是成本的 50 倍以上。

鲜为人知的是，世界奢侈品业定价最高的据说也不过是成本的 17 倍。茅台的利润，自然令利润极高的奢侈品都望尘莫及。

专业的、事实上的好酒，越来越往精品业靠拢。高定价成为必备的营销手段。

这一点，无论是茅台当年的茅台十大青铜器，还是汉帝茅台，或者奔富酒庄每瓶超过 10 万英镑的 Block42 红酒。

为什么这么贵？因为这些极品都是限量的。

比如我老家的“小烂大曲”每年限量 10 瓶，每瓶不要 10 万元不要 1 万元只要 1000 元，你会买吗？

对大多数品牌来说，限量就是限量，只要达到宣传效果，有没有人买都无所谓。

当超级昂贵只是为了营销，或者是为了特定的小众市场而设，就只是贵而已，未必真有十倍、百倍、千倍甚至万倍的价钱。

只是在我们这样的时代，还是有人相信越贵的酒越好，而许多昂贵的顶级酒，正是特别为他们酿造与定价的。

酱酒的价格越来越两极分化，甚至有人提出了酱酒 300 元、500 元、800 元的“价格线”。酒厂信不信我不管，但我郑重提示朋友们：别轻信。

也别绝望。因为技术、产能、产量的提升和激烈的市场竞争，出现了有史以来为数最繁多、充满个性，而且品质精良、价格超值的酱酒。

在我心中，这些才是当下最值得挑选的酒。

（2020-6）

有烟火气的白酒更性感

汪曾祺曾说：四方食事，不过一碗人间烟火。

烟火气，是楼下店铺的稀饭包子，是平凡生活的柴米油盐，是红泥火炉的把酒言欢，是街巷市井的嘈杂喧闹……

这世界上，没有不吃不喝的人，既然如此，人人都食人间烟火的呀。

这两天，“烟火气”这词忽然就火了。这词没火之前，敢情全国人民就远离烟火了吗？

这事，细想不得。你考北大，他考清华，我烤酒。你酿酒，他卖酒，我吹酒牛皮，照样是人间烟火。

中国的酒文化，向来是缺点烟火气的。

个中原因，据说老祖宗发现酒的时候，并不是拿来喝，而是拿来祭祀的——祖宗们讲究用酒祭祀祖宗。

祭祀必备牛、羊、猪“三牲”。这明明就是烟火气啊，怎么一到酒身上，就没有了烟火气了呢？

白酒厂商们都喜欢拿三皇五帝、宫廷、上流社会的事情来打广告、做传播。

如果要问白酒什么地方最让人着迷，我给出的答案是烟火气。

白酒的烟火气藏在哪里？你可以在老百姓晚饭的饭桌上找到，你可以在熙熙攘攘的商场里看到，可以在亲友的祝福声里听到……

烟火气里的白酒，并不像红酒、洋酒那样装腔作势。

如果说红酒是宗教的，那么，白酒就是世俗的。世俗的白酒没了烟火气，也就没了魂。

嬢嬢们和小贩五毛一块的讨价还价声，商铺里“老板跑了，最后三天清仓甩卖”的叫卖声，商场门口“游泳健身了解一下”的推销声……这是烟火气的中国。

晚饭饭桌上，爷爷吱溜一声，喝下的幸福；商场里，“我敬您，这杯我先干为敬”的坚韧；寿宴、婚宴、升学宴和苍蝇馆子里的杯盘狼藉……这就是烟火气的白酒。

白酒一直受到众多酒鬼们的追捧，喝的就是这份烟火气。

当茅台专卖店又开始排队喊号的时候，杨柳湾街又开始人山人海的时候，茅台镇上又全是买酒的外地人的时候，仁怀市区又全是外地口音的时候……酱酒的烟火气，也就滋长起来了。

有一种烟火气，是柴米油盐酱醋茶的琐碎日常。

不必说什么生活智慧，也不必说什么生命尊严。有烟火气的人，无论身处何种境地，总能在柴米油盐里寻回对生活的热忱。

有一种烟火气，有酒，有肉，快意江湖。

人生啊，就是要大口吃肉大口喝酒，就是要至情至性大气磅礴。如果能够“有人问你粥可温，有人与你立黄昏”，那就更圆满了。

林语堂说：“构成人生的，更多是且将新火试新茶的寻常烟火，平常小事。”

酒是烟火气的催化剂。有烟火气的白酒，才性感……一个人有吃的念头，就有活的欲望；爱美食美酒的人，必定热爱生活。

有酒有故事，有烟火气有你。

（2020-6）

没有人能够抵御酒香的诱惑

说到品酒，大家最关注的无非是“香气”吧。

“请问这是什么东西的香气呢?”无论是正在学习白酒的人，还是不打算研究白酒的人，都经常问我这个问题。

如果你这么问，说明你“入巷”了。“闻香”是判断一杯酒的关键法门。

很多人在品酒时，总会一拿起酒杯就马上去闻酒香，或是花很长一段时间嗅闻香气。

对我们而言，白酒香气的表达方式大多数都是日常生活中不常见到的东西。但这反而能激起我们的好奇心。

白酒的香气的确相当重要。品酒界几乎公认，“品酒的结论，有80%是靠香气来决定的”。尽管味觉要素只有五大项，但其中“香味”的种类却是数不胜数。

正是酒香，营造出了世界上酒的多样性。白酒、酱酒也是如此。在酱酒陈酿的过程中，就属香气最变幻莫测。

虽说是“喝”酒，对懂酒的你来说，其实是在品尝其香气啊。

品鉴一杯酱酒分为三步，看、闻、品。“看”颜色，只要不是色盲，这个相对简单；品嘛，只要遵从自己的内心、自己的喜好就好，不一定非得以大师们的意见为准绳的。闻呢？是在闻酒香气的浓郁度和香气特征。显然，最难的其实是“闻”。

用嘴巴品酒的时候，可以品出几种味道呢？不外酸甜苦辣咸鲜而已。其中辣还不算味觉，是一种触觉。

在大千世界中，存在着几千种的香气。我们通常能记住和分辨的只有几十种到几百种。当然，那些经过训练的人可以记忆和分辨超过 400 种香气。

可见，要“懂酒”，就得先“闻”香。而闻香，就得刻意训练自己闻出和描述香气的能力。

训练闻香的第一步，从熟悉的香气开始，有意识地去记忆。

可以让你的家人或朋友，在不告诉你的情况下，把你熟悉的一些东西、跟酒香气有关的，比如说苹果、草莓、蜜桃、香蕉、梨、桂花、玫瑰、栀子、紫罗兰……分别放在不同的杯子里。公平起见，可以放在红酒杯里，因为杯口小会比较容易聚拢香气。然后你眼睛闭起来，怕忍不住就戴个眼罩，去闻杯子里的香气，看你能闻对几样。

简单直接的，就是购买一套擦擦嗅、闻香卡、酒鼻子之类的，这几样的功能是一样的。但这些东西，都是针对葡萄酒开发的。目前，针对中国白酒的有且只有 84 香“白酒风味嗅闻瓶”。

有兴趣的话，可以买一套放在办公室或家里，有事没事，随时都可以拿出来训练。

对于闻香，每个人对香气的敏感度是不一样的，就像每个人的喜好是不一样的，所以当别人闻到而你没有闻到时，不必过于纠结。

每个人的成长经历和环境都是不一样的。对于同一个香气味道，不同的人会有不同的描述，这是非常正常的。

作为白酒爱好者，尽管用你熟悉的香气去描述，不一定非要用书本上面写的那些香气。

如果你有志于成为一名职业品酒师，那就有必要刻意训练你的嗅觉和描述香气的能力了。这需要有意识学习和经验积累，是没有捷径可以走的。

（2020-6）

注意！这才是竞争力

白酒事实上并没有“陈年潜力”一说。

虽然没有一个一个问，但我相信即使不是全部，至少大部分专业品酒师和资深酒鬼都同意：每一瓶好酒，都应该像茅台那样具有陈年的能力。

为什么呢？

也许，个中藏着人类对永恒的热情与追求；也许，正因为耐久存，才让茅台酒从普通白酒变成了可以保值增值的金融式的藏品。

除了这些外在因素，陈年耐久能让白酒在风味上产生什么样的影响？为什么是一款酒真正跻身“名酒”的绝对、必要条件呢？

这里需要啰嗦一句：这个“名酒”，不是一般所说的知名度高的酒，而是名贵的酒。

中国白酒之中，“名酒”很多，“名贵的酒”其实并不多。

言归正传。看似简单的问题，却很难回答。我和一位资深品酒师聊天，他是这么回答我的：“多喝一些好酒、老酒，你就知道为什么了。”

其实，白酒之中并非所有香型都陈年耐久。而且，可以陈年耐久的白酒。也有“最佳饮用期”。

比如飞天茅台超过15年，直接饮用口感并不完美。至少我这样认为。

也就是说，白酒并不像葡萄酒那样，经过数年乃至十多年的陈年仍在适饮期。晚于适饮期品尝，绝对连可口、好喝都谈不上。

这在白酒行业，几乎是一个公认的事实。“老酒，不是拿来直接喝的。”

适饮期的陈年老酒有更丰富多变的香气，更协调圆融的口感，确实非常迷人。

喝过茅台老酒的人，包括我自己，便下决心努力赚钱，抓紧存酒。因为那些散发着时间才能酝酿而成的香气与滋味，是任何再“名贵的酒”都无法比拟的。

那么，为什么还是要追求陈年的能力呢?

好酒陈年后会变得更好，但在年轻时就应该适饮。在中国白酒中，以茅台酒尤为典型。它让即使没有太多陈年老酒体验的人，也可以感受到酒中的陈香。

并不是说新酒就不能喝、不好喝——但人们确实越来越喜欢喝“次新酒”了。“次新酒”一词是继“老酒”之后另一个火爆全行业的词。

究其根本，“次新酒”属于“老酒”的分支。圈内人士将2000年以后出厂的酒，统称为“次新酒”，优质的次新酒是老酒的初级版本。

就像人生的起起落落，时间让白酒贬值，也让白酒升值。这其中，与其说是你的喜好，不如说是酒与人的博弈吧。

白酒的陈年能力，是某些名酒以时间为工具构建的壁垒。甚至可以说，是它们在竞争中更高等级的防火墙。

对茅台而言，仅仅历时20年构建起来的这道防火墙，已然牢不可破——连五粮液都不敢望其项背，更遑论其他品牌了。

以时光构建竞争壁垒，才是茅台酒的竞争力。然而令人抓狂的是……茅台，你学不会。

于你我，管你陈年不陈年，好喝就好，喜欢就好。须知，是人享受酒，不是人将就酒。

对陈年能力较其他香型更强的酱酒，其实要思考一个问题：

是让你的美酒只是现在就好喝，还是未来也好喝或更好喝呢?

这个问题不搞明白，99%的白酒包括酱酒都会被茅台甩得越来越远。

（2020-6）

AI 将取代人类 50%的工作，但这些它取代不了

就算是人们眼中品酒的行家，也完全没有能力分辨出一杯酒的好坏。

这让那些品酒师们情何以堪。但你别急，人家也不是信口开河：

海洋学家罗伯特·霍奇森退休后，自己开了一家酒厂。每年参加当地的红酒比赛，偶尔获奖。但对于能不能获奖的标准，实在是摸不着头脑，于是他决定做一次内部实验。

霍奇森和评选委员会商定，做了一个长达 8 年的实验，每次比赛随机选几种酒，把它们藏在所有参赛酒中，让人品尝。

霍奇森之后重点关注，看看同一种酒被品尝 3 次后，大家对它的评价是否一致。

每年只有 10%的评委可以对同一种酒的 3 次评价都保持较好的一致性。但这 10%的评委只在某一年能做到这一点，到了其他年份，也不能保持对同一种红酒的评价一致性。

葡萄酒如此，那白酒是不是也一样呢？白酒的味觉感觉，究竟是个人的主观体验，还是客观的存在呢？

这是一个相当难解的哲学难题。

受基因的影响，人与人之间的味觉感觉存在着差异性。比如同样的苦，有的人觉得并不苦，喝中药的时候如同喝饮料；有的人觉得太苦，简直是不

堪忍受。

从基因的演化来看，对苦味敏感的人也许更能避开中毒的危险，因而让这个基因改变得以保存下来。

漫长的进化中，人类要人工获得甜味一直非常困难。从婴儿到老人，从非洲到亚洲，人们都偏爱甜、喜欢甜。

但是，对甜度的感觉和描述，同样千人千面。

视觉、听觉跟触觉这些感官，也同样存在着差异。我眼中的“色泽微黄”，与你看到的“微黄”也许根本就不是一回事。

相比味觉、嗅觉，人们很少怀疑视觉的客观性。这是因为，绝大多数人自小就接受了起码的视觉训练。一个 5 岁的小孩，如果连红、黄都分不清，那不就是色盲吗？

但多数人的味觉、嗅觉，却没有进行过像视觉那般精准的训练。而且，味觉、嗅觉属于化学变化，受外在因素干扰，产生错误判断的概率确实也更高。

那么，如果你接受了更加专业的、精确的味觉、嗅觉训练，在辨味与闻香上，跟终身没有认真感受过味道与香气的人相比，难道不会更接近真实吗？

那些靠品评、勾调白酒为生的酒师们，正是这样的人。

而且，味觉感受虽然存在着一些个人差异，却也有着更多的共同性与普遍性。也就是说，在每个人的私人品位与个人喜好之外，也存在着一些普遍事实。

比如，酱酒普遍存在的“盐菜味”。即使是对这种味道特别不敏感的人，喝到、品酒、嗅到却感受不到，可能也很难。

至于感受到了“盐菜味”，有的人觉得“好”，甚至认为是酱酒的“标配”；有的人觉得“不好”，将其视为不能接受的异杂味——这不是阈值，而是喜好。

又比如茅台酒十分典型的“青草香”，也很少有人闻不出来。闻到了，能不能描述出来则是另一回事。

酒世界里，确实存在着非常多混杂着商业利益的虚伪与盲从，但是，如果因此就把任何有关品评的专业一概否定，不仅不符合事实，恐怕也会丧失积累了上千年的品饮经验。

何况，如果绝对化地去质疑客观性，那么，你还能相信自己的味觉吗？

也许，当人们开始了解白酒品评存在的客观性之后，才更能了解在品尝美味的世界中主观性的真正意义。

所以，电脑、AI 暂时取代不了品酒师。

所以，不能简单粗暴地把品酒“艺术化”了事，那是懒惰。

（2020-6）

贵州茅台镇上，
谁说他和茅台酒不同，又有谁是例外

为了对酱酒进行“比较研究”，我试图搞明白：酱酒与普洱茶、葡萄酒究竟有什么不同？

这是完全不同的几种东西，当然不同。我说的不同，是指他们的价值理念上有什么差别。

“没什么不同。如果非要说有，那就是普洱茶新茶，也能卖几万乃至几十万块钱一斤，而酱酒的新酒却不能。”一位在勐海经营普洱茶的福建商人告诉我。

“葡萄酒讲地区风味，你很好，我也不错。白酒特别是酱酒不是这样。每一家酒厂和品牌，都在强调他和茅台酒有多么接近。”一位资深的葡萄酒业人士这么跟我说。

是的，目前还没有人能够把酱酒新酒就卖到几万块钱一斤，也没有人愿意坦白地承认，自己和茅台酒有所不同。

同属赤水河谷产区，金沙强调“回沙”工艺，并且直接用在品名中。其含义不外一个意思：我和茅台不是“差不多”，而是“一模一样”。

赤水河谷产区下游的郎酒，2017 年以来不惜重金祭出“中国两大酱香白酒之一”的口号。郎酒要传递给消费者的，不是它和茅台不一样，而是产区同根，工艺同样，地位并驾齐驱……

其实，无论是金沙还是郎酒，或者茅台镇产区内的国台，产区上有所不同，工艺上也有所优化。

但是，只有钓鱼台敢于承认“国之气度，和而不同”。

如果你以为他们真的像自己说的那样，就是对标茅台，那你可能又错了。

在酿造工艺上，金沙因地制宜究竟进行了哪些优化，我没有调查，不敢妄下结论。

但郎酒的工艺与茅台有所不同，却是尽人皆知的。

更有故事可讲的是珍酒，因为“茅台酒易地试验”的历史原因，它可以说完整地复刻了茅台酒。但今天的珍酒，真的还是那样的吗？

我想珍酒自己也不回避，它事实上与茅台酒有所不同。

这些茅台之外的酱香“名酒”，都在悄悄地进行着自己的革新、优化。也许有一天，它们会如从天而降一般，以新的形态倏地出现在酱酒的版图里。

毗邻茅台酒、地理上更“亲近”的茅台镇酒，相反从来不需要考虑所谓的因地制宜，既然和茅台“一墙之隔”、同根同源，那就照做茅台的方式方法去做啊。

本来嘛，茅台镇的祖先，同时也是茅台酒的祖先，早就已经完成了所有试验。

只需遵循传统，无须再劳神费心创造、创新，就能酿出媲美茅台的酱酒来。这样的情形，谁还去倒腾，谁才是傻瓜。

至于那一点细微的、确实存在的、无法回避的“不同”，就是打死你，也别说是工艺上与茅台酒不一样。

倒是钓鱼台，也许是因为“钓鱼台”三字在中国的独特地位、品牌调性，以及现行的体制机制，敢于承认“和而不同”——假以时日，时间难说就不给钓鱼台一个机会呢。

另一个承认与茅台不同的茅台镇品牌是酣客。从当年的“PK 茅台”到现在的“做自己”……

从钓鱼台到酣客的“不同”，我仿佛看到了茅台镇酱酒传统革新的一丝曙光。

（2020-6）

茅台镇，需要一只试酒杯

与一位经销名酒的富豪聊天，说到名酒的品位，他说：

“在欧美的高级餐厅吃饭，脖子上挂个金属‘烟灰缸’过来的，不是服务员，不是老板，是侍酒师。”

我没有去过那样的高级餐厅，既没有亲眼见过金属“烟灰缸”，也没有见过侍酒师，但是，我知道那个金属“烟灰缸”名叫“试酒碟”。

试酒碟挂在胸前，代表侍酒师的职业尊严，是一种装饰符号。

上次谈白酒用什么醒酒器醒酒，很多人说：“醒酒和醒酒器，都算是伪命题吧?”

照部分中国人功用的思想来看，“试酒碟”其实也是伪命题。因为那个像烟灰缸般的金属器皿，侍酒师是绝对不会拿来替客人接烟灰的。

虽说名叫“试酒碟”，事实上如今也不会用它去接酒、试酒了。

原因很简单，因为在只有烛光和煤油灯照明的时代，在大多位于地下、阴暗潮湿的酒窖里，那个掸烟灰都不太实用的试酒碟，才派得上用场。

在白酒行业，其实也有类似的东西。比如酱香型白酒的命名人、发现者李兴发先生的徒弟们，都有一只“嫡传”的小酒杯。

说是小酒杯，不如说是一只变形、放大的戒指。金属的，一头可以挂在钥匙链上，一头则是成年人指头那么大一点的圆柱形容器。

李兴发先生传给弟子们的那只酒杯，功能也是“试酒”。就是在尝评勾兑的时候，那只容量约 8 毫升、挂在腰间的试酒杯，确实很方便。

勃艮第试酒碟，在钨丝灯泡已经有 100 多年历史的今天，用它试酒难免有点矫情。但“茅台试酒杯”不同，对酱酒的职业品酒师们来说，今天仍然方便实用。

“茅台试酒杯”却远没有勃艮第试酒碟的待遇。业内外人士第一次看到如此袖珍的酒杯，好奇一下而已。

李兴发先生为数不多的几个弟子，把那只酒杯视为圣物。他们挂在腰间，既标识自己的“嫡传”身份，也意味着是一枚酱酒的专业勋章。

李兴发的弟子们，当然对那只试酒杯倍加珍惜，但也仅止于此。“茅台试酒杯”在历史中已隐没，难道要送进博物馆，作为对过往年代的缅怀吗？

不管“茅台试酒杯”的实用功能究竟怎样，通过它，传统与专业的象征性才得以如此淋漓尽致地显现。

那只“茅台试酒杯”承载着一份权威感，让酒老板、酒顾客对品酒师多了一份信任。

酒匠邹国启的后人也定制了一批“茅台试酒杯”，送了一只给我，我很喜欢，但是做工略显粗糙，而且毕竟不是当年的酒杯，怎么就不能有点设计感呢？

我这是吹毛求疵了。但我的内心深处，是对那只酒杯所代表的权威的推崇。

试想一下，如果把它当作玩具，岂不是对它所承载的那份权威感的亵渎。

仁怀每年都要评选品酒师。无论是政府部门评选的工匠，还是能手，或者行业协会评选的大师，对特定的对象如果颁发一只“茅台试酒杯”行不行呢？我觉得是可行的。

酱酒技艺的传承，“茅台试酒杯”就是象征传统与专业，寓意传承与发扬的信物啊。

茅台镇，需要一只试酒杯。

（2020-6）

如何“一个人都喝醉了”

身在茅台，发现原来把一瓶酒存放几年，更老熟了再开瓶来喝，已经不再是遥不可及的梦想。

从18年前回到茅台镇，在一家酒厂工作的时候开始，我就陆续有一些这样的酒了。

当时并不是刻意存酒，而是我这个“不说酒话说实话”的人，全不嗜酒。各种原因得到的酒，便被我顺手放在家里，越积越多。

当年的茅台镇，并没有多少地道的大曲浑籽酒。即便瓶里装的是大曲浑籽酒，年份多半也就两三年而已，达不到茅台酒5年的标准。

涉嫌“窜酒”之类，一开始我就把它“处理”了。留下的，起码是碎沙工艺的酱酒。放在墙角，反正又不用给它饭吃。

这么多年过去了，现在应该是精彩好喝的时候了。前段时间清理杂物，把一瓶2009年出厂的茅台镇酒翻了出来。

我是知道那酒的底细的，一时兴起，便打开了。傍晚，乘着晚风，对着电脑，边喝，边敲击键盘。待到我站起来去客厅，太座却道：

“你一个人都喝醉了？”

一个不小心，我竟然整了小二两。可我明明没有醉啊。平时，我就一两酒的量而已。

自己还不太确定，又去照了镜子，果然脸泛桃红。这就是所谓的微醺了吧？

只要是酒精，适量的摄入就能让人飘飘然。如果要找到了那种不经意的飘飘然，却非好酒所能实现。

那瓶酒虽是大曲浑籽酒，但当年的口感并不出众的。时间不够，勾调也有所欠缺。但数年过去，就像换了个人似的。

在酱酒的世界中，10 年的时间刻度并不算漫长。茅台陈年酒，不光有 15 年、30 年，还有 50 年、80 年。尽管人家的官宣，是以基酒不低于 15 年酒龄的老酒勾调而成，但好歹有那么多年啊。

曾经在茅台酒厂酒库喝过酒，那酒才真的够年头。问题是，除了茅台酒厂，哪儿来那么多老酒呢？

18 年来我留的那些酒，实在良莠不齐。

上前年在湖北过年，朋友拎出一瓶前几年茅台镇一酒厂送给他的酒招待。我一看酒厂知名度不错，年头也够，放口："喝两杯。"

结果，酸涩莫名，简直不堪忍受。宴席只好草草了事。

据我验证，碎沙工艺的酱酒，比大曲酱香酒老熟得更快一些。那年在湖北喝到的那瓶就是碎沙酒，但是，为什么三五年后反而那么糟糕呢？

从湖北回来，我便对那一堆所谓的老酒认真进行了一番清理，决定今后的收藏主要看基础品质，否则存下去还有什么意义呢。

其次看包装，争取成系列。有一天酒厂自己都找不到的时候，我可以拿出来秀秀。

经过一番清理，今年才有机会"一个人都喝醉了"。

我由此得出一个粗暴的结论：大多数茅台镇酱酒，在时间面前，比你想象得还要脆弱，还要不堪。

也许，它只适合年轻的时候喝吧。

（2020-6）

这样的酱酒才是懂酒人的心头好

“你觉得什么是好酱酒?”

以下是我得到的回答:

“高价的……”“稀有的……”“陈年的……”“大品牌的……”这些答案都没有错。我们还可以由此推断出一个结论,“高级的酱酒=好的酱酒”。

照这么看来,所谓的“好的酱酒”应该就是高级的酱酒吧。

然而,并非所有的酱酒产区、企业和品牌都“高级”得起来。

事实上,能够出品高级酱酒的产区、企业和品牌始终是少数。就连茅台股份,除了飞天茅台,也还出品了相对便宜的茅台酱香系列酒。

可见,如果以“高级的酱酒=好的酱酒”为标准的话,那所谓的“好的酱酒”就变成世上为数不多的在酿造的酱酒了。

那么,究竟什么才是“好的酱酒”呢?

再高级的酒也是食品,是食品就回到食品本身吧。比如产区、年份、酒香、体感、个性、故事……

酱酒还具有许多的其他魅力,但优于其他酒精饮料的魅力大概就是这几点。

在核心产区贵州茅台镇,它的气候、土壤甚至文化、历史、习惯及饮食的不同,都会明显地反映在酱酒上。

就是说,酱酒带有“茅台镇的味道”,就相当于葡萄酒拿产区风土说事。

当然，我并不是说“因为是茅台镇产的酱酒，所以它就比较高级”，而是“因为是茅台镇产的酱酒，所以它带有茅台镇独特的味道（个性）”。

“酒是陈的香”这句话，已然丧失了它的信誉。但茅台酒承诺“从生产、贮存到出厂历经五年以上”，确实是有据可查的。

非茅台的酱酒，陈酿年份真能达到3年以上，品质就很不错了。

按照国家陈年白酒的标准，并不是“真年份”。“主体基酒总量应不小于基酒总用量的80%，标注年份应取加权平均酒龄的整数。”

至于那些宣称年份达到10年、20年乃至50年的酱酒，我从不怀疑其实力与诚意，但我向来习惯于拷问自己的智商。

所以把酒香作为“好的酱酒”的标准，原因有二：

一是除了喝伏特加，世界上的烈性酒喝的并不是酒精本身。酱酒2%的微量成分，才是酒鬼们的至爱。

二是人们习惯于以“口感”来衡量一杯酒。事实上，现代科技已经能够轻而易举地做出任何你能想象的味道。但是，香味却不能。

唯有“空杯留香”这一法门，是验证一杯酱酒的不传之秘。

体感是一种很玄妙的东西。有适合的体感，才有最舒服的状态；有舒服的状态，才有品质化的生活。

所以，喝下一杯酱酒，相信你的身体吧。面对酒精，唯有体感不骗人。

尽管酱酒的风格千差万别，但是，现实上却是“趋同”的——因为它们都会对标茅台。这就不难理解，迄今为止酱酒个性不彰了。

具有丰富的多样性，个性多变，就是酱酒魅力所在了吧。

“富有产区本身的个性，具有真实的年份、酒香非外添加且迷人、体感舒适、拥有多样化的个性，再加上带有故事性。也就是说，集历史、文化、风俗、逸闻于一杯。”

我认为，这就是所谓的“好的酱酒”了。

（2020-7）

茅台最神奇的食物，酒糟鸡蛋

对酒，我从小就有好感。从小是多小？大概八九岁的样子吧。

啥好感？总之，幼小的心灵里，就觉得酒是个好东西。

难道我是天赋异禀吗？不是的。

我家酿酒不假，我偷喝过我爹酿的酒，也不假。但当我平生第一次把我爹酿的酒，装模作样吸进嘴里，顿时发现：糟了！

因为怕被大人发现，只好强咽进喉咙……眼泪夺眶而出。那一秒钟，我发誓这辈子，绝对不会再碰酒这种奇怪的东西了。

那我对酒的好感，究竟是从哪里来的呢？

“你祖祖（曾祖父）从厂头整了两甑酒糟藏起。那年饿饭，草根树皮都吃光了啊！分了些给你家姑公，他们一家才活下来……”

我爷爷的故事，翻来覆去就那几个版本。这个故事中复杂的人物关系，我并没有搞明白，但我搞明白的是：

酒卖掉，酒糟不光可以喂猪，还可以“喂人”啊。

童年的我，没有追问故事的后续和真相。

如果说，波尔多葡萄酒业的副产品，是用鸡蛋清凝结澄清葡萄酒，蛋黄太多吃不完，便有了美味的“可露莉”蛋糕的话，白酒的副产品，好像就只有酒糟了吧。

外酥内软的“可露莉”，难免令人大流口水。黝黑的酒糟，难道就是垃圾吗？

人自然是不吃酒糟的。

我爹烤酒时，放学回家的我总是偷偷摸摸溜进去，乘着下甑时手忙脚乱的当口，把鸡蛋埋在酒糟里。只需要数分钟，一只滚烫的鸡蛋就被我“烫”熟了。总是饥肠辘辘的童年，这是顶级的奖赏。

当我听说“酒糟鸡蛋”成为李渡酒厂的“特产”，便后悔自己当初怎么没有申请“酒糟烫鸡蛋”的专利呢。

丢弃的酒糟里面，其实还含有14%左右的淀粉质。倘若不是酒取得太尽，茅台镇周边的农民喜欢买去，拌着饲料喂猪、牛。

翻沙工艺出笼后，原本淀粉就不多了的酒糟再“翻”一次，就被彻底压榨干了，几乎是剩下空壳的高粱皮。

但它仍大有用处。比如把酒糟丢弃在家家户户的牛圈粪池里，一番发酵后，就是绿色无公害的农家肥了。

即便翻沙、碎沙倒腾了一番的酒糟，也还有用。经过厌氧发酵工艺，酒糟产生沼气，再提纯处理，就可生产出生物天然气来，供车间使用。

剩余的酒糟，还可以做成有机肥——茅台酒原料供应产地有机红高粱基地的用肥需求。

这方面，茅台做出了示范，轰轰烈烈的茅台生态循环经济产业园，年处理酒糟12万吨，年产有机肥8万吨。

我吃不到“酒糟鸡蛋”了，这是我的问题。

（2020-8）

在茅台镇，你为什么喝不到正宗酱酒

要想喝到一杯正宗酱酒，并不会比你买到有机无公害的水果概率大多少。

即便是在茅台镇上，人们也会为了一杯好酱酒，专门筹备一桌宴席，甚至忙碌一整天，然后呼朋唤友，就为了来一场美酒狂欢。

这还是在酱酒原产地，更遑论北京、上海了。

你一定觉得我有些危言耸听。不就是一杯酱酒，我喝飞天茅台不就行了嘛。

是的，贵州茅台酒是酱酒的鼻祖。飞天茅台就是正宗酱酒。

“这酒……和我在北京、上海、深圳喝的，有点不一样。”某大咖在茅台镇喝到飞天茅台，沉吟半晌告诉主人。

原来，他只是喝惯了假酒。喝到真品的时候，已经惊讶于大脑储存、味觉记忆，条件反射地告诉自己：这不是我喝过的茅台……

很多人，根本就没有喝到过正宗酱酒，更没有喝到过来自核心产区的源头酱酒。

飞天也好，非茅系酱酒也罢，要想喝到一杯正宗酱酒，的确并不那么容易。这究竟是为什么呢？

从生产端来看，当然是产量有限。这个产量在中国白酒中的占比，有说3%，有说5%，不管究竟是多少，都好比你倒了一大杯水，然后用勺子舀了一小口给婴儿。

如此稀缺，注定酱酒不可能烂大街，像买到一瓶矿泉水那么容易。

更进一步讲，酱酒的传统工艺十分繁杂，是典型的小农经济模式。直接的后果就是：酿造成本居高不下，吨酒成本是多数其他香型白酒的 3~6 倍，高居中国白酒之冠。

成本只是表象，高昂的成本之下，是长达一年的漫长生产周期，以及从生产、贮存到出厂历经 5 年以上的长久等待。

何止是厂商等不起呢，就是消费者也等不得啊。

高成本的另一面，是价格认知和价格表现也随之水涨船高。这么说吧，中国白酒每赚 10 元钱的利润，酱酒就分走了 4.27 元。这种情况下，让一些厂商更加急功近利。为了提高产量，放弃了传统酿造工艺，采用更粗暴、更凶猛、更生硬的酿造方法；为了扩大产能，酿酒车间搬离核心产区，照样能酿出酱香味的白酒来；为了降低成本，使用最简单的化学试剂，就能让高粱里的淀粉加速、加量转化为酒……

工艺变了，变得机械了，一杯曾经有温度的酱酒，带着残酷的冰冷。

仓储存放变了，是陶坛贮存还是不锈钢罐贮存？是陈酿一年还是三年？已经在市场面前变得无人能识。

焦香、青草香甚至由酱酒得名的那股“酱香”，都清一色地变得柔和了。

非核心产区、别的酿造工艺拿来勾调综合，低劣的、不入流工艺的也敢以次充好。

所谓正宗酱酒，是指像贵州茅台酒那样，在核心产区茅台镇，采取传统工艺酿造、勾调的，品质绝伦，风味惊艳，对仁怀人来说也是正统的、真正的酱酒。

从源头看，有的酱酒确实已经变了，那个你想象中的、曾经钟爱的酱酒，已经变得面目可憎，再等到送达你的手中品饮，如何还能是一杯正宗的酱酒呢？

这不是仁怀的错。我有我的问题，但是，你难道就没有问题吗？

有的人，只想着便宜。尽管仁怀人几乎是苦口婆心地反复叨唠：市场价低于 200 元，就别想喝到优质酱酒。但是，有人明明低价买酒，却怪酱酒不正宗。哪有这个道理呢？

正宗酱酒，历史长、品质好、产量少，融入了工匠们多少温度和情怀，一分价钱一分货，这是市场永恒的规律啊。

喝茶，你要学泡茶。喝酒，你咋就不学品酒了呢？谁在乎，大曲酱香才是酱酒最美的滋味？

……

这，才是你为什么喝不到正宗酱酒的原因。

（2020-8）

酱酒只有两种，“自己喝的酒”“别人喝的酒”

20世纪90年代末，茅台镇边上小烂村的一位小老板，办了一家饮料厂。

那时的孩子，对包括汽水在内的一切“饮料”，充满了今天的孩子难以理解的好奇与向往。

酷热的盛夏，喝到一瓶汽水，便是对童年极大的奖赏和难忘的记忆。那时的我虽已成年，但还是禁不住好奇，去了那家饮料厂。

一股刺鼻的气味，还没有进入厂区就闻到了。车间里污水横流，连个下脚的地方都没有。流水线上，各种试剂和化学课的试验室没什么两样。

小老板很认真地接待了我。我从流水线上捡起一瓶，并没有打算喝，小老板赶紧说：“一会儿去办公室再喝……”

原来，他生产的饮料，他和他儿子都是不喝的。

小烂村，还曾是仁怀重要的蔬菜基地。我亲友家里，光青菜就种了数亩，还定期把青菜摘回家做成酸菜——市区的菜贩子，每星期至少去大哥家拉上一小货车酸菜。

周末偶尔回家，临走时，总要捎上一些他们自己种的蔬菜。

“你就摘猪圈背后那块土里的菜哈。”大嫂说。其他地块里的菜，都是送上街出售的。那样的蔬菜，该打农药打农药，该用化肥用化肥。猪圈背后那块土种的菜，才是自己吃的菜。

2019年贵阳酒博会。一位酒经理一手按住胃部，一手递了支烟给我："昨晚喝残了。"

卖酒人喝酒喝多了，这有啥奇怪的。所以，我一脸平静。

这厮见我没有明白他的意思，补刀说："客户订的，是8块5的酒……"我秒懂了他的意思。

卖酒人无论卖什么品质的酒，接待时总要喝好一点，让客户感受到酱酒的好，认同咱厂也有好酒。

但那厮的客户，下的是8块5那种酒的单。吃饭的时候，喝的也是那种8块5的酒。酒经理只好"舍命陪君子"，结果，第二天早上就在我面前叫唤"喝残了"。

他没有喝得胃出血，已是万幸。

这样的故事，在茅台镇、在中国每天都在上演。我有没有瞎编，你随便找个酒经理问问，就能印证。

那么问题来了，什么样的白酒，卖的人居然不喝呢？

对卖白酒的人来说，自己的产品究竟怎么样，肯定心知肚明。比如香精、香料、酒精+水，俗称"三精一水"，自己喝，那是万万不能的。

"三精一水"加酱香调味剂，俗称"生勾酒"；以食用酒精窜蒸酱酒丢弃糟醅，带点儿酱香味的"窜酒"——对卖酱酒的人来说，自己也是不喝的。

那家污水横流的饮料厂，早就倒闭了。现在果汁等饮料领域，已是一线大牌的天下。而我的大哥大嫂也不再卖菜。他家菜，都不打农药、不施化肥了。

聪明是一种天赋，善良是一种选择。这话太矫情——对生存、生活和生意来说，毕竟不是上学读书，不需要做问答题，而是做选择题。

比如对酿酒、卖酒人来说，好牌子与好品质只能选一个，你选哪一个？

大多数人嘴上当然说要做品质，但一伸手，就暴露了——就像童年接长辈的红包，嘴上说"不要""不要"，手却很诚实，一把抓住递过来的红包。

中国酱酒的"好牌子"，赖茅回归茅台之后，一切尘归尘、土归土。荷花热了一阵，随着华致拿下注册商标，也宣告终结。

现在，多彩贵州又成了新的"标的"——多彩贵州无疑是一个"好牌子”。当它和酱酒走到一起，如何做成“好品质”呢？这是一个问题。

另一个问题是，作为4000万贵州人的“牌子”，普通人对“多彩贵州+酒”，有着“龙井+茶”一般的想象和预期。对这种的想象和预期，“多彩贵州+酒”如何回应呢？

王阳明说：“持志如心痛，一心只在那痛上，岂有工夫说闲话，管闲事。”贵阳酒博会上的那个家伙，“自己吹的牛，自己酿的酒，含着泪也要把它喝下去。”

自己心痛，才是真痛。如果自己心不痛，顾客的、行业的、社会的痛点，也痛不起来。那只是你自己的痛点。

（2020-8）

喝过好的酒之后，你就不再想将就

小时候，大约不到10岁吧，看小说看到坏人干各种坏事，比如四大恶人之一的叶二娘要伤害别人孩子的时候……你会怎么办呢？

我会本能地、抵触地翻过那一段文字，选择性跳过和忽略。

20多年过去了，我并没有想明白其中的道理。相反，想当然地、潜意识地认为："小说、电视剧、读书、艺术，都是求美，对丑的东西不喜欢、很讨厌，很正常啊。"

2015年，我和贺剑、陈毅华以及后来张青加盟，一起创办和主持苹果读书会，才对这个事情有了自认为更深刻的理解。

苹果读书会创始之初，我们就定下一个规矩：苹果读书会不止于读书，打麻将等都可以成为我们的主题。

读书或打麻将，都只是不同的人的不同生活方式，谁不比谁高尚，谁也不比谁庸俗。

在他们的倒逼下，我超越自己的认知边界，毛肚、黄喉、鸭肠，重庆火锅般杂乱无章地读了一些书，聊了一些话题。

我的专业是说酒——酒文化。2020年夏天的一个午后，在品评某款酱酒的时候，我赫然发现：

"晓得好歹"，绝对不是无师自通的事，相反，实在是一件不容易、很有难度的事情。

品酒，你要知道它“美”在哪里。诗酒一家，书画同源。诗酒书画都求美，海量品评、大量阅读，在对比中发现更美，是亘古不变的法则。

读书，你要晓得它“妙”在何处。

刻意训练、大量阅读，难道就“够”了吗？如果你以为我说的是1万小时定律，那你又错了。

请允许我回到主题：当年，放学路上饥肠辘辘、每天步行10公里的我，沿着县道公路边走边看，我愣是看完了20世纪50年代繁体竖排版的《水浒传》，以及《穆斯林的葬礼》和《平凡的世界》。

如今，虽不能经常喝茅台，因为爱好、研究，却有机会喝到仁怀最好的酱酒……

我感觉，在文艺、在酱酒上自己越来越挑剔了。那些没有“质感”的小说、那些没有“年份”的酱酒，个中的粗糙，我有一种本能的反抗。

当你知道了什么是好，便不会迁就不好、将就粗糙。

如同知道了什么是“好小说”，便不会为了敷衍而去读某一本书；知道了什么是“好酒”，便不会为了场面去喝某一杯酒。

卡萨诺瓦说过，人的一生，幸福与否，走远与否，都只能享有一次。然而，我并不是说“我选择讲究，不将就”，而是说，见过了真正好的东西，才知道什么是不好的。

因为，我体验过好的作品，已经没办法说服自己去忍受不好的作品。好和不好之间、有品和没品之间，差的不是一点两点，而是奔腾不息的九曲黄河。

如同仁怀的一位酒师，没有体会过顶级的好酱酒，不足以言品评、勾调。

对美的感受、描述，既是眼界，更是锚点。

审美，没有上限，说不清道不明。仁者见仁，智者见智。你喜欢茅台，我喜欢钓鱼台，谁也别想说服谁。

“审丑”，却是底线，一定有一条金线，横亘在我们面前的。

衡量一个酒师、一个艺术家的水平，他眼中最好的东西，是审美；见过好的，才知道什么是不好的——这就是他所能驾驭的。

酱酒和艺术的功能，都不是为了创造一个美丽和谐的世界。而当你有能力面对丑陋，你才懂得：

眼界，决定了我们看到的世界。边界，就在那里。

锚点，标定了你的阈值。下限，就在那里。

（2020-8）

为什么你喝的那些酱酒越来越黄了呢

酱酒也是酒。因为茅台，长期以来它始终罩着一件神秘的外衣。

江湖上以讹传讹，谎言说一千遍就成了真理的现象屡见不鲜。

比如，“微黄透明”是酱酒的显著视觉特征，然后，市场上的酱酒就越来越黄了。

酱酒的微黄透明，本来是由纯粮原料、独特酿造工艺和贮存年限造成的。

食用酒精兑水，贮存时间再长，也不会变黄。只有纯粮酱酒，随着贮存时间的延长，色泽才会变得淡黄、微黄，时间再长一些渐变成琥珀金色。

到了几十年之后，酒体可能会透出轻微的绿的色泽，黄色反而没有以前那么深了。

这是怎么回事呢？酱酒高温制曲、高温堆积发酵是促使这类成分产生的主要原因。

从生化反应的角度分析，在高温、酸性环境里，发酵过程中产生了美拉德反应，这是氨基化合物和还原糖化合物之间发生的反应，可生成多种酮、醛、醇及呋喃、吡喃、吡啶等杂环化合物。

美拉德反应在酸性环境下会生成有色产物，比如丁二酮等，它是一种黄色油状液体的物质，从而让酒液看起来色泽晶莹微黄。

独特工艺使得酱酒的微量成分十分复杂，像茅台酒的微量成分多达 1400 多种，其中就有使酒液呈微黄色的成分。

但这不重要，你只要喜欢，“你想要多黄，就可以多黄”。

颜色的“套路”渐渐丧失了吸引力。现在，“茅香”又成了酱酒新一轮的“卖点”。

茅台镇街头候客的司机，说他家的酱酒“茅香”味比飞天茅台还要如何好，你也千万不要惊讶。

“茅香”本就是“酱香”的曾用名，说酱酒就是茅香酒，也没有错，更不为过。连茅台自己，也在拿“寻找毛象？No，是茅香”在说事。

酱酒的主体香味有三种，一是酱香，二是窖底香，三是醇甜。所谓“酱香”，按照酱香型白酒发现者李兴发先生的说法，“就是有股酱油味”，这是谷物酒的本来、本色、本味。

地球人至今确实无法解释这股独特的“酱香”究竟是什么香。

总之，是由芳香族化合物发出来的一种复合香气。

人们之所以要跟你说“茅香”，其实潜台词是它和茅台“更像”“更接近”罢了。

香气的问题，一般人没有经过刻意训练，难以说个子午卯酉。

味道就不一样了，人人都有自己的口感——尽管并不是每个人都能意识到自己的口感偏好。

于是，一些人不顾事实瞎吹什么完全“以酒勾酒”，绝不添加任何香精香料。当然，酱酒的国家标准确实规定，不得“添加食用酒精及非白酒发酵生产的呈香呈味呈色物质”。

浓香酒的国家标准也是这样规定的。

怎么又扯到标准上去了呢？因为酱酒的主体香不明确，所以，人们说香精香料勾兑不出酱酒来。很多人也闻勾兑而变色。

对一个经验丰富的勾调大师来说，要勾兑出类酱香味、酱酒口感的酒来，并非难事。

无勾兑，无白酒。此勾兑，非彼勾兑。如果是传统大曲固态工艺的酱酒，比如茅台酒，我敢赌 100 万元，没有人能用香精香料勾兑出来。

“大师们”勾兑出来的类酱香味、酱酒口感的酒，你却很难分辨。

这还不算。有人说“原浆是好酒”，也有人说“光瓶酒也比品牌酒好”。

殊不知，酱酒的酿造分为 7 个轮次、7 次取酒。真正的原浆酒，味道非酸即涩，在勾调之前确实是没有人喝的。

而那些说他的裸瓶散装酱酒，也比正牌商品酱酒好的人，你怎么反驳呢？万一人家真跟酒厂厂长是亲戚呢。

而那些 9.9 元买酱酒的人，我劝你还是不要跟他解释，更不要试图说服他了。

还有一种情况，就是有这样一种卖酒人，他神神秘秘地跟你说，“我这个酒是茅台酒厂的员工从厂子里‘带’出来的，就是正宗茅台酒”。

20 年前，是有这样的酒，茅台镇人直呼其为“强盗酒”。

茅台的当年管理还不像现在这么规范，如今，要从茅台酒厂“带”出酒来，你“带”一瓶给我看看！

（2020-11）

美酒进入嘴巴之前，都要经历一双双脚的洗礼吗

对葡萄酒稍有了解的人，多半是知道波特酒的。

波特酒和雪莉酒一样，都属于酒精加强葡萄酒。就是说，在发酵中途就要添加酒精中止发酵，以保留酒中的糖分。

所以，波特酒有一道特殊的工艺：葡萄倒入特制的石槽中，并将它们压碎。压碎葡萄可以采用两种方法，要么是机械化破皮，要么是脚踩法。

传统的、上好的波特酒，至今坚持双脚踩踏酿造。那个用花岗岩砌成的方形宽浅酒槽，就像晾堂为酱酒酿造所特有一样。

晾堂的功能，主要是摊晾拌曲、堆积发酵。而波特酒槽，就是为了方便赤脚踩踏将葡萄破皮——宽石槽增加葡萄汁与皮肤接触的面积，也方便踩踏。

传统白酒特别是酱酒酿造时，酿酒工人其实都是赤脚完成的。而晾堂，就是他们工作的平台。

酿造波特酒时踩踏葡萄，如同藏族传统建筑施工时的阿嘎打夯：10 多个人在酒槽里站成一排，由一边往另一边前进，很精准地踩过每一寸空间，来回几次之后，队伍转 90 度，由另一个方向再踩回来。

这“画风”不仅不浪漫，而是如执行军事任务一般严肃。

波特酒的酒槽、酱酒的晾堂，主角是男人、女人的双脚。每一瓶顶级波特酒，也像每一瓶飞天茅台那样，不同的味道来自不同酿酒师傅的脚掌角质层……

这多少让人感到有些“膈应”（方言，指看到过或嗅到过不适应或恶心的东西，或别人说起给自己留下不好印象的物品或气味而产生不舒服或恶心的感觉）。

然而，不论什么食物，在进入嘴巴之前，都要经历一次角质层的洗礼。所不同的是，有的洗礼来自手，比如拉面；而有的来自脚，比如酱酒。

几千年前，中国人发明了筷子，西方人发明了刀叉，似乎在嘴巴和食物间隔上一堆没有温度的东西，就是卫生的表现。

很长一段时间里，在用餐步骤和工具上，越烦琐就越接近文明。

全人类都有意忽略了制作食物的过程中，人体和食物的接触。即使在今天，许多大厨仍然坚持不戴手套。

对此的解释不外乎，精致的菜肴不仅要用心，还要靠手感。

和那些还没有被现代科技淘汰掉的传统一样，赤脚酿酒在仪式之外具有更多的现实意义。

高粱进入窖池发酵前，需要经过高温的蒸煮和摊晾。酿酒师要光脚踩上高粱堆，用一种特别的工具——耙，将高粱推开，晾凉，达到适合微生物生长的温度。

高粱刚出甑时温度极高，多么昂贵的鞋子，都会散发出皮革、塑胶的味道。这样酿出的酒可能颇具摇滚感，但在味道上未必容易让人接受。

在酒厂里，“双脚皮实”是一种对经验的赞美，是与“资深”相匹配的荣耀。

无论是制曲还是制酒，酱酒酿造全程赤脚进行——酿酒人的荣耀来自对温度的忍耐，同时也来自对温度的掌控。

尽管有了精准的温度测量仪，有经验的酿酒师依旧会凭借双脚来感知酒糟的温度。他们相信自己基因中对于温度的把控，远胜于温度计上的数字。

所以，在世界上任何一家号称传统的酒厂，你都可以找到赤脚的酿酒师。

在酿酒这个行当，对于科技的不完全信任来源于对几千年经验的自信。自动化的今天，酿酒这个古老的行业依旧无时无刻不发挥着人的功效。

酿酒师们，完全有能力站在被 AI 取代的最后一批职业中。

（2020-5）

喝个酒，装个文艺范，这年头都是需要实力的

我的专业是说酒。

有一杯白酒摆在你的面前，你喜欢不喜欢，那是你的喜好，与别人无关。酒精兑水，你就是喜欢，别人也管不着。

但是，如果你酿酒、卖酒，就不能人云亦云了。你得知道这杯白酒，它究竟好不好。它好，好在哪里？它不好，又不好在哪里？这就有点强人所难了。

众所周知，我的主业是“文联行走”（时任仁怀市文联主席）。

文联是“文学艺术界联合会”的简称。这一“联合”，从文学到杂技，从书法到曲艺，从音乐到摄影……10 多个文艺门类，比中国白酒的香型分类还要多。

你酿酒、卖酒得学会区分酒的优劣，这是工作需要。而我作为文联“行走”，面对文艺作品，起码得知道个好歹吧。

作为“文联行走”，只管自己喜欢不喜欢，肯定是行不通的。工作不允许啊。何况还要同时和 10 多个种类的作品打交道，那就更麻烦了。

那怎么办呢？我的办法一点都不“文艺范”，相反有些简单粗暴，那就是：食品也好，文艺也罢，都是“以人为本”的。以人为本、为人服务的东西，都应该讲究“美不美”。

比如茅台讲究“幽雅细腻”，五粮液强调“各味谐调”，都是一种“美”。

比如写文章，“人贵直，文贵曲”也是一种美。

问题只在于，这种“审美”从哪里来呢？小时候老师要求背诵古诗，但孩童时期真能懂得意境？“白毛浮绿水”很形象，一群大白鹅在池塘里游泳嘛，但是，“大漠孤烟直”烟为什么是直的？

城里的孩子，怎么体会“炊烟袅袅”呢？某天郊游，午饭时间，看到碧绿的稻田深处，小小的黑顶白墙的农家屋冒出炊烟，才恍然，这就是炊烟袅袅。

中小学的课文，教给我们审美的意境。一千个读者，就有一千个哈姆雷特；一千个饮者，也就有一千个“幽雅细腻”。

有人说，“80后”之前的国人，审美都不及格，因为我们审美全靠本能和自学。这话可能有点偏激。

我是“80后”。对音乐的印象，从“我在马路边捡到一分钱”到“浪奔，浪流”，才是我真实的音乐启蒙。这里头没有艺术，只有流行文化。就像中国白酒清香、浓香、酱香各领风骚三五年的“流行”一样。

流行的本质是时尚，不是艺术，更不是美。

在流行面前，我们开启了奔向时尚之路，并且在这条路上一去不回头。直到你意识到，你追逐的不是时尚这两个字，而是不停地打破、又重建的私人的审美。

美不美，表面上看是个感觉问题，本质上是个技能问题。要分辨一件文艺作品的优劣，和要区分一杯酒的高下，都是一门需要学习的能力。

面对一件艺术作品，有的人只觉得色彩丰富，画面好看，但有的人却能从画面的张力和线条的构造，共情到画家当时的情绪，所想要表达的内涵。

面对一杯茅台酒，有的人只觉得要比别的白酒更香一些，但有的人却能从香气中，分辨出花香、果香乃至青草香。

这其中的差别，判若霄壤。

（2020-4）

不是“卖猪崽”的生意，而是“养姑娘”的事业

茅台的山珍，并不是野生菌，也不是野猪肉，而是油炸洋芋片。

这玩意儿下酒，堪称绝配。除此之外，在我眼中，“合马羊肉”差不多排得上茅台山珍第一名了。

茅台镇上最高档的酒店茅台国际大酒店里有一道特色菜，那就是毗邻茅台镇的仁怀市合马镇的“合马羊肉”。

冬至来临，茅台一带有吃羊肉过冬至的习俗，合马镇要举行“合马羊肉节”。

冲着合马羊肉这个茅台山珍第一名，我专门赶往合马吃了一碗羊肉。

嘴角的羊油，在赤水河风中迅速凝结，还没来得及揩干净，我就赶了回来。

合马羊肉，真的很好吃。我就着肥而不腻的羊肉，吃了一碗饭；舀了羊汤，泡了一碗饭。

合马羊肉节的主人更是热情，镇党委领导来到餐桌前招呼：“大家吃好、喝好，羊肉不够就加哈……”

如果说，合马羊肉节在连续办了4届后，还停留在观光旅游阶段，那么，我这个合马羊肉节的早期参与者，如今竟也成了一个标准的1.0版游客。

王志纲先生把观光旅游比作“农民式的殷勤”。合马之行，让我对此深有

体会：

好吃、好喝、好招待。合马甚至喊出了“羊肉任你吃！美酒任你喝”的口号……

“农民式的殷勤”在这里并不是一个贬义词，只是表示一种接物待客的方式。就像农民兄弟接待城里亲戚时那种超常热情好客的接待方式。

但是，客人往往不领情，“潇洒走一回，一去不回头”。

比如我，着实对不起合马镇的盛情款待和镇领导的两碗合马羊肉。

又到年底了，前来茅台镇买酒的客人愈发多了起来，他们之中有没有“一去不回头”的呢？

我想必定也是有的。

为什么呢？我想，八成是因为茅台人太热情了。

好吃好喝侍候着，生怕客人吃不好，生怕客人喝不够，喝酒要管醉，客人喝一口，立马添两口……

就连茅台人上了桌子主人敬酒三杯的礼俗，也因为山东、河南等不同地域的客人，“主随客便”了。

爱一个人低到尘埃里，你已经输了。为了一单生意低到尘埃里，也是。

以下内容，有些烧脑，请谨慎入内：

旅游，是“玩出来的产业”。

驱车几十上百公里，没有几个人，真的是冲着那碗羊肉去的。且不算时间成本，就是油钱和过桥过路费，显然也划不来。

那碗羊肉的背后，是“美食”；美食的背后，不完全是好吃，更是“好玩”啊。

酱酒，是“吃饱了撑的生意”。

人家千里迢迢，汽车、高铁、飞机赶到茅台镇上，没有几个人，真的是冲着你的热情款待来的。

这里面，当然有赤裸裸的商业竞争，也有文化不够自信。比如，为了防止别家酒厂抢夺自己的客人，为客人免费提供全程“总统式守护”。

回归常理，你出去投资、你出去采购、你出去寻找机会时，别人像某些茅台人那样热情款待你，你做何感想？

酱酒也好，合马羊肉也罢，从产业角度讲，本质上是“养姑娘”的事业，而不是“卖猪崽”的生意。

“卖猪崽”，其实是一锤子的买卖。猪崽只要过了秤、交了钱，转身猪崽就病了、甚至死了，断不关卖家的事。

“养姑娘”，在贵州话里，特指养女儿。养女儿，就要当个宝贝啊。

（2020-12）

Chapter

18

论说之道

川南黔北酒俗谚语及其文化意蕴探寻

川南黔北酒产业的兴盛，不仅酿成了代不乏传的美酒，还产生了川南黔北的一些独特民谣、谚语、俗语、套语，留存民间，传布社会。透过这些酒俗谚语，不仅可以了解酒与风俗民情的密切联系，而且可以知悉当地人对酿酒的敬畏与理性的规律总结。

酒的消费——重礼重食的价值观

（1）酒醉聪明人，饭胀憨脓包

这句话听起来很糙，但实际上蕴含着很深的社交哲理，没有这方面的真实经历很难理解。它表明当地人对饮酒有着非常清醒的认识：再聪明的人，酗酒也会醉，酒醉之人容易误事。

因此，谚语告诫饮酒者，不要把自己当成酒囊饭袋，做只能装饭、装酒的“脓包”。即便是聪明人，也应该适度饮酒。能饮酒却不酗酒，就不会因酒醉失去理智控制，造成错误或灾难，这才是真正的聪明人、酒中君子。

（2）酒吃人情，肉吃滋味

川南黔北一带的人，对酒有着更独特的体验。在烤酒、喝酒的过程中，人们把这种“感觉”抓到，并且以如此鲜活的语言表达出来。毫不夸张地讲，这句谚语，几乎把中华酒文化的内涵说绝了。

中国人喝酒是“分享式”的。除非脑子进水，否则绝对不会像欧美人那样，一个人端杯酒摇啊摇，自己喝完，睡着了。就是说，白酒其实是有“社交属性”的——这对白酒的营销，有着极强的针对性和启示意义。

（3）话无重重，酒无滴滴

理解这句话，需要放在具体的场景里面去设想。“话无重重”，是指那些在酒席上喝多了的人，说话哆嗦，重三遍四惹人烦。这固然是对醉酒人的告诫，但重点还在于“酒无滴滴”：

按照传统的“酒规”，茅台人讲究喝酒时“滴酒三杯”，意思是如果有一滴酒从杯子里洒出来，则罚酒三杯。“酒无滴滴”，意思就是这酒不能洒一滴，洒了一滴，就该罚酒一杯。

这里头还涉及一个“酒官司”。遇上酒席，划拳打码，这喝酒的规矩有五，分别是“窜席三杯，洒酒三杯，滴酒三杯，摸瓶二杯，不听指挥三杯”。

（4）捉到鱼儿放巴豆，吃过酒席送人情

鱼吃了巴豆，据说会拉肚子。所以，巴豆喂鱼，鱼会更快坐窝。就是说，鱼继续吃你的喂食，便于钓起或者捕杀。但是，你明明已经都把鱼捉到手了，还不断地投放巴豆，这不是贪心吗？也有稳操胜券的意思在里面。

别人办酒席，你“吃了酒席”，自然就该“送人情”，这是理所当然的事情。比喻你虽然贪心，或者哪怕稳操胜券，也要承担你该承担的，做你该做的事。

川南黔北作为白酒主要产区，酒作为礼的象征、俗的表现，尤其典型。因此，酒在当地被烙上了礼敬的文化内涵。“酒醉聪明人，饭胀憨脓包”“酒吃人情，肉吃滋味”，折射出川南黔北饮食文化“重礼”的价值观。人与酒、人与人，酒被作为连接工具，以酒喻理，意在酒外。川南黔北民众在酒业生产、经营销售、仓储运转方面，送往迎来的社会交流活动中，注重酒德酒品，以酒为礼，以酒显情。

这些酒俗谚语的广泛使用，还折射出当地人的重食意识，或者说“重酒”意识。这种意识，对当地人的生活观念、思维方式等诸方面产生影响。“话无重重，酒无滴滴”“捉到鱼儿放巴豆，吃过酒席送人情”，从这些酒俗谚语可以看出，饮酒用餐早已超越了单纯生物学意义上的目的，而是体现人们热爱生活、彰显自我、追求高雅、注重体验、丰富情趣的文化载体和符号，是一项包含着丰富社会意义的重要文化活动。

酒与社会——伦理和谐的价值取向

(1) 烟酒烟酒……

烟酒，说的是香烟和美酒，过去指的是纸烟和烧酒。“烟酒”与普通话“研究”发音的声韵完全相同，方言的调值略有变化。

川南黔北借以讽刺一些职权者，推诿拖延、暗中索物的劣行。凡民众或下级向职权者提出某种申请或要求时，职权者不做明确肯定的答复，常说“研究研究”，民众则揭露他们是“索要烟酒”的烟酒。音韵是“究”，意思在“酒”，真是妙语一言，击中要害本质。

(2) 勾兑勾兑……

勾兑，调酒术语。指“用不同轮次、不同年代、不同口感的酒调和在一起，使之达到预期的口感”。在川南黔北，人们把它引申出了更为丰富的内涵，含有“品味、探讨、调和”等意蕴。

今天，“勾兑”的使用范围和含义，早已突破酿酒行业和工艺技术的范畴，成为一个表述社会性交流活动的特有指称和套语，含义广泛而耐人寻味。比如，对某一问题的协商、各个方面的协调、各种意见的探讨、各种关系的平衡，茅台人常说“我们勾兑勾兑”。

一个生产工艺用语演化为社会通用语和民间习惯用语，含义虽多然而明确，不失礼貌又能直白表达：需要帮助、需要互利、需要和谐的本意。于是，便具有了广泛的适用性，适合在各种场合和各个方面的运用。

(3) 才说东家茶好吃，又说西家酒生蛆

酒并不会生蛆虫，但酒醅是高粱和小麦的混合物，发酵时密封不够，或者时间过长，确实是要生蛆虫的。

对酿酒的人来说，“酒生蛆”是异常狠毒的咒骂了。

（4）端茶换不得酒也换不得油

掩耳盗铃的事，每个人都会嗤之以鼻。但事情到了自己的头上，恐怕就未必了。生活中，很多人都有过“打屁蒙住响”，却没有考虑“蒙不住臭”的情形吧。

为什么会这样呢？因为改变首先要认识到错，真正的认错不是口头上认错，不是意识层面的认错，而是内心深处承认自己的问题。这，真的很难。

认错尚且如此困难，改错更是难上加难。所以，“端茶换不得酒也换不得油”的谆谆告诫，说的还是那种明明做错了事，却还鸭子死了嘴壳硬的人。

（5）酒不醉茶醉，麻不对线对

有的人，总能找到醉的理由。他们总是把宝贵的时间和精力，浪费在寻找各种借口上。但借口再好，也改变不了“醉”的结局。

川南黔北过去有一种线叫作“麻线”，是用一种麻木经特定工艺提取其纤维，三股交织揉搓即可成线，穿针引线，缝缝补补都没有问题。

你说“麻不对”，没关系的！只要“线对”就好。遇到这样的人，那些总是给自己找借口的人，恐怕也就没什么招了。

饮酒行为在中国文化中被赋予了丰富的社会意义。这些酒俗谚语，不但反映了饮酒行为的社会文化，也折射出当地人重视和谐的价值观。如果说“烟酒烟酒……”全国通用，“勾兑勾兑……”则具有川南黔北地域文化的显著性。

“眼内无珠不识宝，壶中无酒客难留”“有钱打酒吃，哪怪脸色红”“财壮穷人之胆，酒壮钝夫之言”“酒醉的话，睡着的屁”……汉民族“隐喻思维”特征彰显，酒在整个词语的表现上，已显得微乎其微，词义通过联想、类比已经产生巨大变化，读者必须用整体的、相对宏观的，甚至要用哲学的眼光去审视，方能悟出其真谛，这体现了汉民族重直觉、重悟性的思维模式。

“才说东家茶好吃，又说西家酒生蛆”“端茶换不得酒也换不得油”，表现出在当地人的生活中，酒作为沟通载体，推进了人与人之间的和谐相处。“酒不醉茶醉，麻不对线对”，这些酒俗谚语传达出的伦理道德思想，不仅制约着人们的礼仪言行，而且在提醒和促成人们内心深处积淀下一份共同的德性追求，对后世影响深远。总之，体现了中华民族谦和好礼的传统美德，具有丰富的文化意蕴。

酒的酿造——敬畏与理性的总结

(1) 煮酒熬糖，充不得老行

过去，酿酒、熬糖的设备简陋，都是手工作业，所以容易受气候、气温等各种条件影响，因而产量、质量多不稳定。其实即便是到了今天，人们对酿酒微生物的认识仍然十分有限。

聪明的先辈们其实是告诫人们：干酿酒、熬糖这一行，不能以充内行而疏忽大意。俗话说得好，“煮酒熬糖，各习一行”。大自然面前，谨慎小心一点，多一份敬畏吧。

(2) 烤酒全凭一双手

所谓“烤酒全凭一双手”，并不是说烤酒轻巧，而是强调烤酒拼的不是蛮力，而是技艺。

众所周知，酿酒讲究酒醅温度、水分和酸度的把握，因为酸度、温度、水分对酒质的影响是最关键的因素，是最重要的生产工艺环节。一位合格的烤酒工人，凭着自己几十年的积累，就凭一双手，可以准确地洞察酒醅的温度与酸度，可以精确细微。

(3) 天造一半，人造一半

“做酒靠酿，种田靠秧。”在烤酒问题上，当地人从来没有盲目自大，更没有“人定胜天”，而是始终坚信烤酒是“天造一半，人造一半”的事情。

谁违背了这条规律，谁就会遭到惩罚：1954 年至 1955 年，茅台酒厂开展以增产节约为中心的社会主义劳动竞赛，提出了“沙子磨细点，一年四季都产酒”的口号（“沙子”即红高粱）。这，就是碎沙酒的来源。

而“酿酒如同种庄稼”的说法，则更进一步说明，茅台人对酿酒是如何虔诚与敬畏的。

(4) 五年是基酒，还须兑老酒。若还心不正，久也不是酒

“茅台酒……从生产、贮存到出厂历经五年以上。”多少年来，茅台酒也

始终是这么做的。

基酒是什么意思呢？基代表根基、基础，基酒是鸡尾酒的专业术语，指制作鸡尾酒的主体酒。同理，在茅台酒中基酒也是一样的意思，也就是说，是成品茅台酒中比例最高、占主导地位的酒。

而“老酒”则是更多年份超过5年的酒。茅台酒必须用不同轮次、不同年代、不同口感的酒调和在一起，才能达到预期的口感。“老酒”是酒厂最大的“本钱”，视若珍宝。

“若还心不正，久也不是酒”，则是一种敬畏和告诫了。

（5）酿酒讲勾兑，炒菜讲调味

现在消费者一提到勾兑，就会想到“假酒”“酒精兑水”等。事实上，勾兑白酒和添加食用酒精配制白酒，并不在一个层面上。勾兑不能等同于在白酒中加入食用酒精，而添加食用酒精可以归为勾兑。

白酒的勾兑，是指用不同轮次、不同年代、不同口感的酒调和在一起。酒本身是食品的一种，酿酒就如同烹饪。比如，当你在厨房里做红烧肉这道菜时，你需要加入很多的调料品，如糖和酱油等，才能够达到你和你家人都喜欢的味道。

勾兑包含两个步骤，即勾兑和调味。所以，茅台有“七分技术，三分艺术”的说法，这里的艺术，就体现在勾兑上。

从古至今，酿酒一直是川南黔北经济的支柱产业之一，也是当地居民的重要经济来源之一。这些酒俗谚语，流传于川南黔北各地，内容虽略有区别，但无不体现了人们因地制宜、勤劳务实的生存智慧。“世上三般苦，打铁烤酒磨豆腐”“万两黄金易得，好曲一两难求”“中枢的酱油茅台的醋，茅坝的姑娘三合的布”“有官皆桐梓，无酒不茅台”……酒俗谚语这枚语言活化石，忠实地记录了川南黔北酿酒的大量信息。

“酿酒讲勾兑，炒菜讲调味”等酒俗谚语，强调了勾兑的重要性。“五年是基酒，还须兑老酒。若还心不正，久也不是酒”，就是生产实践中总结出的有效对策。“天造一半，人造一半”等酒俗谚语，则突出了对微生物发酵酿酒规律的敬畏。总之，在白酒生产过程中形成的这些酒俗谚语，充分体现了当地人的勤劳和智慧，是川南黔北酿酒人集体智慧的结晶。

结 语

川南黔北酒俗谚语表现出来的文化内涵，是研究当地酒文化的丰富素材，是长期沉淀、积累、凝聚而成的“活化石”，足以说明“酒”在当地所渗透的深度、广度和历史的悠久。不论古代还是现代以何种方式进行的酒俗谚语创造活动，都是凭借语言的符号作用而跟整个酒文化相联系的。这种有地域文化的典型性和文化特征上的深刻性，是川南黔北作为白酒主要产区的文化象征之一。

未来10年中国白酒看酱香茅台镇怎么办

真正的战略，都具备逻辑穿透力。它甚至让我们穿越时空，多元思考。比如“一看三打造”战略实施，转眼已经10年了。

当“未来十年”成为过去时，我们迎来“新十年”的时候，贵州白酒特别是“一看三打造”战略指向的茅台酒、茅台镇和仁怀市，在顶层设计上似乎进入了真空期。

过往成绩值得肯定，相关经验需要总结，提升水平势在必行。“新十年”向何处去？这才是当务之急，也是我们坐下来研讨的目的所在。

回首“过去十年”，贵州实施“一看三打造”战略硕果累累

（1）贵州实施“一看三打造”战略实施10年评估

“一看三打造”战略并无一个量化标准。“一看三打造”战略部署的具体谋划，到2020年均已基本实现。

2015年，茅台酒股份公司利润、市值超过国际酒业巨头保乐力加；茅台品牌价值蝉联“华樽杯”品牌价值百强榜首，从品牌角度看茅台酒，就已成为“世界蒸馏酒第一品牌”。

2009年，茅台镇启动环境整治及城镇规划建设，到2016年5月第十一届

贵州旅游产业发展大会在茅台镇召开，从旅游角度看，茅台镇“国酒之心”的旅游业态初具雏形。

从文化角度看，仁怀已经形成了独一无二的区域酒生产规模与文化特征，具备了全国首屈一指的区域酒文化形态和实力，“中国国酒文化之都”名副其实。

从2016年下半年茅台酒市场复苏、2017年渐次引爆“酱香热”，“未来十年中国白酒看贵州”如愿以偿。

(2) 贵州实施“一看三打造”战略的特点

“一看三打造”战略视野宏大，着眼于酒，着力于品牌、旅游和文化，三者互为表里、互为因果，形成闭环。

茅台酒的国际化并非由此起步，却是由此升华。2015年后，茅台的国际化进程加快。从踏出国门的一系列“文化茅台”创举，到不断创新民族品牌“走出去”模式，茅台国际化的步子愈发稳健，“世界蒸馏酒第一品牌”日趋巩固。

2016年以来，不仅“茅台酒香，茅台镇脏”一去不复返，茅台镇旅游纲举目张。茅台镇作为中国酱酒原产地、主产区的地位进一步巩固，产区品牌价值持续提升。

2011年之前，仁怀白酒本质上停留在作坊阶段。以产业园区为载体、以“五个100工程”为抓手，仁怀乃至贵州白酒实现了工业化的转型升级。甚至可以说，仁怀白酒工业化的转型升级是“一看三打造”引领的。

展望“未来十年”，实施“一看三打造”2.0

(1)“未来十年”，新时代要有新作为

①新时代，以“仁怀酱酒产业集群”为支撑

在茅台引领下，茅台镇和仁怀市成为中国酱酒产业最为集中的区域，以中国白酒3%的产量，创造了40%以上的行业利润。仁怀市酱酒产业集群，已成为中国极具特色的产业集群之一。

以钻石模型为分析手段，“仁怀酱酒产业集群”存在资源约束日益严峻、人才瓶颈亟须突破、经营管理模式和竞争战略均需重构等问题。比如，由于生产要素等的制约，仁怀酒业正在向周边县市转移，贵州酒业正在向四川转移，等等。

“集群化”是茅台镇和仁怀市的战略选择、战术坚持。唯有如此，才能在点上突破、线上延伸、面上拓展，在“后千亿时代”实施“一看三打造”2.0。

②新作为，以“世界酱香型白酒产业基地核心区”为方略

2019年以来，仁怀、遵义及贵州先后将打造“世界酱香型白酒产业基地核心区”视为“一看三打造”2.0的新蓝图。

中国之外，并无酱酒。“一看三打造”2.0，必须对当前世界烈性酒进行重新审视，必须对“一看三打造”战略进一步具体化，必须回答新时期贵州白酒面临的新机遇、新挑战。

“一看三打造”战略支点的仁怀，以打造“世界酱香型白酒产业基地核心区”，或者“中国酱香型白酒产业基地核心区”为路径，以“再造一个茅台”为目标，不失为新时代的现实选择。

(2) 政企携手，酒旅融合，“再造一个茅台”

①政企携手，如何“促增量、聚存量”

“一看三打造”1.0，是茅台酒、茅台镇、仁怀市的相加、相乘；“一看三打造”2.0，却不是“仁怀酱酒产业集群”“世界酱香白酒产业基地核心区”的简单叠加。

茅台增长极究竟是系列酒还是习酒？“一看三打造”2.0，或许系列酒与习酒都只是“聚存量”，国际化才是“促增量”。茅台镇酒旅融合发展的突破口在哪里？酒庄不落地，提档升级干着急。仁怀市是另一个“吉伦特”（波尔多所在省）吗？仁怀对标的，不应是宜宾，不是泸州。

②酒旅融合，“新十年”看什么

“新十年”看什么？看酱香。怎么看？借酒兴旅、借旅促酒，酒业为根、旅游为魂。这是“一看三打造”2.0的现实需要。

于茅台酒，“第一品牌”照亮未来，“国际征程”未有穷期。

于茅台镇，“战国时代”群雄争霸，中国白酒唯有酱香还在上半场。上半

场结束的标志是“主席台”上的座席尘埃落定。现在，一切皆有可能。

于仁怀市，中小酒企绝不是扶不起的阿斗。产区的博弈，其实是区域发展的竞争；沙丁鱼和鲶鱼的PK，归根结底是渔夫的PK。

中国酱酒正在“去茅”，比如酣客、国台。如何“强酱”呢？“再造一个茅台”，还得做品类，“去茅”方能“强酱”。

“一看三打造”2.0：“一看三化”带动贵州白酒高质量发展

（1）茅台酒国际化

近年来，茅台出口创汇占白酒出口比达60%以上。从茅台“引进来”和“走出去”的多方面探索中，茅台的产品、品牌和市场发展持续国际化。

预计2021年，茅台设计产能和实际产量达到5.6万吨后，此后较长一段时间内产量将不再增加。凭借其强大的定价能力，增收增利当然易如反掌。

唯有“向外求”，才能在产品初步国际化的基础上，实现品牌、市场和文化的国际化，从而为仁怀酱酒、贵州白酒留出国内空间、蹚出国际新路。

（2）茅台镇产区化

2020年6月，茅台率7家酱酒企业发布《宣言》，以“赤水河”为世界酱酒的产区，各方利益博弈后终成事实。但也等于将“核心产区”的地理范围，从茅台镇拓展到了赤水河流域。

茅台镇面临葡萄酒业的“烟台陷阱”。产区分级，走“宁夏葡萄酒”模式势在必行。产区分级，才能防止茅台镇效应被稀释。

无论世事多么纷纭复杂，商业纠葛多么不可描述，从主流消费认知而言，茅台酒15.03平方公里是原产地（法定产区），茅台镇是核心产区，仁怀市是经典产区，赤水河流域是黄金产区；其他适宜酿造酱酒的地区，则是一、二、三级产区。

（3）仁怀市集群化

波尔多不过就是另一个茅台镇，而仁怀市，则相当吉伦特省（法国的法定行政区划只有“省”和“市镇”两个基本等级）。“仁怀市集群化”并不只是仁怀市这个区域自身的集群化，而是以仁怀为龙头的赤水河谷的集群化。

世人只知“波尔多”，不知“吉伦特”；“茅台镇酱酒”之上，究竟是“仁怀酱酒”还是其他？得按规矩出牌。

在波尔多，加伦河与多尔多涅河交汇形成吉伦特河口，空中俯瞰，宛如一个倾斜倒立的Y字。在中国，它的地名很可能叫“水口镇”。

浓香的道路，酱香会照样走一遍。波尔多的道路，仁怀也会再走一回。

“一看三打造”2.0，“未来十年中国白酒看酱香”，看的还是品牌集聚的上半场，准备好下半场。

“文化茅台”国际化，促增量；茅台镇产区化，酒旅融合，仁怀市集群化，赤水河谷千帆竞发，成为另一个吉伦特，而不是波尔多。

（2020-10）